"浙江舟山群岛新区"研究系列丛书　　主编　黄建钢

浙江舟山群岛新区
科技支撑战略研究

崔旺来　李　凡　编著

ZHEJIANG UNIVERSITY PRESS
浙江大学出版社

图书在版编目（CIP）数据

浙江舟山群岛新区科技支撑战略研究／崔旺来，
李凡编著．—杭州：浙江大学出版社，2014.9
（浙江舟山群岛新区研究系列丛书／黄建钢主编）
ISBN 978-7-308-13309-8

Ⅰ．①浙…　Ⅱ．①崔…　②李…　Ⅲ．①高技术开
发区－科技发展－研究－舟山市　Ⅳ．① G322.755.3

中国版本图书馆 CIP 数据核字（2014）第 118625 号

浙江舟山群岛新区科技支撑战略研究

黄建钢　主编　崔旺来　李凡　编著

责任编辑	王　锴
封面设计	立飞图文
出版发行	浙江大学出版社
	（杭州市天目山路 148 号　邮政编码 310007）
	（网址：http://www.zjupress.com）
排　版	杭州立飞图文制作有限公司
印　刷	杭州日报报业集团盛元印务有限公司
开　本	787mm×1092mm　1/16
印　张	18
字　数	352 千
版印次	2014 年 9 月第 1 版　2014 年 9 月第 1 次印刷
书　号	ISBN 978-7-308-13309-8
定　价	38.00 元

序言

"群岛新区"的研究和操作都需要"整体思维"

浙江舟山群岛新区研究中心主任　黄建钢

由五个不同角度出发组成的有关"浙江舟山群岛新区"研究的丛书，终于要问世了。这对"群岛新区"的研究来说，是一件"大"事。其"大"就大在，它是一种整体努力的结果，于是其效应和效益也具有整体性。我想，它应该作为一个标志，标志着这样一种思考——"群岛新区"的推进和发展应该遵循一条"整体性"的思路和集体努力的路径。

"浙江舟山群岛新区研究"系列丛书本身就是一个整体思维的结果。它一开始立项就是以一个整体面貌出现的，目标就是希望它能发挥出整体性效应和效益的。事实上，对它的完成本身也体现了一种纵横交错的整体性——从"想到"到"策划"再到"实施"最后到"完成"，在浙江海洋学院行政管理领域的 5 名教授的艰辛努力下，经过两年多的时间，在编辑与作者之间反复沟通下终于完成，甚至在封面的设计上也体现了一种图案上的整体性。

舟山是生育和养育"浙江海洋学院"的一方水土。浙江海洋学院，作为"新区"唯一的一所本科院校，对"浙江舟山群岛新区"建设理应做出贡献，因为这是它与生俱来的的一个义务。"浙江舟山群岛新区研究"系列丛书从"新区法制创新"、"新区科技支撑"、"新区人才引领"、"新区公共安全"和"新区公共服务"的不同角度构建了一个整体的"群岛新区"的发展愿景和路径。本丛书的这种构建选择，本身就是在"声明"："群岛新区"只有在"整体推进"上下足功夫才是发展战略的最佳选择，单凭"各个击破"是难以写出好文章的。

"整体推进"是把事物当作一个"整体"来看待，既不分重要与否，也不分前后

上下，更不分大小怎样，而是依据问题到来的顺序，发挥"牵一发而动全身"的功能来推动和推进事物及事务的发展。而"各个击破"属于分析思维的结果，其前提是首先需要把一个整体分为若干个分体，并分出各个分体的轻重缓急，然后是依次将其各个"击破"。

"新区"既是一个新生事物，又是一个整体事物，其情形很有些类似当初国内设置的各类"特区"。但它又不是一个"特区"。严格说，"特区"是一个横向概念，是横向比有些"特别"的意思；而"新区"是一个纵向概念，是纵向比有些"新鲜"的意思。在某种意义上可以认为，"新区"是对"特区"的发展，而"特区"是"新区"的基础。基于对这种区别的认识和理解，我们就有了做好"新区"工作的基础和前提。在思维层面上，这里有一个时间上的"新"、"现"、"旧"的"链式系统"概念，如同拖拉机的链条一样，不断向前延伸，但其轨迹不是直线式的，而是螺旋型"周而往返"的。在"周而往返"中蕴涵着一种回归，但它一不是回归到原点，二不仅是回归到原点的上方上空，而且还有一种在原点上方和原点之间的距离是多少的区别。从中可以看出回归后原点上方与原点之间的前行和提升的空间。

一定要深刻领会理解政府把舟山群岛地域赋予"新区"命名的实际意义：它意味着"新区"必须创新一些连世界上至今都还没有的制度和措施！这也是中国经济已经发展到一定程度后的一种思路选择和制度安排。制度一定是对机制和机理的提炼、体现和表达，我们的研究就要在制度上下足功夫。

就国内而言，在"浙江舟山群岛新区"之前已有的"新区"，实际上都是"直辖市新区"，如"上海浦东新区"、"天津滨海新区"、"重庆两江新区"。只有这个"浙江舟山群岛新区"才具有了一种"平民"和"基层"的色彩，它已经真真切切地落到了民间和底层。这也就意味着，相比前三个"直辖市新区"，政府心里谋划建设的舟山群岛新区无疑要更"新"。可以这样说，从"浙江舟山群岛新区"开始，"新区"从此开始了"落入欠发达地区"的"创新"试验，而也只有在"欠发达地区"的"白纸"上才能画出最新最美的图画，才能真正创新，如同当初的上海、香港、新加坡和深圳一样！

但是，在现实中最终能否创新，不仅取决于"新区"本身是否是白纸，而且还取决于"新区"是否有创新思维。其中，白纸是客观的和客体的，而思维却是主观的和主体的。在主观和客观之间形成怎样的思维，取决于客观；但思维能否实现，却取决于主观。对"群岛新区"来说，我以为它亟需一种崭新的能够创新和出新的主观思维，只有拥有了它,"新区"才有一种创新的可能。只有拥有了创新的氛围,"新区"的发展才有可能。否则,"新区"及其发展就会是一个"空中楼阁",是可望而不可及的,是可想而不可现的。

而这正是"新区"发展的一个最大稀缺品。目前,现实中的"群岛新区"基本是按照"特区"的模式在思考和运行的,这是"特区"泛化的结果。但其效果并不好!为什么同样是"特区"而效果却不同呢? 原因如下 :

一是时代已经不同。我国有"特区"的时候,联合国《海洋法公约》还未问世,甚至"海洋世纪"的概念尚未形成。

二是现实已经不同。现实已经没有了可以实行"特区"的基础。现实中,深圳特区都已经不"特"了,怎么还会有新的"特区"形成和运行呢?

由此决定了对"新区"的要求要远远大于和高于"特区"。所以,"新区"更需要视野的跨越、思维的跳跃和境界的超越。

中国经济发展到 21 世纪时,已经非常需要创新了。中国已经把可以"特"的资源用得差不多了。如果再没有"新",中国社会的发展就将既失去方向更失去动力。正是在这样的背景下,中国才设置了一种"新区"的体制和机制。要看到,真正可以创新的地方就是类似"舟山群岛"这样的地方。因为在舟山这样的不发达或欠发达的地方进行创新是成本最小、负担最小、顾虑最小、影响更小的。即使是失效和失败了,也不会对整体和全局有太大的损失和损害。但在一个要地或重地要推行创新就会不同,一旦失效和失败就会危机整体和全局的机理和机体。

但从"浙江舟山群岛新区"之前的"新区"运行实践看,还只是"特"的多而"新"的少。这为之后其他"新区"的设置和运行带来了思维障碍。这说明,在一个欠发达地区进行创新也会有很大的难点及其难度,最主要是理念和思维难以达到一个可以进行原创性创新的高度和程度。

创新要在"整体性的框架"下推动和推进。不仅如此,在对"群岛新区"创新时,还要在"整体创新"的基础上再树立一个"立体创新"的理念。所谓"立体创新",就是可以或能够把"横向整体"、"纵向整体"和"现实整体"合而为一进行创新的一种状态。它与"点创新"和"线创新"甚至"面创新"的包含是有所不同的。具体地说,就是从上下角度看,政府创新要与社会创新结合;从横向角度看,就是法制创新要与政策创新结合;从纵向角度看,就是拓展未来要与尊重历史结合;从内容看,就是经济发展要与社会治理和科技创新结合。

但无论是分析思维还是整体思维，其实都是时代的产物，都是生产方式的产物。它们在特定历史条件下，都是先进的，都会成为历史的推动者。在人类进入近代的初期，分析思维是先进的。但在人类进入 21 世纪以后，整体思维则是更先进的。虽然先进的思维方式一旦被人们接受就会产生新的力量，但先进思维方式的被人接受是有一个过程的，是有一个先后顺序和秩序问题的。

这种整体性思考和推进的思路落实在"群岛新区"，就是要把一种"经济发展"与"社会治理"紧密结合和融合起来，甚至还要形成一种"生态文明"包含"社会进步"而"社会治理"包容"经济发展"；而"经济转升"又包含"科技支撑"；而"科技研发"又包含"人的改变"；而"人的变化"又包含"公共服务"和"公共安全"的提出和形成；而"公共性的发育和发展"又包含"法制创新"的需求的状态和态势……这很符合十八届三中全会提出的"国家治理体系和治理能力现代化"的基本观点。由此决定了，浙江舟山群岛新区要想有新的大发展，就必须采纳、运用和完善甚至创新一种崭新的思维方式——整体思维。没有思维上的整体性而又要使"新区"有新的发展，在当前几乎是不可能的和不现实的，就会表现为"整体思维和行为的失效"。致使出现这种整体思维和行为的失效的原因，一般不在于人们"多"做了些什么，而在于"少"做了些什么，甚至就在于"没"有做什么，于是就会有缺点和缺陷，最终导致失效。古语"千里之堤毁于蚁穴"还有"牵一发而动全身"说的就是这个道理，它们都是综合思维、整体思维和系统思维的结论。

本丛书就是想在对"群岛新区"的整体研究上作一些思考和尝试。当然，即便如此，这也是一个很庞大的循环系统及其整体。所以，我们才组织和编辑了这套丛书，希望它能起一个抛砖引玉的作用。毕竟"群岛新区"只有三岁，还很幼稚和稚嫩。所以，对它的研究思考虽然会有一些超前和预设。现在的书稿从总体看，还是不很成熟的，其表述的思考成果显然还远没有达到预想的层次和程度，但各书的写作思路和逻辑已经成"型"，从而表现为一种"显然"的感觉。

是为序。

2014 年 6 月 1 日

前　言

　　"强于世界者必先盛于海洋，衰于世界者必先败于海洋"。海洋已经成为参与全球竞争的"本垒"，海洋领域内的政治、经济、军事竞争，越来越表现为科技的竞争。当前，海洋科技已进入世界科技竞争的前沿，并成为国家间综合实力较量的焦点之一。发展海洋科技，尤其是海洋高新技术，已成为世界新技术革命的重要内容。海洋科技进步已经成为衡量国家科技总体水平和海洋强国的重要指标。现代海洋经济的发展高度依赖于海洋科技，海洋竞争力将主要体现在海洋科技创新上，而创新则意味着开创和更新。在现代经济社会发展历程中，人类的生存和可持续发展越来越依赖于海洋，新一轮"蓝色圈地"已成为海洋科技竞争的热点。我国的海洋科技既要体现海洋的发展目标，又要确保国家科技发展总体战略要求，是我国提升国家创新能力和国际竞争力的重要基础。

　　我国是海洋大国，海洋事关国家和民族的长远利益。从社会经济发展的战略角度看，实施海洋开发、发展海洋事业，对保障国家安全，缓解资源和环境的瓶颈制约，拓展生活和生产发展空间，促进和谐社会建设，都具有重要的意义。当前，海洋科技已进入全球科技竞争的前沿，发展海洋科技是支撑和引领海洋开发利用，推动我国海洋事业实现持续、快速、健康发展的重要基础和核心动力，发展海洋高技术已成为世界新技术革命的重要内容和国际技术竞争的制高点。党的十八大报告明确提出了"建设海洋强国"的战略目标，充分体现了海洋在党和国家工作大局中的战略地位，标志着我国进入了开发利用海洋和发展海洋经济的新时期，海洋的科技创新已经成为海洋经济可持续发展的新动力。实现海洋强国战略的关键在于科技，依靠海洋的科技进步和创新来支撑引领海洋经济发展已成为我国经济社会发展的主脉络，依靠科技成果转化应用和产业化来推动海洋经济发展已成为我国经济社会转型的重要任务。

　　舟山不仅是我国直接面向太平洋第一大群岛，而且是中国通向日本、韩国、东南亚以及世界各国的重要通道，为"海上丝绸之路"的主要通道和中外文化交流的前沿岛屿。2011年6月，在经国务院批准设立的浙江舟山群岛新区（以下简称舟山群岛新区）规划中，明确提出舟山群岛新区建设要以深化改革为动力，以先行先试为契机，坚持高起点规划、高标准建设、高水平管理，在推动浙江经济社会发展、加快东部地区发展方式转变、促进全国区域协调发展中发挥更大作用。按照国务院要求，为全面落实《中华人民共和国国民经济和社会发展第十二个五年规划纲要》《长江三角洲地区区域规划》和《浙江海洋经济发展示范区规划》，积极探索海洋经济科学发展新路径，着力打造海洋海岛综合保护开发新模式，不断创新陆海统筹协调新机制，切实推进舟山群岛新区全面开发开放和又好又快发展，进行科技引领战略研究确实是十分必要的。浙江舟山群岛新区作为我国首个以海洋经济为主题的国家级新区和我国海岛地区唯一国家级开发区，与上海浦东新区、天津滨海新区、重庆两江新区相比，肩负着海陆统筹发展先行先试的战略任务，承载着探索海洋经济发展的全新使命。同时，舟山作为我国伸入环太平洋经济圈的前沿地区，是我国深耕海洋和建设海洋强国的战略"基点"，也是浙江经济发展新的"引擎"。

本书结合浙江舟山群岛新区建设规划的有关内容，以满足新区海洋经济未来发展需要为目标，对"科技引领战略"在舟山群岛新区建设过程中将发挥的实际作用进行分析和阐述。全书分为四章，即：新时期国内外海洋科技发展论、舟山群岛新区的科技需求研究、舟山群岛新区的科技创新研究和舟山群岛新区的科技管理研究。第一章从国际海洋科技发展的态势、美国海洋科技发展的趋势、中国海洋科技要做"领跑者"、浙江省海洋科技发展透析等方面展开论述；第二章从现代海洋经济以科技为抓手、科技创新引领海洋经济发展、顺应海洋经济发展客观需要等三方面展开论述；第三章从以科技创新作为发展的原动力、要把增强创新能力作为战略基点、海洋人才是新区科技创新的本源、平台建设是科技创新的必要前提、环境创新是促进科技创新的抓手等方面展开论述；第四章从政府主导海洋科技资源、政策引导海洋科技创新、政府介入科技成果转化等方面展开研究。本书围绕"海洋科技创新"这一核心问题，梳理了海洋科技创新研究领域的相关文献，介绍了科技创新的基本理论，重点分析了海洋科技创新的内涵、特点以及科技对海洋经济的支撑引领作用；从海洋科技创新环境、海洋科技创新平台建设、科技攻关和成果转化成效、海洋高新技术产业化、科技创新促进经济社会等视角，对浙江舟山群岛新区科技创新现状进行实证考量与分析，探究海洋科技创新发展在支撑引领浙江舟山群岛新区建设过程中遇到的新问题，给出相应的学术建议和路径选择思路。

　　面对"建设海洋强国"的战略目标，本书在浙江舟山群岛新区建设的背景下，探索了浙江舟山群岛新区建设中科技创新的推动和支撑引领作用，提出：加快培育海洋科技企业，增强企业自主创新能力；推进海洋科技载体建设，提升海洋科技服务水平；培养引进高层次海洋科技人才，积极打造海洋人才高地；培育发展海洋新兴产业，促进海洋经济发展方式转变；加强国内外科技合作，推进科技成果转移转化；加强体制机制创新，加大财税金融政策支持力度共六个方面的路径选择。具体来说就是：政府应该为海洋科技创新过程中提供优质的公共服务，加大"自主创新"能力的培育，切实发挥科技创新对浙江舟山群岛新区建设的支撑引领作用。

目 录

绪　论

一、研究背景和意义

（一）研究背景

21世纪，人类进入了开发利用海洋的新时代。海洋资源开发和海洋权益维护已经成为国际社会关注的焦点，随之相伴的海洋科技实力较量得到了最大化显现。国际间以开发和占有海洋资源为核心的海洋维权斗争愈演愈烈，而与之相伴的海洋科技实力的较量也日益凸显。其原因在于，谁抢占了海洋科技的制高点，谁就会在维护自身海洋权益的斗争中赢得先机。纵观当今世界海洋科技发展大势，一方面海洋与气候变化研究、海底动态与地震研究、海洋生态系统研究等全球尺度的海洋大科学研究方兴未艾；另一方面海洋生物技术和深海技术等海洋高技术领域快速发展，一些发达国家的深潜技术突破了万米，海洋立体监视、监测能力正在覆盖全球大洋。大量事实表明，海洋科技已进入全球科技竞争的前沿，并成为国家间综合实力较量的焦点之一。这一切都使我国海洋科技事业发展面临着巨大的压力和严峻的挑战。

如果从1956年我国制定第一个海洋科学远景规划算起，我国的海洋科技事业已经走过了整整50年不平凡的历程。改革开放以来，特别是"十五"期间，在党中央、国务院的领导下，我国海洋科技工作取得了显著进步，海洋人才队伍不断壮大，海洋科技体制改革初见成效，创新和支撑能力有了明显提高。近海海洋环境综合调查、南北极科学考察和环球大洋调查取得了重大进展，第一颗海洋卫星成功发射，海洋重大基础研究和高技术研究均获得了一批可喜的成果，等等。但尽管如此，与世界先进水平相比，我国海洋科技的总体水平仍存在较大差距，与国家海洋事业发展的要求还不相适应。特别是对重大海洋关键技术领域的突破还远远不够，自主创新能力十分薄弱，科技投入仍显不足，海洋调查和观测能力建设有待进一步加强。

随着我国海洋经济的快速发展和海洋开发不断向广度和深度推进，对海洋科技的要求也越来越迫切。"十五"期间，我国主要海洋产业总产值达57499.48亿元，比"九五"期间翻了一番多。2013年全国海洋生产总值达到54000亿元，占同期国内生产总值的比重已从"九五"期末的2.3%上升至9.5%，海洋经济在国民经济中的地位日益突出。然而，我们也必须清醒地看到，海洋科技对海洋经济的贡献率仍然不高，海洋高新技术产业在海洋经济中的比重明显偏低，海洋开发与保护的矛盾依然尖锐。这就需要我们加快创新发展模式，转变增长方式，提高发展质量，增强发展后劲。而要做到这点，首要的任务是必须下大气力推动海洋科技事业实现跨越式发展。

同时，我们还要看到，维护国家海洋权益，保障海洋和海岸带资源可持续利用，保护海洋生态环境，防灾减灾，实现沿海地区经济建设与生态环境保护协调发展，也迫切需要海洋科技的支撑、服务和引领。

大量事实表明，海洋科技已进入全球科技竞争的前沿，依靠科技成果转化应用和产业化，推动海洋经济发展，促进生态系统良性循环，加强海洋管理已成为沿海国家的重要任务。我国是海洋大国，海洋经济已成为国民经济的新增长点。近年来，党中央、国务院高度重视我国海洋事业，特别是海洋科学技术的发展。党的十六大、十七大、十八大分别提出了"实施海洋开发"、"发展海洋产业"、"建设海洋强国"。《全国海洋经济发展规划纲要》明确了"逐步把我国建设成为海洋强国"的战略目标。国家"十二五"规划也首次提出了"发展海洋经济"，涉及海洋的产业列入了《国务院关于加快培育和发展战略性新兴产业的决定》，山东、浙江和广东等地成为国家海洋经济发展的示范区。这些都体现了党中央、国务院对发展海洋经济的高度重视，标志着我国进入了开发利用海洋和发展海洋经济的新时期。党的十七届五中全会提出，要"坚持把科技进步和创新作为加快转变经济发展方式的重要支撑"。胡锦涛同志特别强调："要加快发展空天和海洋科技，和平利用太空和海洋资源。"这对于海洋科技的发展来说既是一个巨大的推动力，也是一个极佳的机遇。

浙江是长江三角洲地区的重要组成部分，是我国促进东海海区科学开发的重要基地，在推进我国沿海地区扩大开放和海洋经济加快发展中具有重要地位。2011年3月，国务院正式批复《浙江海洋经济发展示范区规划》，浙江海洋经济发展示范区建设上升为国家战略。"批复"指出，建设好浙江海洋经济发展示范区将关系到我国实施海洋发展战略和完善区域发展总体战略的全局，规划实施要突出科学发展主题和加快转变经济发展方式主线，以深化改革为动力，着力优化海洋经济结构，加强海洋生态文明建设，提高海洋科教支撑能力，创新体制机制，统筹海陆联动发展，推进海洋综合管理，建设综合实力较强、核心竞争力突出、空间配置合理、生态环境良好、体制机制灵活的海洋经济发展示范区，形成我国东部沿海地区重要的经济增长极。根据规划，浙江将充分挖掘自身丰富的"海洋生产力"，并把海洋经济作为经济转型升级的突破口，预计到 2015 年，浙江的海洋生产总值将突破 7200 亿元。同时，浙江将打造"一核两翼三圈九区多岛"为空间布局的海洋经济大平台，宁波—舟山港海域、海岛及其依托城市是核心区；在产业布局上以环杭州湾产业带为北翼，成为引领长三角海洋经济发展的重要平台，以温州、台州沿海产业带为南翼，与福建海西经济区接轨；杭州、宁波、温州三大沿海都市圈通过增强现代都市服务功能和科技支撑功能，为产业升级服务；在此基础上形成九个沿海产业集聚区，并推进舟山、温州、台州等地诸多岛屿的开发和保护。

舟山作为浙江建设海洋经济强省的桥头堡和主阵地，大力发展海洋经济、加快建设舟山群岛新区，对于加快浙江经济发展方式转变、促进全国区域协调发展、维护国家海洋权益等都具有重要意义。2011 年 6 月 30 日，国务院正式批准设立的浙江舟山群岛新区，是继上海浦东新区、天津滨海新区和重庆两江新区后，党中央、国务院决定设立的又一个国家级新区，也是国务院批准的我国首个以海洋经济为主题的国家战略层面新区。

设立舟山群岛新区是国家基于探索发展海洋经济的考虑。作为我国海岛地区唯一的国家级开发区，浙江舟山群岛新区与上海浦东新区、天津滨海新区、重庆两江新区相比，肩负着海陆统筹发展先行先试的战略任务，承载着探索海洋经济发展的全新使命。2013 年 1 月 23 日，国务院正式批复《浙江舟山群岛新区发展规划》。这是我国首个以海洋经济为主题的国家战略性区域规划。《浙江舟山群岛新区发展规划》明确了舟山群岛新区作为浙江海洋经济发展先导区、全国海洋综合开发试验区、长江三角洲地区经济发展重要增长极"三大战略定位"和中国大宗商品储运中转加工交易中心、东部地区重要的海上开放门户、重要的现代海洋产业基地、海洋海岛综合保护开发示范区和陆海统筹发展先行区"五大发展目标"。

从 2011 年 6 月 30 日舟山正式成为首个以海洋经济为主题的国家级新区，到如今为其量身打造的《浙江舟山群岛新区发展规划》获国务院批复，东海上的美丽海岛城市——舟山，已经有了一个明确而具体的发展方向。舟山群岛新区的定位和发展功能逐步清晰，除了给舟山自身发展带来前所未有的契机外，更重要的是，它还为浙江经济发展开辟了一条新路径，为全省的经济结构转型带来了新机遇。这种机遇，千载难逢。无论是舟山，还是包括杭州在内的浙江其他地区，都应该有契机意识，可以根据自身优势，将机会牢牢抓住，比如，宁波的海港经济、杭州的电子商务、台州的造船产业等，都可以依托舟山群岛新区寻找属于自己的新"蓝海"。

（二）研究意义

1. 战略意义

海洋强国"强"在科技。我国海域辽阔，海洋面积 300 多万平方千米，约为陆地总面积的 1/3；海洋资源亦十分丰富，开发潜力巨大，但目前海洋经济比重和发展水平并不高，尚有很大的发展空间。2013 年全国海洋生产总值已经超过 54000 万亿元，约为全国国内生产总值的 9.5%，而美国、日本等海洋强国则普遍在 1/3 至 1/2 之间，有的甚至更高。目前，实施海洋大开发战略的条件已经成熟，有必要实施东部海洋大开发战略，并与西部大开发处于并重的战略地位，推动全国海洋资源的科学开发和海洋经济的大发展，加快向海洋强国迈进的步伐。这将是一项立意深远、利国利民的伟大战略。

党的十八大报告中明确提出"提高海洋资源开发能力，发展海洋经济，保护海洋生态环境，坚决维护国家海洋权益，建设海洋强国"。这是党中央准确把握时代特征和世界潮流，在深刻总结世界海洋强国和我国海洋事业发展历程以及经验教训基础上作出的重大战略决策。积极发展海洋经济，已成为我国经济社会可持续发展的重要保障。随着海洋经济的快速发展，国际经济竞争的重点也集中在以海洋科学技术为先导的海洋高新技术产业。以高新技术为基础的海洋战略性新兴产业将成为全球经济复苏和社会经济发展的战略重点。党中央、国务院历来高度重视海洋经济和海洋科技的发展，在 2010 年两院院士大会上，胡锦涛同志强调指出"要大力发展海洋科学技术，使我国海洋科技水平进入世界前列"。时任国务院总理温家宝同志和副总理李克强同志也曾多次为海洋工作作出重要批示。《国民经济和社会发展第十二个五年规划纲要》将发展海洋经济和海洋科技提升到前所未有的战略高度，海洋产业更是成为培育和发展战略性新兴产业的重要领域。浙江舟山群岛新区的改革创新，将更多地为海洋科技支撑引领海洋经济的发展趟出新路，对于实施国家区域发展总体战略和海洋发展战略，具有重大战略意义。

2. 现实意义

海洋科技已进入全球科技竞争的前沿。推进海洋大开发，一是有利于把蓝色国土以经济存在的方式实质性纳入国土管辖范围，让海洋从国土边缘走向经济中心舞台；二是有利于为东部沿海地区寻找到新的投资空间、新的经济增长极和经济转型升级的新支点，为东部经济注入新的活力；三是有利于进一步科学完善全国区域发展大格局，在全国形成"东西开发，两翼齐飞，江海联动，连接两翼"的发展态势；四是有利于统筹全国海洋开发秩序，更好地处理开发与保护的关系，通过跨海域整合的方式提高海洋开发的科学性和可持续性。目前，全球临海各国正掀起一场"海洋圈地"冲击波，各国由陆地上的寸土必争转向海洋上的寸海必争，全球约 36% 的公海变成沿海各国的专属经济区。而我国虽然沿海省市都开始纷纷关注海洋，但大多开发模式粗放、海洋资源浪费和产业重构严重、海洋环境污染恶化，迫切需要由国家对全国海洋开发进行统筹布局，在海洋大开发国家战略的策动下，科学有序地推进海洋大开发大发展。目前，全国涉海科研机构和院校约 130 多个，科技人员 1.3 万余人，拥有了一批以科学院院士和工程院院士为核心的海洋科技队伍；建设了一批国家与省部级重点实验室，海洋信息共享平台和数据库，海洋微生物及极地资源保藏中心；装备了一批设备先进的海洋综合调查船和专业调查船。海洋科技在海洋事业发展中所起的作用越来越突出，海洋科技对海洋经济的贡献率在逐步增长，海洋科技改造了传统的海洋产业，引领了新兴海洋产业的形成和发展，支撑了海洋强国建设。

同时，我们必须清醒地认识到，与发达海洋国家相比，我国的海洋科技总体水平还有较大差距，关键技术自给率低，发明专利数量少，主要的海洋仪器依赖进口的局面没有得到根本性的改变；在一些领域特别是深海资源勘探和环境观测方面，技术装备仍然比较落后；科学研究水平有待提高，优秀拔尖人才比较匮乏；科技投入相对不足，体制机制还存在不少弊端。我国虽然是一个海洋大国，但还不是一个海洋强国，一个根本原因就在于科技创新能力较弱。舟山是全国第一个以群岛设市的地级行政区划，由 1390 个岛屿组成，处于我国东部黄金海岸线与长江黄金水道的交汇处，是长三角经济圈最初的 15 个城市之一；背靠长三角广阔经济腹地，是我国东部沿海和长江流域走向世界的主要海上门户；东临太平洋，是远东国际航线要冲，也是我国大陆地区唯一深入太平洋的海上战略支撑基地。"港、景、渔"是舟山最大的海洋特色资源，充分挖掘"海洋生产力"将成为舟山群岛新区经济新一轮快速发展的突破口。加快海洋科技进步与创新，是推动浙江舟山群岛新区建设的重要动力和源泉，是发展现代海洋经济和实现海洋经济强省建设目标的根本保障，是培育新的经济增长极和加快经济转型升级的科学发展轨道。

3. 理论意义

建设海洋强国，应有很强的海洋科技和海洋开发能力。海洋开发主要指海洋资源开发和海洋技术开发，包括船舶工业与交通、海底通讯电缆制造与铺设、矿产资源勘探与开发、海洋食品与生物制药、海水淡化和利用风、浪、潮的发电工程，也包括海洋环境保护检测与污染治理、海洋灾害预警、近海滩涂渔业、离岸远海海洋养殖、大洋捕捞，以及赤潮、台风、风暴潮、地震引起的海啸、海洋病虫害等海洋信息。

海洋科技创新意识不强、创新能力弱、共性关键技术研发困难等问题，制约了海洋科技的进步发展，进而影响区域产业结构调整和海洋经济增长方式的转变。面对海洋科技发展的趋势，应当有计划地实施海洋科技创新战略，以科技创新作为转变经济发展方式的支撑点，发挥科技集聚效应，促进区域经济可持续发展。要完善海洋科技管理体制，提升管理效率；要优化海洋科技整体创新环境，提供良好氛围；要完善海洋科技管理体制相关配套政策和措施，加快海洋科技成果产业化和商品化；要加大海洋科技创新资金投入，逐步在船舶工业、海洋生物、海洋工程装备、海洋新能源等新兴领域取得进展。浙江舟山群岛新区是我国海岛新区第一例，由于先行先试是一件开创性的工作，探索性很强，中间涉及相关体制机制的创新和政策的支持。所以，探讨科技进步与创新对加快转变浙江舟山群岛新区经济发展方式的重要支撑作用，构建海洋科技支撑引领舟山群岛新区建设模式，将对丰富区域经济理论以及科技管理理论起到积极作用。

二、国内外相关研究综述

（一）国外相关研究现状

目前国外专门关于科技推动海洋经济发展的研究比较少。其研究成果主要可以从以下三个视角来概括。

1. 关于政府海洋科技管理问题的研究

Peter Rikiz（1997）介绍了澳大利亚、新西兰、荷兰、英国等国海洋管理的动态，并详细介绍了加拿大从 20 世纪 60 年代到 21 世纪的海洋管理的具体情况，从中得到了有关政府海洋管理的借鉴点。H. Charnock 在《海洋科学：海洋的组织化研究》中归类了海洋科技各方面的国际组织，划分为非政府性质和政府性质两类，大量的研究成果主要来自以上两者的合作。D.E. Lennard 在《英国的海洋科技》中讲述了英国政府在 20 世纪 80 年代在海洋科技方面的投入，建立了高标准的海洋科技协调委员会，建议把海洋科技上升到国家战略的高度。Dong-Oh Cho, Mary Anne Whitecomb（2008）认为尽管海洋科技有所进步，但是对海洋的了解程度不深，海洋科技将在海洋综合开发中发挥重要作用，因此要加强国际之间的合作与交流。

2. 关于海洋科技政策问题的研究

联合国《21 世纪议程》强调以科学技术促进沿海地区和海洋的可持续发展，世界各主要沿海国家都相继出台了海洋科技发展政策，学界对海洋科技支撑的研究渐趋深入。Christine Tiler，John Yates 在《一项德国政府针对非生物资源利用的海洋科技政策》中，描述了德国海洋科技政策存在的问题及其原因，并从中得出海洋科技应作为一个整体制定适合其发展的政策的结论。John Yates，Ganpat S. Roonwal 在《印度的海洋科技现状》一文中叙述了以政府为主要背景的海洋科技现状，并通过分析一些可能在未来影响到海洋科技政策的因素，提出了一些建议和对策。

3. 关于科技支撑海洋经济发展问题研究

D. Jin，P. Hoagland 等利用海洋生物链相关数据建立了海岸带经济的投入产出模型。S. Managi，James J. Opaluch 利用 1947—1998 年 50 年的美国墨西哥湾开采数据分析了技术进步对海洋石油开采的影响。David Doloreux，Yannik Mlancon 以加拿大魁北克海域为例指出创新支撑组织在海洋科技产业中具有重要作用，每个创新组织不仅对海洋科技产业有贡献，而且能够将关键领域的研发和技术转化为潜在的商业价值和应用。Markus Mueller，Robine Wallace 描述了海洋科技在开发海洋勘探、开发可再生能源中所面临的艰巨任务，指出英国科研部门在具备一定科研能力的基础上，要更加注重关键技术领域的突破，实现资源优化配置和部门整合。

（二）国内相关研究现状

1. 关于海洋科技支撑问题的研究

一是关于海洋科技支撑基础理论问题的研究。孙洪、李永祺（2003）在《中国海洋高技术及其产业化发展战略研究》中，阐述了世界海洋高技术的发展现状及其产业发展运行机制，提出了我国海洋高新技术及其产业化发展战略；[1] 郑贵斌等（2002）在《海洋新兴产业发展研究》中，研究了海洋高新技术产业化的一般理论，提出海洋新兴高技术产业发展要遵循海洋开发的规律和高新技术产业化运作的规律；[2] 齐连明等（2003）在《加速海洋技术产业化探讨》中，结合"入世"后我国海洋经济发展的新形势，提出了加速我国海洋技术成果产业化的建议 [3]；殷克东、方胜民（2008）在《海洋强国指标体系》中综合分析了海洋事业发展的各要素，构建了海洋经济综合实力、海洋科技综合实力、海洋产业国际竞争力等衡量一个国家海洋事业发展水平的海洋强国指标

---

[1] 孙洪，李永祺 . 中国海洋高技术及其产业化发展战略研究 [M]. 青岛：中国海洋大学出版社，2003:42.

[2] 郑贵斌 . 海洋新兴产业发展研究 [M]. 北京：海洋出版社，2002:132.

[3] 齐连明，徐伟，王连队 . 加速海洋技术产业化探讨 [J]. 海洋技术，2003（1）:107–109.

体系框架；[1]李文荣（2010）在《提升海洋科技支撑能力 加快发展海洋经济》中，阐述了海洋科技促进海洋经济可持续发展的支撑作用，提出了提高我国海洋科技支撑能力的对策建议。[2]

二是关于海洋科技支撑计量问题的研究。刘大海等（2008）在《我国"十五"期间海洋科技进步贡献率的测算与分析》中，利用索洛增长速度方程法构建了测算海洋科技进步贡献率的基本公式，给出了提高海洋科技进步贡献率的政策建议；[3]殷克东等（2009）在《海洋科技与海洋经济的协调发展关系研究》中，通过构建指标体系对我国海洋科学技术进行了测度与评价，计算了海洋科学技术对我国海洋经济可持续发展的贡献度；[4]伍业锋、施平（2006）在《中国沿海地区海洋科技竞争力分析与排名》中，构建了海洋科技竞争力的评价理论与评价体系，并对中国沿海地区海洋科技竞争力进行了评价和分析；[5]白福臣（2009）在《中国沿海地区海洋科技竞争力综合评价研究》中，运用灰色系统理论建立了多层灰色评价模型，并对中国各沿海省市的海洋科技竞争力进行了综合评价及比较分析。[6]

三是关于区域海洋科技支撑问题的研究。李彬、高艳（2010）在《我国区域海洋经济技术效率实证研究》中，运用随机前沿分析方法对我国沿海各区域海洋经济的技术效率进行测算，分析了我国区域海洋经济发展的技术水平和地区差异；[7]李碧清（2007）在《为海洋经济发展提供强有力的科技支撑》中，结合舟山海洋科技优势以及海洋经济发展中存在的问题，提出了舟山海洋科技创新的目标和步骤；[8]周达军等（2010）在《浙江省海洋科技投入产出分析》中，运用统计学、经济学和管理学的各种方法构建了海洋科技支撑力的评价指标体系，研究了浙江省海洋科技支撑力以及支撑策略；[9]崔旺来、周达军（2011）在《浙江省海洋科技支撑力分析与评价》中，运用公共管理的逻辑和视角，科学界定了"海洋科技支撑力"理念，并对浙江省的海洋科

[1] 殷克东，方胜民．海洋强国指标体系 [M]．北京：经济科学出版社，2008:96-99.

[2] 李文荣．提升海洋科技支撑能力 加快发展海洋经济 [J]．港口经济，2010（2）:34-35.

[3] 刘大海，李朗，刘洋等．我国"十五"期间海洋科技进步贡献率的测算与分析 [J]．海洋开发与管理，2008（4）: 23-24.

[4] 殷克东，王伟，冯晓波．海洋科技与海洋经济的协调发展关系研究 [J]．海洋开发与管理，2009（2）:78-80.

[5] 伍业锋，施平．中国沿海地区海洋科技竞争力分析与排名 [J]．上海经济研究，2006（2）:42-45.

[6] 白福臣．中国沿海地区海洋科技竞争力综合评价研究 [J]．科技管理研究，2009（6）:57-60.

[7] 李彬，高艳．我国区域海洋经济技术效率实证研究 [J]．中国渔业经济，2010（6）:73-78.

[8] 李碧清．为海洋经济发展提供强有力的科技支撑 [J]．今日科技，2007（9）:41-47.

[9] 周达军，崔旺来等．浙江省海洋科技投入产出分析 [J]．经济地理，2010（9）: 1511-1516.

技支撑力进行了综合评价及比较分析。[1]

2. 关于海洋科技创新问题的研究

一是关于海洋科技体制改革创新问题的研究。随着海洋科学技术进步和市场繁荣发展，海洋科技在国民经济的贡献比率将逐步上升，海洋经济的持续快速发展越来越依赖于科技进步，而海洋经济和海洋科技的繁荣发展有赖于海洋科技体制的改革与创新。王芳、雷波（1999）通过分析我国海洋科技机构的现状及存在的问题，指出了海洋科技的发展与经济相结合的重要性及海洋科技体制改革对海洋科技可持续发展的重要保障作用；[2]许耀亮（2002）阐述了海洋科研与海洋管理、海洋经济开发脱节的现状，并针对已出现的问题提出了相应的对策，为海洋科技人才的管理和合理使用提供了科学依据；[3]王淼、王国娜等（2006）分析了海洋科技体制存在的障碍和问题，并提出了相应的对策，以期改革海洋科技体制，促进海洋经济的发展；[4]方力维、曹庆萍等（2003）从国家科技管理机构、科研体系及公共科研成果转化三个方面分析了美国和英国的公益性科技管理制度及其发展变化，为我国政府的科技管理提供了借鉴；[5]张海鹏、石卫国（2004）在对西方主要科技管理体制进行比较分析的基础上，阐述了西方科技管理体制的趋同化改革，并从运行机制、组织机构、人员管理等方面提出我国科技管理体制改革的建议和对策；[6]谷俊战（2005）介绍了二战后德国科技体制发展变化的历史进程及现有科技体制的管理模式和特点；[7]肖洪武（2006）借鉴了美国的科技管理体制，分析了我国科技推广与科技管理的现状与政府在科技成果推广转化中发挥的作用，提出了完善我国科技管理体制的建议；[8]吕秀美（2004）简述了知识经济与高校科技管理创新的关系，分析了知识经济时代高校科技管理创新的特点，提出了当前高校科技管理创新的方向与途径；[9]鲍悦华、陈强（2008）在对瑞士科技管理体制、科技项目管理

[1] 崔旺来，周达军. 浙江省海洋科技支撑力分析与评价 [J]. 中国软科学，2011（2）:91–100.

[2] 王芳，雷波. 发展海洋技术创新体系面临的机遇和挑战 [J]. 海洋开发与管理，1999（4）:59–63.

[3] 许耀亮. 改革我国海洋科技和管理体制的建议 [J]. 海洋开发与管理，2002（3）:143–147.

[4] 王淼，王国娜，张春华，李开红. 关于改革我国海洋科技体制的战略思考 [J]. 科技进步与对策，2006（1）: 41–46.

[5] 方力维，曹庆萍，田大山. 美国与英国公益性科技管理体系研究 [J]. 北京航空航天大学学报（社会科学版），2003（S1）:44–49.

[6] 张海鹏,石卫国. 西方科技管理体制的趋同化特征及其启示 [J]. 科技进步与对策,2004（2）::65–70.

[7] 谷俊战. 德国科技管理体制及演变 [J]. 科技与经济，2005（6）: 12–15.

[8] 肖洪武. 科技成果推广与政府的科技管理 [J]. 科技资讯，2006（6）:175–179.

[9] 吕秀美. 知识经济与高校科技管理创新 [J]. 科技管理研究，2004（1）:27–31.

与科技评估等方面介绍的基础上，以期通过瑞士在相关领域的做法与经验，对我国的科技管理水平提高提供启示。[1]

二是关于科技成果转化促进创新问题的研究。张建国（1998）以天津塘沽海洋高新技术开发为例，论述了产生的海洋科技企业及其产业化带来的经济效益；[2] 张桂芳、马志华等（2003）分析了我国政府在发展海洋科学技术方面取得的成果及其存在的问题，指出应该加快海洋科技体制改革，优化海洋科学技术发展；[3] 程元栋、李开红（2005）认为在海洋科技发展中，需要加强对非政府组织的支持，促进科技成果转化以发展海洋经济；[4] 彭伟（2009）指出产学研合作是促进海洋科技成果转化的重要措施，是推进科技和教育体制改革、促进科技成果转化、提升产业和企业竞争力的要求。[5]

三是关于海洋科技资源整合创新的研究。杨鹰、张桂芬（2003）对影响海洋科技查新质量的主要因素进行了分析，提出了提高海洋科技查新工作质量的建议，为海洋科技成果转化提供了前提验证；[6] 刘曙光、李莹（2008）认为应整合海洋领域创新资源，加强创新主体以及相关要素间的沟通交流，从而促进海洋经济发展；[7] 周庆海（2011）在创新海洋科技措施保障中提出加强组织领导，促进海洋科技的协调发展——加强海洋科技部门间的协作关系，区域间的合作关系；[8] 王辉（2007）从浙江省科技创新体系的必要性和重点出发进行详细论述，并在此基础上论述了浙江省海洋科技创新体系建设的若干对策，对于舟山发展海洋科技进行体系创新具有良好的借鉴意义。[9]

3. 关于海洋科技管理问题的研究

许耀亮（1993）认为在现行海洋管理体制中存在海洋科研与海洋管理脱节的问题，政府应该改革现行海洋科研体制，加强对产、学、研的系统管理；[10] 杨金森（1999）在

[1] 鲍悦华，陈强.瑞士科技管理及其对我国的启示 [J].中国科技论坛，2008（4）:77–80.

[2] 张建国.定位海洋 定位高科技 努力推进海洋科技产业化 [J].高科技与产业化,1998（2）:123–125.

[3] 张桂芳，马志华，杨翼."十五"海洋科技进展、发展趋势及存在问题简析 [A].张玉台.科技、工程与经济社会协调发展——中国科协第五届青年学术年会论文集 [C].北京：中国科学技术出版社，2004:156.

[4] 程元栋，李开红.非政府组织在海洋科技成果转化中的作用研究 [J].海洋开发与管理，2005（6）:75–76.

[5] 彭伟.产学研合作及其对海洋科技成果转化的启示 [J].海洋技术，2009（1）: 148–150.

[6] 杨鹰，张桂芬.海洋科技查新质量分析 [J].海洋信息，2003（4）:1–3.

[7] 刘曙光，李莹.基于技术预见的海洋科技创新研究 [J].海洋信息，2008（3）: 19–21.

[8] 周庆海.创新海洋科技 新起点 新发展 [J].海洋开发与管理，2011（4）:26–29.

[9] 王辉.浙江海洋科技创新体系建设的几点思考 [J].政策瞭望，2007（7）:44–46.

[10] 许耀亮.改革我国海洋科技和管理体制的建议 [J].海洋与海岸带开发，1993（3）:11–13.

海洋科技发展的主要政策性措施中提出进行科研机构的结构性改革，形成布局合理的海洋科学技术研发体系；[1]肖宝光（1999）以汕头为例，叙述了汕头海洋科技发展的问题，并从建立可持续发展的海洋科技体系和运行机制出发，提出可行性的对策；[2]侯玉忠（2005）针对海洋经济发展存在的问题，认为需要加强海洋的规范化管理，在实现海洋资源的合理、持续地开发和利用方面制定相关政策；[3]张广海、刘佳（2008）等在完善我国海洋科技创新体系的政策建议中提到要深化海洋科技体制改革，建设新型海洋科技创新体系，即"国家海洋科技创新中心—区域创新中心—区域海洋实验站—区域海洋科技推广服务中心"构成的新型国家海洋科技创新体系；[4]李文荣（2010）认为提高我国海洋科技支撑能力的对策之一就是要创新工作机制，整合海洋科技资源，而整合科技资源就是要改革海洋科技体制，重点对综合的海洋机构进行结构性调整，改变其运行和管理机制；[5]乔俊果、王桂青等（2011）通过梳理改革开放以来国家层面的海洋科技创新政策，回溯了海洋科技政策与海洋经济的互动作用，来探讨海洋科技创新政策的演变特征，从而把握特点与规律，从科技政策史的角度挖掘了发展趋势，提出了海洋科技政策的支撑与海洋经济的高速发展密切相关。[6]

综合上述国内外研究文献可以发现，尽管我国在海洋科技研究方面已经取得了一些成果，但总体上这方面的研究成果还比较少，且存在以下几点明显不足。

一是对海洋科技支撑基础理论的研究不够，基础理论研究薄弱是当前我国海洋产业科技支撑研究工作面临的首要问题。迄今，我国海洋科技支撑方面的研究成果多属于技术性研究，缺乏理论性和系统性，对海洋科技支撑一般规律的总结和认识不够。由于缺乏理论层面的深入探讨，相关成果的研究广度和深度受到了较大限制，难以对我国海洋产业的发展实践提供科学指导。二是缺乏海洋科技进步对海洋经济的贡献率问题的研究。在已取得的成果中，多数成果的研究重点并不是海洋科技贡献率，而是海洋科技投入效率或海洋产业技术效率等问题，或者只是把海洋科技贡献率作为整体内容的一个组成部分。因此，这些成果对海洋科技进步对海洋经济的贡献率问题的研究还不够深入。三是缺乏对海洋科技推动浙江舟山群岛新区发展的研究。在研究对象上，现有研究成果多以研究海洋科技投入产出或海洋科技支撑力分析与评价为重点，

[1] 杨金森 . 我国海洋科技发展的战略框架 [J]. 海洋开发与管理，1999（4）:62-64.

[2] 肖宝光 . 略论汕头海洋科技发展问题 [J]. 海洋开发与管理，1999（2）:58-61.

[3] 侯玉忠 . 加强海洋综合管理的几点思考 [J]. 海洋开发与管理，2005（06）:46-49.

[4] 张广海，刘佳，李雪 . 我国海洋科技创新体系建设与海洋科技政策 [A]. 王殿昌 . 山东省海洋经济技术研究会 2007 年学术年会论文集 [C]. 青岛：中国海洋大学出版社，2007:62-68.

[5] 李文荣 . 提升海洋科技支撑能力 加快发展海洋经济 [J]. 港口经济，2010（02）:72-74.

[6] 乔俊果，王桂青，孟凡涛 . 改革开放以来中国海洋科技政策演变 [J]. 中国科技论坛，2011（06）:42-44.

但是对海洋科技支撑引领舟山群岛新区建设问题的研究尚未见到。

三、研究方法

本书将主要采用以下几种研究方法：

1. 文献研究法

广泛搜集、整理与课题有关的理论论著、国内外学者和研究机构对海洋科技创新、海洋科技支撑的最新研究成果，以及国内外各类机构关于海洋科技各方面的信息资料。

2. 实证研究法

实证分析法是区域与发展经济学研究中普遍采用的研究方法，即对相关统计资料进行量化分析研究。本书结合中国国家统计局、中国海洋局、江浙沪统计部门以及世界银行、世界贸易发展组织等国际机构发布的统计资料，并在分析整理相关数据的基础上，对科技推动舟山群岛新区建设进行分析。

3. 历史分析法

将舟山群岛新区经济、政治、社会、文化和生态的发展与舟山群岛新区建设联系起来，在运动、互动、变动中探寻科技支撑引领舟山群岛新区建设的新趋势。

4. 比较分析法

在分析深圳特区、浦东新区和滨海新区的经济、社会、文化、生态和科技协同发展方面采取比较分析方法，总结出科技推动我国新区建设方面的经验，为科技支撑引领舟山群岛新区建设的最终实现提供参考。

第一章
新时期国内外海洋科技发展论

随着人类社会的进步与发展，人口、资源、环境成为全球性问题，解决这些问题，海洋具有不可替代的作用。国际社会、世界沿海国家高度重视海洋事务，自 1997 年起，联合国秘书长每年都向联合国大会提交一份《海洋和海洋法》；沿海各国纷纷把海洋开发作为国家战略加以实施，大力发展海洋科技，海洋科技已进入世界科技竞争的前沿，并成为体现国家科技水平、综合实力和竞争力的重要标志。发达国家的海洋科技对海洋经济的贡献率达到 70%，海洋经济对全球 GDP 的贡献达 4%。我国是海洋大国，土地资源、淡水资源、能源和战略性矿产资源的严重不足，客观上对海洋提出了发现新的战略性资源，拓展生存与发展空间，维护国家海洋权益，保护海洋环境，持续利用海洋资源，实现和谐社会发展的需求，更对海洋科技发展提出了迫切需求。顺应国际发展趋势和我国经济社会发展的需求，海洋科技在《国家中长期科学和技术发展规划纲要（2006—2020 年）》（以下简称《规划纲要》）中被列为我国今后一个时期内国家科技发展战略重点之一。要实现发展目标，增强海洋科技自主创新能力，必须加强宏观协调，狠抓贯彻落实。

一、国际海洋科技发展的态势 [1]

近年来，世界各国对海洋资源的开发和争夺空前激烈，人类未来的战略资源主要寄希望于海洋。空间、资源、环境、技术、产业，都是当今社会对海洋提出的新命题，谁抢占了海洋科技的制高点，谁就率先占领了海洋空间，控制了未来的战略资源。综观国际海洋科技发展，5 大趋势日益明显。

---

[1] 本部分内容主要引用自：李乃胜. 建设海洋强国需把握海洋科技发展趋势 .http://www.shuichan.cc/news_view-73983.html. 在此表示对作者的感谢。

（一）蓝色圈地引发新一轮海洋科技竞争

当前，蓝色圈地在世界舞台上愈演愈烈，已进入白热化阶段。突出表现有两点：一是外大陆架。外大陆架属国际公共海底，而申报获批的沿岸国家把全人类的公共财产变成了其享有主权的专属经济区。澳大利亚率先于 2008 年获得了 250 万平方千米的外大陆架，日本也在马里亚纳岛弧附近的"冲之鸟"礁石建造海岛，这引发了激烈的海域划界之争。二是北极海域。2007 年，俄罗斯把一个钛合金的国旗插在了北极 4300 米的深海海底，暗示该区域归俄罗斯所有，引起了一个重新瓜分北极的问题。2011 年，美国、加拿大、俄罗斯、挪威、丹麦联合制定了一个协议，包围了北极，引发了新一轮国际公共海底的争夺战。由外大陆架、北极海域引发的全球划界竞争，说到底是科技竞争，也就是支撑国家权益的海洋科学技术研究。

（二）走向深海掀起新一波海底探测热潮

一是深海装备大规模发展。现在很多国家都在研制深海装备，中国的"蛟龙"号也是其中之一。二是深海底观测网络陆续布局。美国、加拿大、英国等发达国家不惜投入巨资，从陆地铺设光缆到深海底，建立全天候、连续、实时、多学科的数万平方千米的海底观测网络，目的是通过对深海资料的占有和积累，显示海洋强国的作用和地位，以期在未来战略资源分配上取得优先权。三是深海作业技术。海洋资源开发，海底抢险、救捞、探宝以及深海洋底的观测调查都需要深海作业技术，开发深海技术成了前所未有的新动向。

（三）海洋战略性资源催生一批新的海洋勘探技术

国际公共海底蕴藏着储量巨大、全人类共有的未来战略性资源，对其调查勘探、先期开发是当前海洋科技发展的动力和竞争热点。围绕着深海战略性资源，改进调查勘探装备、探索产业开发技术必将是"十二五"期间海洋科技发展的战略重点。

（四）全球环境变化启动一批新的国际海洋研究计划

大气圈、水圈、生物圈、岩石圈的相互作用，"海气相互作用"以及"海地相互作用"等重要机理研究，使人们在一个地球综合系统的新视野内重新认识海洋，最终落脚在全球环境变化上。首先是低碳，汇碳、固碳将来都寄希望于海洋，把二氧化碳捕捉起来进行压缩，然后封存到大洋底下，这样二氧化碳至少可以保持 1000 年。其次是气候，现在国际上都很关注所谓的气温升高、海平面上升、南极冰融、喜马拉雅山冰川融化等重大问题。第三是灾害，特别是海洋自然灾害和生态灾害，比如浒苔、赤潮等大暴发，这些都是研究热点。

（五）海洋新兴产业的发展呼唤一批新的核心技术

一批海洋科研成果催生了一批海洋新兴产业，一批关键技术支撑了一批产业发展。海洋资源开发需要海洋科技作为支撑，只有立足未来、规划当前，大力发展海洋高技术和战略性海洋新兴产业，才能为实现海洋强国战略提供关键支撑。

二、美国海洋科技发展的趋势

进入 21 世纪，美国为了保持其世界海洋霸主的地位，先后出台了一系列海洋发展战略规划。世纪之初，美国制定了《2001—2003 年大型软科学研究计划》。2004 年，美国海洋政策委员会向国会提交了新海洋政策报告——《21 世纪海洋蓝图》。报告提出200 多项建议，为 21 世纪美国海洋事业的发展描绘出新蓝图。布什政府很快对这些建议做出反应，发布行政命令公布了《美国海洋行动计划》，对落实美国《21 世纪海洋蓝图》提出了具体措施。之后，根据《美国海洋行动计划》的要求，在广泛调研和征求意见的基础上，又于 2007 年发布了《规划美国今后十年海洋科学事业：海洋研究优先计划和实施战略》（以下简称《规划》），对美国今后十年的海洋科学事业进行了规划（石莉，2008）[1]。

（一）《规划》的主要内容

《规划》充分归纳和吸收了美国海洋科技界、管理界、海洋产业界及其他社会各界对美国今后 10 年海洋科学事业发展的意见、观点和共识，从保持美国海洋科技国际领先地位的战略高度出发，围绕满足社会需求这一中心，以人类与海洋相互作用的视角，从当前大量海洋科技问题中筛选出有关海洋与人类社会之间相互作用、提高人类生活质量、社会经济发展、国家安全和生态安全等今后 10 多年亟待解决而且能够解决的重大科技问题，将这些问题归纳为六大社会主题，提出了 20 项科学研究的优先重点（见表 1-1）和所需的关键技术，为美国海洋科技的发展确定了方向。《规划》认为，海洋科研成果必须积极转化为易于理解的信息，及时提供给社会，来自管理者、决策者的信息反过来会促进海洋科研工作的开展。《规划》提出，进一步开发将科研成果融入自适应管理工作的机制，建立将科研成果转化为易于使用的产品的专门机制，培育将技术转化为业务化能力的机制。

---

[1] 本部分内容主要引用：石莉.美国海洋科技发展趋势及对我们的启示 [J].海洋开发与管理，2008（4）：9–11.在此表示对作者的感谢！

表1-1 《规划》确定的社会主题和科研重点

社会主题	科研重点
海洋自然资源和文化资源的委托管理	1.通过更准确、更及时的天气图示评价，了解资源丰度和分布的现状和发展趋势； 2.认识物种间和生境与物种的关系支持资源稳定性和可持续性预报； 3.认识可能影响资源稳定性和可持续性的人类利用形式； 4.应用高级知识和先进技术，提高开阔海、海岸和五大湖自然资源的效益；
增强受灾地区的自然恢复能力	5.认识灾害事件的发生和演变，并应用这些知识改进对未来灾害事件的预报； 6.认识沿海和海洋系统对自然灾害的响应能力，并应用这些知识评价未来自然灾害的脆弱性； 7.将现有认识应用于多种灾害风险评估，支持减灾模型开发及其政策和策略的制定；
促进海洋作业的开展	8.认识海洋作业与环境之间的相互作用； 9.应用对影响海洋作业的环境因子的知识，表述海域条件特征，并进行预报； 10.应用对环境影响和海洋作业的认识加强海洋运输系统；
海洋在气候中的作用	11.认识海洋与气候在区域内及其上空的相互作用； 12.认识气候变异和变化对海洋生物地球化学和生态系统的影响； 13.应用对海洋的认识预测未来气候变化及其影响；
改善生态系统的健康	14.认识和预报自然过程和人类活动过程对生态系统的影响； 15.应用对自然过程和人类活动过程的认识开展社会经济评价开发人类多样化利用对生态系统影响的评估模型； 16.应用对海洋生态系统的认识，制定生态系统可持续利用和有效管理的适当指标和度量标准；
提高人类的健康水平	17.认识与海洋相关的对人类健康构成危害的根源与过程； 18.认识与海洋相关的人类健康风险和海洋资源对人类健康的潜在效益； 19.认识海洋资源的人类利用和价值评估，如何受与海洋有关的人类健康的影响，以及人类活动如何影响这些威胁； 20.应用对海洋生态系统和生物多样性的知识，开发提高人类福利的产品和生物学模型。

《规划》还提出了近期的工作任务，即：①预报沿岸生态系统对持久作用力和极端事件的响应；②海洋生态系统有机体的对比分析；③海洋生态系统传感器；④评价经向翻转环流的变异：气候快速变化的影响。

（二）海洋科技发展趋势与特点

《规划》是美国进入21世纪后的第一个海洋科技综合规划，为美国在新的历史时期海洋科技的发展确定了方向,具有鲜明的时代特点。

1. 强调从人类与海洋相互作用视角开展海洋研究

人类与海洋是不可分割的整体,人类的起源、生存和发展都与海洋息息相关。《规划》从提高美国海洋科技创新力和竞争力,负责任地利用海洋和明智地管理海洋等发展目标出发,明确而深入地阐述了海洋与人类社会之间不可分割的联系,指出"认识社会对海洋的影响和海洋对社会的影响,是确保负责任地利用海洋,子孙后代享有清洁、健康而稳定的海洋环境的基础"。《规划》认为,人类与海洋的相互作用是人类发展和海洋可持续利用的关键,人类的发展和海洋的可持续利用离不开人类与海洋的和谐关系。因此,《规划》从人类与海洋的相互作用研究入手,设立了"改善生态系统健康"和"提高人类健康水平"两大社会主题,并围绕这两大社会主题确定了 8 个科研重点,其他还有在"海洋自然资源和文化资源的委托管理"主题中的"认识可能影响资源稳定性和可持续性的人类利用形势",和"促进海洋作业的开展"主题中的"认识海洋作业与环境之间的相互作用"两个科研重点。

2. 跨学科的交叉性研究,重视社会科学在海洋研究中的作用

跨学科性和学科交叉性是新兴海洋学科的特点。《规划》认为,海洋科学研究只有采取跨学科和学科交叉的综合研究方法(这不仅体现在海洋自然科学与其他自然科学的结合上,而且还体现在海洋自然科学与社会科学的结合上),突破单一学科研究的局限性,从多个视角认识海洋,认识海洋与陆地、海洋与大气、海洋与人类的复杂关系,才能制定更加科学合理的海洋管理策略,才能满足社会需求,解决人类社会面临的诸多海洋危机和威胁。因此,《规划》突破传统学科界限,将海洋视为一个全球动态的系统来确定社会主体和科研重点。

《规划》还认为,海洋跨学科研究有利于技术转让,有利于不同学科思想的交流,有利于海洋科学的进步。跨学科海洋综合研究要求广泛的联合和协作,建立利益相关者的研究伙伴关系,实现海洋科学数据共享。只有这样,海洋研究领域才能不断扩展,海洋科学各学科才能取得突破,才能有所创新。

3. 强调基础研究的重要性

《规划》从满足社会需求的目的出发,一方面重视海洋应用研究,另一方面更加重视海洋基础研究的价值和作用,遵循科学发现、认识、应用的原则。海洋基础研究不仅是海洋应用研究的基础,而且还影响其他学科领域的研究;同时,其他学科领域的发展又为海洋研究多出成果创造了机会。《规划》提出的每个社会主题都有多个科研重点,

都是先认识自然环境、自然过程和现象,再将所获得的知识应用到人类的社会活动中。《规划》认为,对海洋基本过程和现象的认识是开发和改进海洋模型、预报模式和观测系统的依据。海洋基础研究取得突破,对所有重点研究创新成果的产生起着决定性作用。海洋基础研究是《规划》已确定的六大社会主题研究取得进展的关键,可促进海洋开发管理决策更加科学化。

三、中国海洋科技要做"领跑者"

国际海洋科技快速发展的巨大压力和国内海洋事业发展的迫切需求,都要求我们尽快制定出国家海洋科技发展规划,以全面统筹海洋科技发展思路、目标和任务,使我国海洋科技有一个大的发展,尽快缩短与国外的差距。

(一)新中国成立以来我国海洋科技创新取得的巨大成就 [1]

从 1956 年我国制定第一个海洋科学远景规划算起,我国的海洋科技事业已经走过了整整 50 年不平凡的历程。半个世纪以来,在党中央、国务院的正确领导下,经过几代海洋科技创新者艰苦卓绝的努力奋斗,我国海洋科技事业取得了令世人瞩目的巨大成就。

1. 海洋科学调查取得丰硕成果

海洋调查是海洋事业发展的基础。自 1958 年开展"全国海洋综合调查"以来,国家各有关涉海部门进行合作,先后组织实施了近百次专项性或综合性海洋调查,为我国海洋科学研究、海洋资源开发、经济发展和国防建设提供了有力支撑。许多具有重要影响的大调查,已经载入我国海洋事业发展的光荣史册。20 世纪 70 年代连续 7 次开展的太平洋中部海区调查,为我国首次远程运载火箭发射试验提供了良好的现场环境保障;80 年代开展的海岛和海岸带资源综合调查,为开发利用海洋资源,促进沿海经济发展提供了科学依据;从 1984 年至今,连续 22 次开展的南极科学考察、2 次北极科学考察,不仅使我国在南北两极拥有了长城、中山、黄河 3 个常年考察站,而且使我国由此跻身于国际极地考察大国行列;依照《联合国海洋法公约》的规定,开展了 18 次大洋矿产资源调查,使我国在太平洋国际海底区域获得了 7.5 万平方千米的多金属结核开辟区;2012 年进行的环球大洋考察,首次实现了中国海洋人"挺进三大洋"

---

[1] 本部分内容主要引用:孙志辉. 开拓创新、求真务实 努力实现海洋科技的大发展,http://sdinfo.coi.gov.cn/report/153713.htm. 在此表示对作者的感谢!

的宏伟目标。浅海油气资源和天然气水合物调查为国家能源发展寻找新的接替基地起到了积极作用。目前正在开展的"我国近海环境资源综合调查与评价",是建国以来国家在海洋调查领域一次性投入最多、参与部门最广、调查手段最为先进、调查要素最为丰富的综合性海洋调查。该项目的实施必将为建设"数字海洋",推进我国海洋事业又快又好发展打下坚实的基础。

2. 海洋基础研究有了重大进展

经过长期的积累,我国海洋基础研究已经覆盖到海洋的各个学科。在物理海洋学研究方面,提出了"文氏普遍风浪谱"理论,发现了"南海暖流"、"台湾暖流",创建了海浪—环流耦合理论,揭示了中国近海环流形成和变异机理。先后开发了风—浪—流联合作用模式和风、浪、流、潮汐、风暴潮耦合作用数值计算模型,使海洋综合动力过程的计算和预测提高到新水平,突破了海浪、潮汐、潮流、环流的一体化保障技术。开展的"海洋环境短期数值预报"研究,对海上生产作业、军事活动、防灾减灾产生了积极影响。在海洋地质与地球物理学研究方面,建立了中国边缘海形成演化的理论框架。2003 年,经国务院批准,我国首次参与了国际大洋钻探计划(ODP),所开展的南海大洋钻探已经取得包括发现大洋碳循环长周期等一批重要科研成果。在海洋生物研究方面,系统地研究了中国近海海洋生物的种类组成、资源分布、生态习性和区系特点,以及海洋初级生产力时空分布,奠定了中国现代海洋生物学的坚实基础。正在深入开展的海洋微型生物及微食物循环、海洋生态系统动力学以及大海洋生态系等研究已取得新突破。在海洋化学研究方面,对中国近海水化学进行了系统调查并取得了一些突出的研究成果。

3. 海洋高新技术发展迈出新的步伐

经过半个世纪的发展,我国已经形成了以海洋环境技术、资源勘探开发技术、海洋通用工程技术为主,包含 20 多个技术领域的海洋高新技术体系。特别是近年来,在国家"863"计划、"973"计划、国家自然科学基金、科技攻关计划的支持下,海洋科学技术取得了突破性进展,缩短了与海洋技术先进国家的差距。在海洋监测技术方面,发射了我国第一颗海洋卫星,攻克了声学海流剖面测量、高精度 CTD 剖面测量、高频地波雷达探测等海洋监测关键技术,研制了海面漂流浮标、ARGO 浮标等一批先进的海洋观测仪器设备,显著提升了我国海洋技术水平和国产海洋仪器设备参与市场竞争的能力。在海洋生物技术方面,以海水养殖种质的优良化、海洋天然产物及海洋药物的研发等为代表,取得了一批很有应用价值的成果。我国海洋造船技术和集装箱技术发展很快,我国已成为世界第三造船大国。在海洋探查与资源开发技术方面,围

绕深水海域油气与天然气水合物资源勘查、大洋矿产资源探查等方面的核心技术开展联合攻关,已取得重要进展,必将为我国海洋油气资源勘探开发和大洋矿产资源调查评价提供强有力的技术支撑。

4. 海洋科技成果转化实现了跨越式发展

近10年来,随着"科技兴海"战略的实施,我国海洋科技成果转化工作稳步推进,在沿海地区建立了16个国家级科技兴海示范区和8个技术转移中心,加快了科技成果产业化步伐。在海水淡化和综合利用方面,自主设计、制造完成了3000吨级低温多效蒸馏和5000吨级膜法反渗透海水淡化装置,以及14000吨级海水循环冷却示范工程,海水提镁、提溴、提钾技术得到应用。在海洋生物技术开发方面,我国具有自主知识产权的第一个抗艾滋病药物"911"已进入二期临床试验,"农乐一号"和"天达—2116"等增产农药累计获得应用推广面积4000多万亩。在海水养殖优良品种培育方面,海带、紫菜等大型海藻人工栽培取得的成功,直接推动了我国规模化海水养殖的兴起。目前,应用经典选择育种技术、性控技术和现代生物技术相结合的方法,已经选育出一大批生产快、抗逆能力强的健康、高抗病贝虾藻新品种,在沿海地区建立了一批海洋生物技术成果转化、中试及产业化基地,促进了我国海洋水产养殖业的快速发展。

在过去的50年中,有一大批海洋科技成果获得国家或部委的奖励,其中"向阳红10号"大型远洋调查船的制造获得国家科技进步特等奖,《中国海岸带和海涂资源调查研究报告》《首次南大洋考察》《对虾大规模育苗研究》《国产反渗透组件及工程技术研究》等项目先后获得国家科技进步一等奖;《中国海区及邻近海域地质地球物理系列图》等成果获国家自然科学二等奖。"973"基础研究课题《对虾病毒遗传密码研究》成果,被评为"2000年中国十大科技进展"之一。

5. 海洋科技国际合作呈现持续拓展态势

随着我国海洋科技事业的发展和国际地位的提高,我国在国际海洋事务中的影响力日益增强。在全球海洋生态动力学(GLOBEC)、国际海洋科学钻探(IODP)、海岸带陆海相互作用(LOICZ)、全球有害赤潮的生态和海洋学(GEOHAB)、全球海洋观测系统计划(GOOS)、国际大陆边缘计划(InterMargins)以及国际洋中脊计划(InterRidge)等重大国际海洋科技合作项目中都作出了应有贡献。1979年,我国首次当选为联合国政府间海洋学委员会执行理事会成员国,并连任至今。此外,我国还积极开展了双边和多边海洋科技合作,分别与美国、俄罗斯、加拿大、德国、法国、日本、韩国、朝鲜、印度等国家签订了海洋科技领域的合作协定,联合全球环境基金、联合国开发计划署等国际组织开展了东亚海计划、渤海环境保护与管理、黄海大海洋生态系计划、南中国海北部生物多样性保护项目等一批区域海洋科技合作项目，取得了显著成绩。

6. 海洋科技人才队伍和基础能力建设不断强化

我国海洋科技人才队伍已由建国初期的不足百人发展到如今数万人的规模，专业领域涵盖了基础研究、技术研发、市场推广、公众教育、公益服务、行政管理及产业规划等众多方面，人员遍及 10 多个部门、行业以及科研院所、大专院校。特别是改革开放，为我国海洋科技人才队伍的成长壮大提供了良好机遇，一大批海洋科技工作者先后获得"国家级有突出贡献专家"、"全国优秀科技工作者"和"全国五一劳动奖章"等荣誉称号，有 30 多位才华出众、业绩突出的优秀海洋科学家，当选为中国科学院院士和中国工程院院士。同时，有越来越多的中国海洋科学家在国际海洋界大展身手，担任重要职务。已故曾呈奎院士曾当选为第二届国际藻类学会主席；苏纪兰院士连续两届担任联合国政府间海洋学委员会主席。

经过 50 年的艰苦努力，我国海洋科技创新已基本形成了服务经济建设、发展高新技术、加强基础研究三个层次的战略格局，形成了比较完整的海洋科学研究与技术开发体系。我国已有涉海科研机构和院校 122 个，拥有一批以两院院士为核心的海洋科技精英；建设了一批重点实验室、共享信息平台和数据库；建造和装备了一批设备先进的海洋综合调查船。以海洋卫星、飞机、台站、浮标、船舶为主体的海洋立体观测系统也已初具规模。海洋人才队伍的壮大、海洋科技条件平台和基础能力的建设与优化，为今后我国海洋科技事业的创新和腾飞创造了有利条件，奠定了坚实的基础。

以上这些成绩的取得，是党中央、国务院高度重视、亲切关怀的结果，是社会各界和各有关部门着眼大局、通力合作的结果，也是广大海洋科技工作者埋头苦干、勇于拼搏的结果。实践证明，保持和发扬心系祖国、自觉奉献的爱国精神，求真务实、勇于创新的科学精神，不畏艰险、勇攀高峰的探索精神，团结协作、淡泊名利的团队精神，过去是、现在是、将来永远是我国海洋科技事业兴旺发达的制胜法宝和强大动力。

（二）我国海洋科技创新面临的机遇和任务

1. 面临的机遇

未来几年，是我国海洋科技实现战略性突破的关键时期，机遇与挑战并存。当今世界，全球科技进入新一轮的密集创新时代，海洋科技向大科学、高技术体系方向发展，进入大联合、大协作、大区域研究阶段。从国内看，我国经济的发展越来越多地依赖于海洋，海洋产业成为培育和发展战略性新兴产业的重要领域。

国内外的新形势、新趋势对海洋科技发展提出了新的更高的要求。海洋科技发展进入快速提升阶段，迫切需要海洋科技加快实现从支撑为主向创新引领型转变，争取尽快使我国海洋科技水平进入世界先进行列，以科技创新驱动海洋经济发展，提高海洋开发、控制和综合管理能力，增强我国海洋能力拓展，促进海洋经济发展方式转变和海洋事业协调发展，为建设海洋强国作出更大贡献。

要发展海洋科学技术，着力推动海洋科技向创新引领型转变。建设海洋强国必须大力发展海洋高新技术。要依靠科技进步和创新，努力突破制约海洋经济发展和海洋生态保护的科技瓶颈。要搞好海洋科技创新总体规划，坚持有所为有所不为，重点在深水、绿色、安全的海洋高技术领域取得突破。尤其要推进海洋经济转型过程中急需的核心技术和关键共性技术的研究开发。

我国海洋科技要从支撑服务型向创新引领型转变。在海洋领域，很多人并不知道具体的需求。进入现代社会，我们不能仅仅停留在解决或修正过去的遗留问题上，或是仅对已获取的技术升级改造，而是需要形成新的发展模式，即创新引领。在我国，海洋科技是一个年轻的领域，基础薄弱。过去的习惯性做法是直接从海里获取资源，然后将其变成财富，而没有走环境友好、资源节约的可持续发展道路，这不能引导社会科学合理地利用海洋。因此要注重创新，面向国家和社会需求，秉承以人为本的宗旨，在海洋发展的大潮流中谋求人与海洋的和谐发展，用最少的资源、最小的环境代价创造最大的社会价值。这就需要引领，从集成、支撑，从引进、消化，逐渐转变成自主创新为主、其他方式为辅的新的科技发展模式。

科技创新总体规划是大海洋的概念，不能单纯地从资源环境的角度去考虑，而要从社会经济体系的角度考虑对海洋的需求。要依靠科技，把全民的海洋意识都调动起来，将大科技的概念融合进来，把内陆地区和其他产业的科技成果应用于海洋。不仅要靠海洋科技自身的创新和突破来引领，还要靠与海洋领域接近的可以转变为海洋所用的技术和科学来引领，加速海洋科技的发展。同时，还要建立新制度，构建新的政策和措施体系，否则海洋科技仍然不能在国民经济中发挥很好的作用。海洋科技发展是推动实现海洋强国的根本保障，而这是需要长期坚持的系统工程，从领域设计、方向设计、重大工程设计、人才培养、团队构建、基础设施建设，一直到制度措施，甚至到投资机制，都需要按照创新转型的要求来做。

过去100年，世界海洋领域有十几个重大发现和重要贡献，但基本看不见中国人的身影。要实现真正的创新、拥有自主知识产权，我们就要转变科研体制和机制，让最优秀的人才做最好的事情，创造出有英雄用武之地、无后顾之忧的科研环境，让最优秀的人才脱颖而出，做创新、做引领，让政策环境更有利于创新，改变考核指标体系，允许失败、允许畅想、允许创新，大胆走向世界前沿。

2.重点任务

当前和今后一段时期，我国海洋科技创新者要在扎实推进各项海洋科技创新的基础上，重点落实好以下任务。

（1）重点发展具有自主知识产权的深水、绿色、安全的海洋高技术

深水、绿色、安全的海洋高技术是海洋强国竞争的制高点。当前，我国在深海开发、海洋经济的绿色发展以及海上安全保障等方面的科技创新能力还严重不足。支持发展市场前景广阔、辐射带动作用显著、有利于促进海洋产业结构升级的核心技术和关键共性技术，如海水利用技术、海洋可再生能源利用技术、深水油气勘探开发技术、深远海生物资源利用技术及海洋药物、海洋功能食品和海洋微生物开发等。

（2）将深海工程和海洋运载工程提升为国家重大专项工程

加大投入和政策支持力度，加快构建以企业为主体、市场为导向、产学研相结合的海洋产业技术创新体系，重点鼓励形成深远海技术装备研发合作产业联盟，促进我国海洋开发不断向深远海拓展。

（3）实施海洋高技术创新引领战略，建立并推进国家海洋创新体系

加拿大、澳大利亚、挪威等海洋强国都明确提出国家海洋（科技）创新体系建设战略，并在涉海产学研合作创新模式方面进行了各具特色的成功实践。其中，挪威以高端海洋产业国际化竞争为核心的国家创新体系、加拿大的国家深海观测体系建设，给我们诸多启示。因此，以科技创新引领推进海洋产业结构升级和经济发展方式转变，驱动海洋经济创新发展，还要加快实施科技兴海战略。今后，要继续统筹海洋公益专项、海洋经济创新发展区域示范、海洋能专项的实施，在促进传统海洋产业优化升级的同时，通过突出创新驱动和区域特色，带动产业技术提升和关键技术突破，推动海洋生物医药、海水利用、海洋能、海洋工程装备制造和海洋高技术服务等战略性新兴产业发展。

（4）建立国家海洋（深远海）开发重大工程

国内有关涉海科研单位和高校都在海洋科研领域有自己的特色与专长，但我国海洋科技基础性研发投入不足，开展海洋科研的涉海部门和研究单位又很多，还没有形成协同合作机制，有些工作互相重复，有些彼此都是空白。要学习借鉴世界主要海洋强国的经验，围绕国家级海洋研究中心开展海洋开发重大工程，推动我国海洋科学与技术实验室建设，以此为平台，推动涉海尤其是深远海开发系列化重大工程的建设。因此，建议通过设立国家重大海洋专项工程，组织、汇聚和调动一切优势科研力量，围绕我国海洋事业发展需求，开展联合攻关、协同科研，在国家重点或专项任务的实施过程中，带动海洋科技的创新与发展，培养壮大海洋科技人才队伍。

（5）强化海洋科学与技术的基础研究，加大人才团队建设

海洋科技的发展必须基于长远而稳定的海洋科学发展与技术创新战略。要继续并加大海洋科学技术的研究与学科建设投入，建立面向未来的尤其是关于深远海开发的海洋科学及学科体系，在敏感、关键技术和共用技术开发方面积极推进自主创新人才团队建设。

（三）切实为中国海洋科技创新保驾护航

海洋科技创新是发展海洋经济、保护生态环境、保障国家安全、实现科学管理的关键。今后一个时期，中国海洋科技创新必须进一步转变观念，创新机制，发挥各方面的积极性与创造性，为我国海洋强国建设创造良好的保障条件。

1. 大力加强海洋科技人才队伍建设

要紧密围绕新时期海洋科技创新发展的客观需要，大力推进海洋人才战略。结合国家重大海洋专项的实施，部署开展海洋高层次创新人才培养工程，认真实施"双百"人才计划。要采取重点扶持与跟踪培养、人才引进与有序流动、团队吸纳与项目合作等多种形式，充分利用国际国内海洋人才资源，有目的、有重点的培养和引进一批高层次的海洋科技领军人物，努力打造海洋优秀创新群体和创新团队。要改进和完善专业技术职务资格评审制度，强化岗位培训和继续教育，加强基础性工作领域和基层一线的专业技能人才培养。要坚持产学研结合，鼓励和支持涉海科研院所同相关企业建立起多渠道、多形式的紧密合作关系，共同培养海洋科技优秀人才。要鼓励军地双方建立联合办学机制，共同培养军地两用海洋科技专门人才。

2. 进一步加大对海洋科技的投入力度

海洋科技是一项高风险、高投入的事业，稳定的科技投入是保证海洋科技不断创新的先决条件。要采取有力措施，建立以政府为主导，社会、企业、民间及外资等参与的多元化、多渠道、高效益的海洋科技投入体系。要主动争取各级财政、发展改革和科技部门对海洋科学研究、技术示范和成果推广的经费支持，力争"十一五"期间用于海洋科技创新的投入比"十五"期间有较大幅度增加。要建立对公益类科研院所的稳定支持机制，重视和发挥它们在海洋科技创新中的中坚作用。要结合国际海洋科技发展走势、沿海地方经济与社会发展以及海上安全与权益维护等国家需求，积极向国家提出重大海洋科技专项，通过项目实施，达到增加投入、强化能力、培养队伍、促进发展的目的。

3. 扎实推进海洋科技基础设施与条件平台建设

进一步完善海洋科技基础设施与条件平台建设，是推动海洋科技创新的基础性工作。"十一五"要建设和完善一批国家、部委、省、市级的海洋科学基础研究基地，区域特色明显的国家海洋科学研究中心和关键技术的实验室，并争取国家立项，在改造装备现有考察船的基础上，新建一批海洋综合科学考察船，同时建立"公管共用"的科学考察船管理机制，以满足今后 10~15 年我国近海、大洋和极区的资源环境科学考察的需要。要积极创造条件，加快建设立体的、实时的海洋环境监测系统，选择和建设一批海洋科学野外研究站，进入国家野外科学研究观测站序列。要建立高水平的物模实验与研究中心。积极推进海洋基础数据与信息共享，建设国家级海洋科学数据中心、海洋自然科技资源保藏中心，开展对海洋高技术产业具有引领作用、有利于海洋产业技术更新换代的技术规范与标准研究，尽快形成一批具有自主知识产权的海洋产业和行业技术标准，健全国家海洋标准体系。

4. 加快构建海洋科技创新与支撑体系

要以政府为主导，充分调动社会各方面力量，进一步消除制约海洋科技进步和创新的体制、机制障碍，加速海洋科技创新体系建设，努力提高海洋科技的创新能力和国际竞争力。为此，一是要继续深化海洋科技体制改革，加快结构调整和制度创新，抓紧构建职责明确、评价科学、开放有序、管理规范、服务国家需求和社会发展需要的海洋公益事业科技创新体系；二是要大力推进海洋应用技术创新体系建设，努力形成国家和地方相结合、产学研相结合，以企业为主体的应用技术创新体系布局；三是要加快推进海洋国防科技创新体系建设，促进军用和民用科技的双向转移；四是要积极开展建设地方海洋科技创新体系，统筹规划区域海洋科技创新能力，加快推进环渤海、长江三角洲、台湾海峡、珠江三角洲地区等各具特色和优势的区域科技合作步伐，加速区域创新集群的形成。

5. 努力提高海洋科技成果转化与应用水平

科技成果能否转化为现实生产力是实现科技与经济结合的关键，也是发挥科技是第一生产力作用的重要体现。为此，要进一步加大力度，认真落实海洋科技兴海战略，在体制、机制和政策措施上积极鼓励海洋技术成果向生产力转化，提高科技对海洋经济的贡献率。一是要推动科研机构要以市场为导向，以效益为中心，把着力点放在自主创新上，努力实现从重论文、评职称的"封闭循环"向重市场、讲效益的"开放循环"转变，力争取得一批具有自主知识产权、应用前景广阔、具备产业化基础的科技成果，

适应海洋经济发展对科技的需要。二是要充分发挥企业在科技创新中的主体作用，鼓励和引导有信誉、有能力的企业参与科技项目的立项、研究、技术转化与成果应用的全过程，达到项目研究有明确的应用方向、技术开发有准确的市场定位、成果转化有成熟的企业平台的目的。三是要进一步加快科技服务体系建设，大力发展和规范科技服务与中介机构，引导科技服务与中介机构向专业化、规模化和规范化方向发展，促进科研成果及时、有效地转化为现实生产力，使科技服务体系真正成为成果拥有者和技术需求者之间的桥梁和纽带。

6. 广泛开展国际海洋科技合作与交流

开展富有成效的对外科技交流与合作是推动海洋科技工作快速发展的有效途径之一。今后一个时期内，开展国际海洋科技合作交流工作，要注重在以下方面取得进展。一是要在巩固已有双边和多边海洋科技合作的基础上，结合需求，探索新的合作方式，开拓新的交流领域。二是要坚持有所为有所不为和为我所用的方针，密切跟踪国际海洋科技发展走势，有选择、有侧重、有步骤地介入区域性和全球性国际海洋重大科学计划。三是要充分发挥我国海洋科学家的学识才干，支持并推荐我国科学家在国际海洋科学组织中担任重要职务，主动参与制定国际海洋科学计划，并在有传统优势的学科领域创造性地提出区域及全球性海洋科技合作新主题，努力形成以我为主的海洋科技合作新态势，提高我国海洋科学技术的国际地位。

7. 不断强化海洋科技创新的组织协调和管理

海洋科技创新与进步是建设创新型国家的重要组成部分，关系到海洋事业的发展和我国综合国力的增强。我们务必要从贯彻落实科学发展观的高度，把这件大事摆上重要议事日程，与其他工作一起统筹部署，同步实施。要加强组织协调，动员和发挥各方面的力量与积极性，充分挖掘潜在社会资源，进一步强化区域间、部门间、部门与地方、部门与企业、科研机构与高校、企业和科研院校之间的合作与交流，促进海洋科技信息的共享与科技人才合理有序的流动。要加强海洋科学普及工作，发挥各级学会、协会、海洋科普教育基地以及媒体的作用，广泛传播海洋科学知识，增强全民族的海洋意识，使更多的人了解海洋、关注海洋、热爱海洋，自觉投身到开发海洋、保护海洋的伟大实践中去。

四、浙江省海洋科技发展透析[1]

21世纪是海洋世纪。《中共中央关于制定国民经济和社会发展第十二个五年规划的建议》第一次将海洋经济提到战略高度。"科技创新能力决定何时从海洋大国变海洋强国",海洋科技对于一个国家的科技、经济、社会发展所起的作用越来越重要。如何对现有的海洋科技发展水平进行科学的评价,相应地制定具有指导意义的支撑战略,以提高我国海洋科技水平的支撑力十分重要。本书采用理论与实证相结合的方式,综合运用定性与定量的分析方法,对浙江海洋科技支撑力及支撑策略进行研究,提出较为科学的海洋科技支撑力评价指标体系,以引起浙江省相关管理部门对海洋科技支撑力的重视,打造海洋科技领域的支撑优势,提升浙江的海洋科技支撑能力;在浙江海洋经济发展与海洋科技创新、海洋人才培养之间找到对接点,既体现发展的一面,又重视互补性,实现海洋经济、海洋科技与海洋人才的共生联动,为浙江省制定有效的海洋科技发展战略和对策提供一些重要的参考依据。

(一)海洋科技支撑力的理论界定

竞争力(competency)是目前国际上普遍关注的问题,而科技支撑力是国际竞争力的关键要素。支撑力是指支柱性和基础性的存在,科技支撑力是指在经济与社会的发展进程中科技所能提供的起支柱和促进作用的抗压力和拉动力。科技支撑力反映与基础研究、应用研究和试验开发密切相关的科学技术能力,是科技资源与科技活动过程的统一,是一个国家和地区科技总量、科技水平及发展潜力的一种综合体现,是国际竞争力的重要组成部分或关键性要素。从科技支撑力整体及其成长关系看,它是包含科技导向力、科技动员力、科技凝聚力、科技规范力、科技协调力、科技控制力等部分的支撑力综合。经济学家已经证实科学技术对国民经济的重要影响和作用。新古典经济增长理论认为技术进步是经济增长的主要源泉;新经济增长理论认为科技是一个重要的生产因素,它可以提高投资收益,并促进其递增,推动经济的持续增长;发展经济学认为科技进步已成为工业产业国际竞争力的关键和核心因素(约瑟夫·熊彼特,1961)。

蓝色经济将掀全球海洋新竞争。海洋已经成为参与全球竞争的"本垒",成为沿海国家之间竞争的主要体现(崔旺来,2009)[2]。海洋科技支撑力对实现海洋经济社

---

[1] 本部分内容作者已经以《浙江省海洋科技支撑力分析与评价》为题在《中国软科学》2011年第2期全文发表。

[2] 崔旺来. 海洋经济时代政府管理角色定位 [J]. 中国行政管理,2009,294(12):55-57.

会发展目标将发挥关键性作用，海洋科技支撑力已成为衡量沿海国家竞争力的关键因素。自1980年世界经济论坛（WEF）和瑞士国际管理发展学院（IMB）讨论国际竞争力问题开始，国内外各种各样的支撑力研究层出不穷，但海洋科技支撑力研究却鲜有人涉及，同时也未就海洋科技支撑力给予明确的定义。

蓝色经济正成为全球经济的新增长点。随着海洋经济的快速发展，国际经济竞争的重点也集中在了以海洋科学技术为先导的海洋高新技术产业。根据海洋科技自身专业性强、涵盖面广、高新技术产业比重较大的特点，我们提出海洋科技支撑力的概念如下：从广义上说，海洋科技支撑力是指用来测度海洋科学技术发展水平的定性和定量的指标的总和。从一个竞争实体（国家、地区、城市、产业或科研单位）的角度看，其概念更加侧重于阐述此竞争实体在相应的竞争环境中，海洋科技与其他相应的专业领域相比而言所具有的吸纳科技资源和促进该实体经济与社会发展的能力。从海洋科技支撑力自身考虑，是指海洋科学技术各分支学科（海洋生物学、海洋化学、海洋地质学、海洋物理学）在基础研究和产业应用中取得的成就，促进自身可持续发展及保持支撑优势的能力。我们认为，海洋科技支撑力包含三层涵义：一是指利用海洋科技成果、实现海洋科技进步的基础，即指人力资本（如海洋家和工程师）和物质资本（如消化吸收的海洋技术和海洋设施）方面拥有先进的生产要素的情况。海洋人力资本是主动性资本，复杂先进生产设备的运转需要海洋技术人员和有较高技能的工人，海洋核心技术科技含量的提高要依靠海洋学家和工程师的创新。此外，作为利用海洋科技成果、实现海洋科技进步的基础，一定的物质资本也不可或缺。因此，利用科学技术成果，实现科技进步的基础，除要考虑人力资本的情况外，还必须考虑物质资本的情况，两者共同奠定了海洋领域依靠"科技创新、技术进步"参与竞争的潜力。二是指开展海洋技术创新、实现海洋科技进步，提高海洋科技支撑力的情况，亦即海洋领域依靠"科技创新、技术进步"参与竞争的行为表现。三是指海洋科技支撑力的最终标志是海洋领域所具有的开拓市场、占据市场并以此获得利润的能力，也就是产出比竞争对手更多财富的能力。

海洋科技既要体现海洋发展目标，又要确保国家科技发展总体战略要求，是我国提升国家创新能力和国际竞争力的重要基础。海洋科技支撑力实际上是一个动态的概念。评价一个国家的海洋科技支撑力，最主要的指标有四组：一是海洋科技综合支撑力的指标；二是海洋高技术产品的支撑力，反映了海洋高技术产业的支撑力；三是海洋专利水平，反映的是一国的海洋技术支撑力；四是海洋论文的水平，反映的是一国海洋基础研究的水平。当然，海洋科技支撑力能否持续和提高，有赖于制度和环境因素，包括海洋信息技术发展水平、海洋知识产权保护水平、海洋技术合作的态度、海洋教育水平等。

（二）浙江省海洋科技支撑力状况考量

改革开放 30 多年来，浙江海洋科技体系不断发展壮大，海洋科技进步对海洋产业增产的贡献率也不断提高，海洋科技工作者在诸多领域取得了一系列的重大突破，对海洋产业各个方面都产生了巨大影响和推动作用。但浙江海洋科研工作与海洋产业发展的要求相比，仍存在相当大的差距，浙江海洋科技支撑力的现状仍不容乐观。

本书采用了投入产出的评价方法，并利用 2008 年的统计数据对浙江省海洋科技支撑力进行具体评价和分析。所设置的具体评价指标为：科技投入指数、科技产出指数和科技效率指数。海洋科技投入指数反映的是浙江省在海洋科技发展中人、财、物方面的投入，它由人力资源、经费资源和科研机构三项分指标构成。海洋科技产出指数和海洋科技效率指数反映的是浙江省海洋科技投入的科研成果和经济效益。

1. 海洋科技投入支撑力

海洋科技投入支撑力是表征沿海地区研究、开发和孵化能力的物质基础和条件，包括海洋科技经费投入、人力投入（专业技术人员、从业人员的数量和质量等）、科技机构的设立等，实质上是可能提供海洋科技创新和重大发明的基础力量。目前，我国沿海各地区海洋科技经费尚缺乏详细的统计数据，而科技人力投入和科技机构的相关数据则可从中国海洋统计年鉴得到。

海洋科技投入分为三个子要素：一是海洋专业技术人才的结构，主要将低、中、高三级职称的人才数量的得分进行加权综合得出，对初级职称赋予权重 0.2，中级职称赋予权重 0.3，高级职称赋予权重 0.5；二是海洋科研机构的平均规模，主要利用科研机构平均专业技术人员数和科研机构平均从业人员数两个指标来测度，二者给予相等权重；三是海洋科技投入总体规模，主要利用专业技术人员数量、科研从业人员数量以及科研机构数量三个指标来测度，海洋专业技术人员数量最能体现海洋科技投入总体规模的支撑力，因此赋予权重 0.5，其余两个指标分别赋予权重 0.25。最后，将三个子要素得分进行算术平均，即得出海洋科技投入支撑力得分。

表1-2　我国沿海地区海洋科技投入评价数据

地区	海洋科技力量总体规模			海洋科技人才结构(人)				海洋科技机构平均规模(人/机构)	
	专业技术人员(人)	从业人员(人)	机构数量(个)	初级职称	中级职称	高级职称	其他	平均专业技术人员数	平均从业人员数
浙江	859	1042	17	193	256	316	94	50.30	61.29
上海	2128	2591	13	501	621	696	310	163.69	199.31

续表

地区	海洋科技力量总体规模			海洋科技人才结构(人)				海洋科技机构平均规模(人/机构)	
	专业技术人员(人)	从业人员(人)	机构数量(个)	初级职称	中级职称	高级职称	其他	平均专业技术人员数	平均从业人员数
江苏	1031	1280	8	145	245	513	128	128.88	160.00
福建	635	682	10	169	185	226	55	63.50	68.20
天津	1849	2630	11	482	498	610	259	168.09	239.09
山东	2406	3094	20	485	776	863	282	120.30	154.70
辽宁	539	606	8	137	158	178	66	67.38	75.75
广东	1732	2249	23	349	589	658	136	75.30	97.98
广西	123	167	6	40	51	18	14	20.50	27.83
河北	400	418	4	106	137	141	16	100.00	104.50
海南	135	153	3	53	31	8	43	45.00	51.00
最小值	123	153	3	40	31	8	14	20.50	27.83
最大值	2406	3094	23	501	776	863	310	168.09	239.09
极差	2283	3041	20	461	745	855	296	147.59	211.26

数据来源：2008年中国海洋统计年鉴。

表1-2是2008年中国沿海各地的海洋科技投入数据。而从表1-3中可以看出，浙江省海洋科研机构数得分达到85分，排在全国11个沿海省市的第三位。但是，海洋科研从业人员数得分（65.11分）排在第6位，海洋专业技术人员数得分（66.12分）排在第7位；海洋科技投入总体规模支撑力得分仅为63.98分，排在全国11个沿海地区的第5位，与排在前三位的山东（88.13分）、广东（80.50分）和上海（79.18分）相比，明显处于科技规模支撑力相对较弱的地位，有待进一步提升。

表1-3　我国沿海地区海洋科技投入总体规模支撑力得分

地区	海洋科研从业人员数		海洋专业技术人员数		海洋科研机构数		科技投入总体规模支撑力	
	得分	排序	得分	排序	得分	排序	得分	排序
浙江	65.11	6	66.12	7	85	3	63.98	5
上海	91.45	3	93.91	2	75	4	79.18	3
江苏	69.16	5	69.89	6	62.5	7	60.87	6
福建	58.99	7	61.21	8	67.5	6	56.11	7

地区	海洋科研从业人员数		海洋专业技术人员数		海洋科研机构数		科技投入总体规模支撑力	
	得分	排序	得分	排序	得分	排序	得分	排序
天津	92.11	2	87.80	3	70	5	75.65	4
山东	100.00	1	100.00	1	92.5	2	88.13	1
辽宁	57.70	8	59.11	9	62.5	7	53.69	8
广东	85.63	4	85.24	5	100	1	80.50	2
广西	50.24	10	50.00	12	57.5	8	46.93	10
河北	54.51	9	56.07	10	52.5	9	49.18	9
海南	50.00	11	50.26	11	50	10	45.11	11

注：总体规模得分=海洋科研机构数得分×0.25+海洋科研从业人员数得分×0.25+专业技术人员数得分×0.5。

从表1-4可以看出，浙江省海洋科技机构平均规模支撑力得分为59.01分，排在全国11个沿海省市的后三位，反映出浙江省海洋科研机构平均规模相对过小，有待加强和提升。

表1-4　我国沿海地区海洋科技机构平均规模支撑力得分

地　区	平均海洋专业技术人员数得分	海洋科研平均从业人员数得分	海洋科技机构平均规模支撑力得分	排序
浙江	60.10	57.92	59.01	9
上海	98.51	90.59	94.55	2
江苏	86.72	81.28	84.00	3
福建	64.57	59.55	62.06	8
天津	100.00	100.00	100.00	1
山东	83.81	80.03	81.92	4
辽宁	65.88	61.34	63.61	7
广东	68.56	66.60	67.58	6
广西	50.00	50.00	50.00	11
河北	76.93	68.15	72.54	5
海南	58.30	55.48	56.89	10

注：平均规模得分=平均海洋专业技术人员数得分×0.5+海洋科研平均从业人员数得分×0.5。

从表 1-5 可以看出，浙江省海洋科技人员结构支撑力得分为 66.86 分，排在全国
各沿海省市的第六位，与排在前四位的山东（99.65 分）、上海（92 分）、广东（86.95 分）
和天津（86.74 分）相比，分值差距相当大，属于海洋科技人员结构支撑力较弱的地区，
有待进一步改善。

表 1-5　我国沿海地区海洋科技人员结构支撑力得分

地　区	初级职称得分	中级职称得分	高级职称得分	科技人员结构得分	排序
浙江	66.59	65.10	68.01	66.86	6
上海	100.00	89.60	90.23	92.00	2
江苏	61.39	64.36	79.53	71.36	5
福建	63.99	60.34	62.75	62.28	7
天津	97.94	81.34	85.20	86.74	4
山东	98.26	100.00	100.00	99.65	1
辽宁	60.52	58.52	59.94	59.64	8
广东	83.51	87.45	88.01	86.95	3
广西	50.00	51.34	50.58	50.69	10
河北	57.16	57.11	57.78	57.45	9
海南	51.41	50.00	50.00	50.28	11

注：科技人才结构支撑力得分=初级职称得分×0.2+中级职称得分×0.3+高级职称得分
×0.5。

将上述海洋专业技术人才结构、海洋科研机构平均规模和海洋科技投入总体规模
三个子要素支撑力得分加权综合，就得出了各地区的海洋科技投入支撑力得分（见表
1-6）。从表 1-6 可以看出，浙江省海洋科技投入支撑力得分为 63.28 分，排在全国各
沿海省市的第六位；与排在前三位的山东（89.90 分）、上海（88.58 分）和天津（87.46
分）进行比较，分值差达到 25 分以上，反映出浙江海洋科技投入支撑力相当弱，与"海
上浙江"和浙江海洋经济发展带建设存在一定的差距。

表1-6　浙江省海洋科技投入支撑力对比状况

地区	技术人员结构得分	平均规模得分	总体规模得分	海洋科技投入支撑力得分	排名
浙江	66.86	59.01	63.98	63.28	6
上海	92.00	94.55	79.18	88.58	2
江苏	71.36	84.00	60.87	72.08	5
福建	62.28	62.06	56.11	60.15	7
天津	86.74	100.00	75.65	87.46	3
山东	99.65	81.92	88.13	89.90	1
辽宁	59.64	63.61	53.69	58.98	9
广东	86.95	67.58	80.50	78.34	4
广西	50.69	50.00	46.93	49.21	11
河北	57.45	72.54	49.18	59.72	8
海南	50.28	56.89	45.11	50.76	10

注：海洋科技投入支撑力得分=（技术人员结构得分+平均规模得分+总体规模得分）/3。

2. 海洋科技产出支撑力

海洋科技产出支撑力是表征沿海地区海洋科技资源的转化水平或利用程度。基于数据可获得性的限制，我们用海洋科技机构所承担的课题来代替海洋科技产出。此外，海洋科技进步对沿海地区海洋经济发展的贡献也属于海洋科技产出范畴，但由于缺乏数据，无法准确测算，所以未纳入评价体系。

海洋科技产出主要看各地所承担的各类海洋科研课题的数量，其中基础研究最能体现海洋科学研究能力和水平，在综合时赋予最高权重0.35，之后依次是应用研究（0.2）、实验发展（0.15）和成果应用（0.1），生产性活动、科技服务与成果应用属于同一个层次，均赋予0.1的权重。

表1-7 我国沿海地区海洋科技课题承担情况 单位（项）

地区	生产性活动	科技服务	成果应用	实验发展	应用研究	基础研究	合计
浙江	2	123	59	34	68	86	372
上海	2	215	40	250	197	56	760
江苏	2	307	276	331	194	18	1128
福建	0	125	25	108	101	86	445
天津	6	113	75	106	90	2	392
山东	1	117	64	155	292	263	892
辽宁	7	20	17	17	1	0	62
广东	0	351	58	173	372	279	1233
广西	0	2	3	13	5	0	23
河北	0	26	10	3	9	0	48
海南	0	5	29	4	1	5	44
最小值	0	2	3	3	1	0	9
最大值	7	307	276	331	372	263	1556
极 差	7	305	273	328	371	263	1547

数据来源：中国海洋统计年鉴2008。

表1-8 浙江省海洋科技产出支撑力对比状况

地区	生产性活动	科技服务	成果应用	实验发展	应用研究	基础研究	海洋科技产出支撑力得分	排序
浙江	64.29	67.34	60.26	54.73	59.03	65.41	62.10	6
上海	64.29	80.52	56.78	87.65	76.42	60.04	69.60	4
江苏	64.29	93.70	100.00	100.00	76.01	53.23	74.63	3
福建	50.00	67.62	54.03	66.01	63.48	65.41	62.66	5
天津	92.86	65.90	63.19	65.70	61.99	50.36	62.07	7
山东	57.14	66.48	61.17	73.17	89.22	97.13	81.29	2
辽宁	100.00	52.58	52.56	52.13	50.00	50.00	55.83	8
广东	50.00	100.00	60.07	75.91	100.00	100.00	87.39	1
广西	50.00	50.00	50.00	51.52	50.54	50.00	50.34	11
河北	50.00	53.44	51.28	50.00	51.08	50.00	50.69	10
海南	50.00	50.43	54.76	50.15	50.00	50.90	50.86	9

注：海洋科技产出得分=生产性活动得分×0.1+科技服务得分×0.1+成果应用得分×0.1+实验发展得分×0.15+应用研究得分×0.2+基础研究得分×0.35。

我们通过承担的海洋科研课题数量来考察浙江海洋科技产出支撑力。表1-7是沿海各地所承担课题的原始数据,表1-8是对应的支撑力得分计算表。从表1-8可以发现,我国海洋科技产出支撑力格局与海洋科技投入支撑格局略微不同:广东以87.39分遥遥领先,山东以81.29分排到了第二,但江苏则以74.63分排到了第三。浙江以62.10分排在第六位,基本发挥出了与其海洋科技投入相称的水平,但属于海洋科技产出支撑力较弱的地区,主要是由于海洋科技投入支撑力弱而造成的。

3. 海洋科技效率支撑力

海洋科技效率支撑力是指海洋科技成果转化为现实生产力的效率或效益。效率指标在支撑力的评价中占有重要地位,海洋科技产出相对海洋科技投入具有或长或短的时滞效应,大多数科技投入并不会立即显现直接效果,特别是应用研究与基础研究。仅从年度来看,海洋科技效率指标极易失真,年度波动较大,所以在评价体系中赋予较小权重。此外,基于数据的可获得性限制,我们以人均承担的科研课题数量替代海洋科技效率。

海洋科技效率主要考察海洋科研从业人员人均课题数量和海洋专业技术人员人均承担课题数量。我们认为,人均承担课题数量越多,海洋科技效率越高。海洋专业技术人员科技效率支撑力得分的汇总权重分配与上述关于不同课题的性质所给权重保持一致。在汇总海洋科技效率支撑力综合得分时,海洋专业技术人员支撑力赋予权重0.6,而对全部海洋科研从业人员科技效率支撑力赋予权重0.4。

表1-9　我国沿海地区海洋科技效率数据　单位（项／人）

地 区	从业人员人均承担课题数	专业技术人员人均承担课题数					
		生产性活动	科技服务	成果应用	实验发展	应用研究	基础研究
浙江	0.36	0.002	0.14	0.07	0.04	0.08	0.1
上海	0.29	0.0001	0.10	0.02	0.12	0.09	0.03
江苏	0.88	0.002	0.30	0.27	0.32	0.19	0.02
福建	0.65	0	0.20	0.04	0.17	0.16	0.14
天津	0.15	0.003	0.06	0.04	0.06	0.05	0.001
山东	0.29	0.0004	0.05	0.03	0.06	0.12	0.11
辽宁	0.10	0.01	0.04	0.03	0.03	0.002	0
广东	0.55	0	0.20	0.03	0.10	0.21	0.16
广西	0.14	0	0.02	0.02	0.11	0.04	0
河北	0.11	0	0.065	0.025	0.0075	0.02	0
海南	0.29	0	0.04	0.21	0.03	0.007	0.04

我们用海洋科研从业人员以及专业技术人员人均承担的科研课题来评价浙江省海洋科技效率，表1-9是相应的原始数据，表1-10是海洋科技专业技术人员的科技效率支撑力得分计算表。可以发现，专业人员科技效率以广东（83.13分）、福建（80.36分）和江苏（79.70分）表现最好；浙江以69.46分名列第五位，属于海洋专业技术人员科技效率较低的地区。

表1-10 我国沿海地区海洋科学专业技术人员科技效率得分计算表

地区	专业技术人员科技效率得分							
	生产性活动	科技服务	成果应用	试验发展	应用研究	基础研究	综合得分	排序
浙江	60.00	71.43	60.00	55.20	67.98	81.25	69.46	5
上海	50.50	64.29	50.00	68.00	70.44	59.38	61.55	6
江苏	60.00	100.00	100.00	100.00	95.07	56.25	79.70	3
福建	50.00	82.14	54.00	76.00	87.68	93.75	80.36	2
天津	65.00	57.14	54.00	58.40	60.59	50.31	56.10	8
山东	52.00	55.36	52.00	58.40	77.83	84.38	69.79	4
辽宁	100.00	53.57	52.00	53.60	48.77	50.00	55.85	9
广东	50.00	82.14	52.00	64.80	100.00	100.00	83.13	1
广西	50.00	50.00	50.00	66.40	58.13	50.00	54.09	10
河北	50.00	58.04	51.00	50.00	53.20	50.00	51.54	11
海南	50.00	53.57	88.00	53.60	50.00	62.50	59.07	7

注：专业人员科技效率综合得分＝生产性活动研究效率得分×0.1+科技服务研究效率得分×0.1+实验发展研究效率得分×0.15+成功应用研究效率得分×0.1+应用研究效率得分×0.20+基础研究效率得分×0.35。

如果把从业人员平均效率也考虑在内，将得到各沿海地区的海洋科技效率综合得分（见表1-11），我们可以发现浙江海洋科技效率支撑力以68.9分排在第四位，但与排在前三位的江苏（83.76分）、广东（82.27分）和上海（81.34分）的得分差接近15分，反应了浙江省的海洋科技效率还是不如人意。当然，我们也发现，海洋科技投入三雄山东、上海和天津的海洋科技效率支撑力得分竟然以68.27分、61.68分和55.52分沦为第五、第六和第八，可见这是山东、上海和天津需要大力改善的环节。

表1–11　浙江省海洋科技效率支撑力对比状况

地　区	专业人员综合效率得分	从业人员平均效率得分	海洋科技效率支撑力得分	排序
浙江	69.46	66.67	68.90	4
上海	61.55	62.18	61.68	6
江苏	79.70	100.00	83.76	1
福建	80.36	85.26	81.34	3
天津	56.10	53.21	55.52	8
山东	69.79	62.18	68.27	5
辽宁	55.85	50.00	54.68	9
广东	83.13	78.85	82.27	2
广西	54.09	52.56	53.78	10
河北	51.54	50.64	51.36	11
海南	59.07	62.18	59.69	7

注：海洋科技效率得分=专业人员综合效率×0.8+科技从业人员平均效率×0.2。

4. 海洋科技综合支撑力对比

将以上海洋科技投入、海洋科技产出和海洋科技效率三个要素支撑力得分等权汇总得到各沿海地区的海洋科技综合支撑力得分（见表1–12），我们可以发现，浙江省的海洋科技支撑力以64.4分排在了倒数第四位，与排在第一位的山东（82.34分）之差位达到18分。其强项仅是排在第四位的海洋科技效率，但与排在前三位的得分差位在12分以上；而其海洋科技投入和海洋科技产出均处于中下水平，反映出浙江省在海洋科技支撑力的塑造方面需要全面加强，奋起直追。

表1-12　浙江省海洋科技支撑力对比状况

地 区	海洋科技投入支撑力得分		海洋科技产出支撑力得分		海洋科技效率支撑力得分		海洋科技综合支撑力	
							得分	排序
浙江	63.28	6	62.10	6	68.90	4	64.4	7
上海	88.58	2	69.60	4	61.68	6	77.11	3
江苏	72.08	5	74.63	3	83.76	1	75.64	4
福建	60.15	7	62.66	5	81.34	3	66.09	6
天津	87.46	3	62.07	7	55.52	8	73.13	5
山东	89.90	1	81.29	2	68.27	5	82.34	1
辽宁	58.98	9	55.83	8	54.68	9	57.12	8
广东	78.34	4	87.39	1	82.27	2	81.59	2
广西	49.21	11	50.34	11	53.78	10	50.65	11
河北	59.72	8	50.69	10	51.36	11	55.37	9
海南	50.76	10	50.86	9	59.69	7	53.02	10

注：海洋科技支撑力得分=海洋科技投入得分×0.5+海洋科技产出得分×0.25+海洋科技效率得分×0.25。

5. 浙江海洋科技人才需求分析

目前，我国海洋人才遍及全国20多个涉海行业部门以及260多家科研院所和大专院校，已经发展成为一支初具规模、涉及领域广、受教育程度高、年轻化程度高的人才队伍。海洋人才资源达到160多万，占海洋就业总量的22%，海洋管理人才、海洋专业技术人才和海洋技能人才的比例为4∶63∶33。[1] 据国家海洋局统计资料，2008年浙江省从事海洋研究的专业人员仅859人，而山东有2406人，上海有2128人，天津有1849人，分别为浙江省的2.8倍、2.5倍和2.2倍。浙江海洋科技人才短缺表现突出，远远落后于我国其他沿海地区和世界海洋中等发达国家水平。为了保证实施"海上浙江"和"浙江海洋经济发展带"建设，到2015年，海洋科技人才比例要达到15%；到2030年要达到30%。据此比例，我们运用回归方法预测求出全国、长三角和浙江省海洋从业人员数量预测值和海洋专业技术人才的预测值（见表1-13）。可以看到，为加快发展浙江海洋事业提供智力支持和人才保障，大力实施海洋高等教育开发战略已经

---

[1] 国家海洋局.全国海洋人才队伍建设战略研究报告，2008年12月.

成为浙江省十分紧迫的战略任务。要力争使海洋科技人才资源的总量、素质、结构与浙江海洋事业的快速发展相协调，合理开发现有海洋科技人才的潜力，最大限度地发挥他们的潜能显得尤为重要。

表 1-13　未来海洋专业技术人才预测表

年份	海洋从业人员数量预测值（人）			专业人才与从业人员比例	海洋专业技术人才预测值（人）		
	全国	长三角数据	浙江		全国	长三角数据	浙江
2010	5364901	4442577	1924778	10%	536490	444258	192478
2011	5427261	4467901	1925896	11%	596999	491469	211849
2012	5489621	4473359	1927378	12%	658754	536803	231285
2013	5551980	4479472	1929037	13%	721757	582331	250775
2014	5614340	4486320	1930896	14%	786008	628085	270325
2015	5676700	4493988	1932978	15%	851505	674098	289947
2016	5739060	4502577	1935309	16%	918250	720412	309649
2017	5801419	4512197	1937921	17%	986241	767073	329447
2018	5863779	4522971	1940846	18%	1055480	814135	349352
2019	5926139	4535038	1944121	19%	1125966	861657	369383
2020	5988499	4548553	1947790	20%	1197700	909711	389558
2021	6050858	4563690	1951899	21%	1270680	958375	409899
2022	6113218	4580643	1956502	22%	1344908	1007741	430430
2023	6175578	4599630	1961656	23%	1420383	1057915	451181
2024	6237938	4620896	1967429	24%	1497105	1109015	472183
2025	6300297	4644714	1973895	25%	1575074	1161179	493474
2026	6362657	4671390	1981137	26%	1654291	1214561	515096
2027	6425017	4701267	1989247	27%	1734755	1269342	537097
2028	6487377	473473	1998331	28%	1816465	132572	559533
2029	6549736	4772208	2008505	29%	1899424	1383940	582466
2030	6612096	4814183	2019900	30%	1983629	1444255	605970

（三）提升浙江海洋科技支撑力的政策建议

要实现"海上浙江"战略，提升浙江海洋科技支撑力势在必行。其中，首要工作是进行科技政策调整。海洋科技政策在促进科技进入海洋中起着重要作用，它作为海洋科技中的软技术，属于一种短期制度，同投入、技术一起共同推动海洋经济增长，是海洋经济增长的内生变量（崔旺来，2009）[1]；同时，它又为投入、技术提供保证、激励、外部利益内部化等功能，从而成为投入与技术的外生变量，对海洋科技进步与海洋经济增长作出贡献。

1. 创新机制要有新成效

大胆引入市场机制，通过物质利益手段激励海洋科技创新。要在海洋科技创新与海洋科技需求之间建立一个有效的双向沟通机制：一方面将海洋科技需求有效传递给海洋科技创新者，并对创新活动产生激励；另一方面将创新技术及时有效地推广开来，以保持并提高海洋科技支撑力在市场竞争中的地位。

2. 创新政策要有新作为

建立科学合理的财力资源供给结构、合理的产业结构、合理的优先顺序结构，让有限的海洋科技创新资金充分发挥其效用（罗伟忠，2001）[2]。首先，财政支持海洋科技创新活动的经费来源结构，应建立以项目制为主、单位制为辅的财政支持公共海洋科技创新活动的混合制度。其次，实行分散的公共海洋科技创新体系必须保证浙江海洋科技创新经费能满足浙江海洋经济发展带建设。最后，按照财政投入项目的投资收益率和比较利益及外部收益的大小，科学合理有序地分配财政用于海洋科技创新活动的资金。

3. 创新环境要有新举措

建立良好的技术创新环境，使海洋科技更好地渗透到海洋生产经营的全过程，着力提升浙江海洋科技创新和技术进步的支撑力。要拓宽海科教在研究领域的科研合作，提高海洋科技推广适用对象的劳动素质水平；拓宽海科教在海洋领域的经营合作，把科技成果通过商品化转让或以合作经营的形式与各涉海龙头企业合作；拓宽海科教在科技市场领域的供需合作，加快海洋科技创新和海洋增长方式转变的步伐。

4. 创新模式要有新进展

海洋科研人员作为海洋科技创新的主体，其工作的主动性、创造性和积极性关系到技术进步的成败（苏景军，2008）[3]。要从根本上提高科技人才的社会地位和声誉，

[1] 崔旺来. 政府在海洋公共产品供给中的角色定位 [J]. 经济社会体制比较，2009，146（6）：108-113.

[2] 罗伟忠. 论积极财政政策的资金支撑力 [J]. 湖湘论坛，2001，（1）：39-40.

[3] 苏景军. 河北沿海强省建设中的人才支撑力研究 [J]. 河北学刊，2008，28（3）：215-218.

激发科研人员的创新精神，在整体上壮大科技人才队伍，加速浙江海洋科技创新效率的发挥；通过鼓励和支持科技人员利用技术入股、技术参与分配等政策，让更多的有贡献的专家不仅在经济上有实惠，而且在政治上有荣誉，社会上有地位，真正形成多元化、多渠道的海洋科技创新格局。

总之，浙江海洋科技支撑力水平与我国其他沿海地区和世界海洋中等发达国家相比较，仍处于较弱水平。要实现浙江海洋科技梦，我们希望通过对浙江海洋科技支撑力的研究，能够有针对性地比较和借鉴国内外先进水平，以提升自主创新能力为核心，整合浙江海洋科技发展资源，构筑建设"海上浙江"的科技支撑体系，提高海洋开发、控制、综合管理能力，推进浙江海洋科技的全方位发展，提升科技对浙江海洋事业发展的贡献率。未来，浙江将在海洋生命科学、海洋能开发利用、海洋装备制造技术、海洋电子信息化等高新技术产业中争取更大的突破。目前，舟山正在与国内外各高校洽谈合作，希望建立海洋研究机构，加快打造海洋科学城，使之成为海洋高新技术的研发基地、中试基地和产业基地。

第二章
舟山群岛新区的科技需求研究

科学技术是第一生产力。科技实力是一个国家、一个地区综合实力的重要体现，是影响其经济发展和社会进步的决定因素。海洋科学技术是海洋经济腾飞的双翼，海洋开发必须以科技为先导。海洋科技具有吸收和消化普通技术、传统技术和新技术形成庞大的技术产业群的特点。传统海洋产业、新兴海洋产业和未来海洋产业既有成熟技术，如航海技术、渔业捕捞技术、近海油气勘探技术等，也有处于发展中的新技术，如卫星导航全球定位技术、渔业遥感技术、海洋生物技术、深海采矿技术、海洋能源开发技术等。海洋经济的发展和海洋开发的深化需要更多、更广泛的海洋科技为生产服务，而随着海洋开发中海洋经济的迅速发展，生产将向科学技术提出更多的实际问题。海洋科学技术解决生产实际问题的能力越强，海洋经济就越是繁荣昌盛。因此，沿海地区的海洋经济的可持续发展取决于科技进步，并依靠海洋科技政策的强有力支持。

浙江舟山群岛新区位于长江口南侧、杭州湾外缘的东海洋面上，处于中国东部黄金海岸线与长江黄金水道的交汇处，经济腹地广阔，辐射整个长三角，是中国东部沿海地区和长江流域通往世界各地的主要门户。它东临太平洋，是远东国际航线要冲，具有明显的区位优势。但舟山在增强科技创新水平、提高经济发展质量、发挥资源积聚效应等方面与其他沿海城市相比差距明显。如何充分运用舟山的先天优势和比较优势，凸显舟山的海岛特色，将直接关系到舟山群岛新区建设的战略发展大局。从目前具备的资源结构来看，全力提升舟山市科技创新能力，积极建设创新型城市，意义十分重大。

一、海洋技术创新引领新区建设

建设浙江舟山群岛新区是实现中华民族伟大复兴的重要战略举措。党的十八大报告提出"提高海洋资源开发能力，发展海洋经济，保护海洋生态环境，坚决维护国家海洋权益,建设海洋强国"。这是党中央正确把握国内外形势和世界海洋经济发展潮流，符合中国国情、海情的睿智决策。海洋强国应是在开发海洋、利用海洋、保护海洋、管控海洋方面拥有强大综合实力的国家。十八大报告提出"建设海洋强国"，对于我国到2020年实现全面建成小康社会的宏伟目标具有重要的现实和战略意义，是中华民族永续发展、走向世界强国的必由之路。

（一）海洋科技进步引领新区建设

海洋科技进步是引领和支撑浙江舟山群岛新区建设的重要基础和核心动力。中国有句古训:"工欲善其事，必先利其器。"当前，人类已经进入了大规模开发海洋的新时代，海洋科技已进入世界科技竞争的前沿，海洋上的政治、经济、军事竞争，越来越表现为高新技术的竞争。海洋科技实力尤其是海洋高新技术创新与应用能力是衡量浙江舟山群岛新区的重要指标。近年来，在党中央、国务院高度重视和海洋工作者的共同努力下，我国海洋科技的整体实力明显增强，海洋综合调查与基础研究深入开展，大洋勘察与极地科学考察成绩显著，海洋资源开发技术取得重大突破，海洋观测（监测）、预报与卫星应用迈上新台阶，科技兴海在沿海各地蓬勃开展，有力支撑了海洋经济和海洋事业的快速发展。

当前，世界海洋科技发展呈现出了新特征，向着多学科、多领域、大协作、高技术体系方向发展。随着浙江舟山群岛新区建设上升为国家战略，舟山海洋资源开发进入立体开发阶段，在深入开发利用传统海洋资源的同时，不断依靠高新技术向深远海探索开发战略新资源，大力拓展海洋经济发展空间。随着气候变化和环境影响等全球问题日益突出，沿海各国加快了依靠科技创新和国际合作走绿色发展道路的进程。随着信息集成、通信与遥感技术的进步，海洋调查实现常态化、全球化，海洋观测进入了立体观测时代，并向实时化、集成化、信息化、数字化方向发展。由于海洋权益维护和国家海洋安全保障的需要，使海洋军民两用技术进入了快速发展时期。

（二）以服务海洋科技强区建设为使命

在我国海洋科技事业蓬勃发展进程中，舟山群岛新区海洋科技创新要在"自主创新、重点跨越、支撑发展、引领未来"的科技方针指引下，紧紧围绕新区建设发展需要，以服务海洋科技强区建设为使命，认真履行国家赋予新区的历史使命，大力发展海洋高新技术,加速成果转化，着力处理好科技保障、科研支撑及成果转化之间的关系，积极探索一条以科技保障为主体、以海洋高新技术为基础、以科技成果转化为平台的发展道路。

作为我国首个以海洋经济为主题的国家级战略新区，舟山要为我国海洋事业发展提供持续有效的技术支持与服务，为我国海域海岛的开发保护提供重要的技术支撑。要强化国家级海洋新区先行先试功能，切实落实国家发展新能源战略，促进新区海洋可再生能源的发展；要加快推进海洋关键技术研究和科技成果转化的步伐，组织开展了新区科技兴海战略研究、科技兴海项目成果评估、成果推广和科技兴海年度报告编制等工作。

"十二五"期间，要紧紧围绕加快提升高技术综合实力，服务浙江舟山群岛新区建设，做好以下重点工作：一是推进海洋观测关键技术创新与成果转化、海洋观测技术体系建设、海洋观测仪器设备标准化建设、海岛调查专项、海岛生态修复、海洋能发展规划与保障、军事海洋环境保障、科技兴海支撑、海洋调查立法储备等一系列重点工作任务的落实与完成。二是进一步加大能力建设力度，加快推进国家级、开放型、业务化运行的现代海洋产业基地建设，开展海洋经济新区功能验证及应用示范，努力建成一批海洋公共实验平台和专用实验平台，扎实筹建舟山群岛新区国家级重点实验室和国家工程中心，提升海洋基础性、前瞻性和关键性技术创新与研发能力。三是加快实施人才战略，积极开展国际合作。要加快培养和引进高端、紧缺人才，优化现有人才结构，加强与海洋科技发达国家在海洋电子信息、海洋可再生能源等领域的交流与合作。

（三）抓住"建设海上丝绸之路"机遇

党的十八届三中全会提出"建设海上丝绸之路"，为我们吹响了全面建设浙江舟山群岛新区的号角。在新的征程中，新区要认真贯彻落实党的十八届三中全会精神，以积极探索海洋经济科学发展路径为主线，以深化改革、加快创新为动力，加强人才队伍建设、基本能力建设和海洋文化建设。要加快构建新区海洋技术服务体系，着力提升海洋科技支撑、海洋公益服务、海洋安全保障能力，重点在海洋生物医药、海电子信息和海洋可再生能源等领域，加快突破一系列关键技术，掌握更多拥有自主知识产权的核心技术，积极推进海洋高技术成果转化，不断缩小同发达国家的海洋装备技术差距，努力提升新区海洋科研装备和产业装备的国产化水平，为浙江舟山群岛新区建设发挥强有力的科技引领与支撑作用。

二、现代海洋经济以科技为抓手

海洋经济已经成为 21 世纪综合国力竞争的前沿，海洋经济的发展已经逐渐成为经济社会发展的新兴动力，世界各地尤其是沿海国家都越来越重视海洋经济的发展和海洋科技的研究。因此，海洋科技研究正在不断深入。这在很大程度上推动了海洋产业的优化升级，尤其是海洋科技支撑体系的形成和不断完善，为海洋经济的发展指明了方向，保障其走上了一条持续健康的发展之路。现代海洋经济的发展水平在一定程度上取决于海洋科技的发展，依靠海洋科技进步和创新来引领支撑海洋经济发展已成为沿海国家的发展主脉络，以高新技术为基础的海洋战略性新兴产业已成为全球经济复苏和社会经济发展的战略重点。《中共中央关于制定国民经济和社会发展第十二个五年规划的建议》提出要推进海洋经济发展，第一次将海洋经济提高到国家战略高度。海洋科技对一个国家的科技、经济、社会发展所起的作用越来越重要。如何对现有的海洋科技发展水平进行科学的评价，并相应地制定具有指导意义的引领战略，这对提高我国海洋科技水平的支撑力十分重要（崔旺来等，2011）。[1]

（一）海洋经济需要科技支撑

海洋经济是与海洋直接关联的，以海洋为基本活动场所，以海洋资源开发、利用、管理和保护为主要目标的各种经济活动的总和。海洋经济活动的范围是在海洋，就空间地理位置来说有别于陆地，不仅具备其他所有经济形态的基本特点，还有其自身的独特之处（吴中平，郑彩儿，2009）。[2]

首先，海洋经济具有公共性。海洋有史以来就是人类所共有的，海洋的公海部分是全人类共享的财富。在濒海国家和地区的领海或专属经济区，主权国家拥有主权权利，其他国家也享有一定的自由。它不像陆地上的土地那样可以归私人占有，生活在其沿岸的居民都可以享受到海洋带给他们的便利，比如说出海捕鱼、航行、发展海洋产业等。同时，海上也建立着很多的建筑物，如跨海大桥、桥墩以及灯塔等，这些都可以为每个人使用，并不仅仅局限于沿海国家。

第二，海洋经济具有流动性。海水本身是流动不止的，海洋的流动性表现在洋流和潮汐上。洋流分为寒流和暖流。寒暖流交汇的海区，海水运动受到干扰，把下层的营养盐类带到海水表层，这给鱼类提供了食物，有利于鱼类大量繁殖。两种洋流还可以形成"水障"，阻碍鱼类的活动，使得鱼群集中在一起，这则易于形成大规模渔场。潮汐现象是指在月球和太阳双方引力的作用下，海洋水面出现的周期性涨落现象。海洋的潮汐中蕴藏着巨大的能量，在涨潮和落潮的时候通过势能和动能的相互转化，水利设施就可以进行发电，可以满足广大人民的用电需求。

---

[1] 崔旺来等 . 浙江省海洋科技支撑力分析与评价 [J]. 中国软科学，2011（2）:90-10.

[2] 吴中平，郑彩儿 . 发展海洋教育和海洋科技 推进浙江海洋经济建设 [J]. 海洋开发与管理，2009（05）: 21-22.

第三，海洋经济具有立体性。海洋资源并不仅仅分布于海洋表面，还分布于海洋水体、海底、滨海。据相关资料显示，全球88%的生物生产力来自海洋，海洋可提供的食物量远远大于陆地，渔业的产出效益明显高于农业；海产品的蛋白质含量高达20%以上，是谷物的两倍多，比肉禽蛋高出五成；海洋石油和天然气产量分别占世界石油和天然气总产量的30%和25%。[1]

第四，海洋经济具有风险性。现在的海洋开发中，存在着各种风险。海洋资源开发利用不合理，开发利用水平低，技术跟不上，会造成资源与环境的破坏和严重浪费。有些海洋资源存在于海底或海水中，导致海洋资源的开发难度大，需要大量资金和高新科学技术的支持。人类在海洋上活动还在相当大程度上受海洋自然条件的限制，狂风、海啸、地震等自然灾害给海上工作人员的生产、生活甚至生命带来巨大的威胁，而且工作人员远离熟悉的陆地，工作空间十分狭小，生活供给保障条件有限。[2]

第五，海洋经济具有综合性。海洋开发是综合性的产业，需要多国家、多学科、多行业的广泛合作。目前，我国海洋工作涉及许多部门和行业，从政治、经济、社会到文化等，有20多个行业和部门。现代海洋开发的工程量很大，如大规模的海洋调查和勘测、海底油气开发、海上污染控制、海底隧道工程等，这些海洋开发工程不仅同时涉及几个国家的利益，而且需要大量资金，技术难度巨大。这就要求必须加强国家之间的合作，采取联合行动。

从海洋经济的特性来看，海洋环境条件与陆地条件相比更为复杂、恶劣且多变。海洋开发利用必须了解海洋资源的存在机理和特点，才能有效地进行技术开发。海洋经济的竞争，往往取决于科学技术力量的竞争。从海洋资源开发到生产过程的展开，从海洋经济运行到海洋开发管理，都依赖整个知识系统和高新技术的支持。海洋经济的这种高技术特性，使得海洋科技成为发达国家竞争的新领域。近年来，世界上一些经济强国分别制定了海洋科技发展规划，提出优先发展海洋高技术的战略决策，一个世界性的依靠高科技争夺海洋资源的浪潮正在兴起。

为海洋经济提供科技支撑，建立强大的经济和社会科技支撑体系，已成为政府、科技部门和企业的重要工作。海洋科技的开发研究是海洋经济发展的理论支撑和基本保障，深入、科学的海洋科技研究是海洋经济发展的动力和方向。然而海洋科技的发展需要一套完整的科技支撑体系做引导，否则将步履维艰。

首先，海洋科技需要不断增强。海洋科技是以科学技术为载体，研究海洋自然现象及其变化规律，开发利用海洋资源和保护海洋环境所使用的各种理论、方法、技能

[1] 郭军，郭冠超.对加快发展海洋经济的战略思考 [J].海洋信息，2011（2）:36–37.

[2] 王诗成.建设海上中国纵横谈 [M].济南:山东友谊出版社，1996（3）:17.

和设备的总称。未来 5 年是我国海洋科技实现战略性突破的关键时期，通过全面实施"十一五"海洋科技发展规划，我国海洋科技已初步进入了协调发展时期，海洋科技整体实力得到显著增强，在部分领域达到国际先进水平，海洋科技创新条件和环境得到明显改善，为在"十二五"实现快速发展奠定了良好基础。

其次，海洋科技发展要满足海洋经济发展需求。目前我国海洋科技发展整体水平还不能适应国民经济和社会发展的需要，海洋科技自主创新和成果转化能力还不能满足增强海洋能力拓展的战略需求；海洋调查探测仍然不足，重点区域的持续性调查和观测研究不够，海洋重大基础研究与生态系统研究不够深入；海洋开发的关键核心技术自主化程度不高，深海技术亟待突破，海洋高技术的引领作用和产业化水平仍较薄弱；海洋科技资源利用仍需增强和优化，高层次创新团队和优秀技术人才队伍建设亟待加强，海洋科技领域的重大国际合作研究能力亟待提升。

最后，海洋经济需要科技支撑体系的有效引导。海洋经济发展存在的诸多问题，需要科技支撑体系的引导。一套完整有效的科技支撑体系、多海洋科技的发展，不仅是一种方向，同时也是一个基础。未来世界海洋领域的竞争会以海洋科技为集中点，若在竞争中取得优势，就需要有科技支撑体系的指引。这样，海洋科技才能又好又快地发展。

（二）科技进步催生海洋新兴产业

海洋产业已成为经济发展的重要增长点和动力源。随着科学技术的不断发展，人类认识海洋、开发海洋的能力在逐步提高，海洋开发的范围将不断扩大，发现新资源、开发新领域的经济活动将催生更多的海洋产业。发展海洋科技，特别是发展海洋油气、海洋医药、海洋精细化工、海水综合利用等高新技术并使其产业化，可以优化海洋产业的布局和结构，培植海洋经济新的增长点，实现从传统产业向新兴产业的转变，建立可持续发展的现代海洋产业体系。海洋高新技术产业化集高新技术研究、应用开发与商品化生产于一体。海洋新兴产业依靠科技进步和知识推动，能够迅速渗透到国民经济的各个领域，可以有效地提高产业能力和国家的综合实力。浙江沿海和海岛地区位于我国"T"字形经济带的核心，具有得天独厚的海洋资源与区位优势，是我国参与国际竞争与合作的前沿阵地，海洋产业已成为目前浙江省扩大就业的主要领域。[1]

1. 科技创新促进传统海洋产业升级

海洋交通运输业、滨海旅游业、海洋渔业和海洋船舶业四大传统海洋产业是浙江

---

[1] 崔旺来. 浙江海洋产业就业效应的实证分析 [J]. 经济地理，2011（08）:1258-1263.

省海洋经济发展的支柱产业。随着海洋资源的日益衰竭、海洋环境的不断恶化和劳动力价格的逐步上升，传统海洋产业发展优势和发展动力正在丧失，某些传统海洋产业甚至面临衰变为"夕阳产业"的危机。只有不断进行科技创新，改进原有技术体系，提高技术层次和效率，才能恢复和保持其旺盛的生命力。海洋传统产业要由低层次向高级别转变，必须依靠科学技术，提高自主创新能力。浙江的海洋产业结构从总体上尚处于较低层次，传统产业比重较高，海洋渔业的弱势局面尚未有效扭转，临港工业大规模的开发才刚刚起步，海洋第三产业发展明显滞后。同时，海洋产业结构升级滞缓，这一方面增大了海洋资源、海洋环境的压力，另一方面也严重削弱了海洋经济的综合竞争力。因此，必须用新技术加速对传统产业进行改造提高，推进海洋产业结构优化升级，提升海洋经济产业层次。在海洋渔业方面，要重点开发远洋捕捞和海水养殖、保鲜、运输、贮藏等全程控制技术和装备，提升海洋渔业的产品品质和效益；在海水产品加工方面，要加强海洋功能食品、超市海洋食品和海洋药物的技术研究及产业化开发，促进海洋生物资源的深度开发和综合利用，提升海水产品精深加工业的规模和水平；在临港工业方面，要重点开发数字化、智能化技术，用信息化提升水产加工、船舶修造、海洋化工等产业层次，建设临港型先进制造业基地。要注重海洋研究成果和先进实用技术的推广应用，加强在现有技术基础上的集成创新，推动海洋传统产业跨越式发展。[1]

2. 海洋战略性新兴产业培育依赖于科技创新

培育和发展海洋战略性新兴产业是舟山群岛新区海洋经济建设的重要内容。海洋战略性新兴产业是指在海洋经济发展中处于产业链条上游，掌握核心技术、附加值高、经济贡献大、耗能低的知识密集、技术密集、资金密集型产业。该类产业在海洋经济发展中处于核心地位，引领海洋经济发展方向，具有全局性、长远性、导向性和动态性等特征。一定意义上来说，海洋战略性新兴产业就是海洋高技术产业。海洋新能源、海洋高端装备制造、海水综合利用、海洋生物医药、海洋环保和深海矿产资源开发等海洋战略性新兴产业，是舟山群岛新区海洋经济建设重点培育和谋划的内容，其形成和发展依赖新能源开发和利用技术、高端装备制造技术、海水淡化和化学元素提取技术、海洋生物技术、环保技术、深海矿产资源勘探和开发技术等科学技术研发能力及科技成果的应用和转化水平的提升。

舟山要积极依托浙江省海洋研发研究院等现有区域创新服务中心，充分利用高新技术企业和高等院校的海洋技术优势与海洋专业强项，最大程度发挥现有的海洋科技

[1] 王辉. 浙江海洋科技创新体系建设的几点思考 [J]. 政策瞭望，2007（07）：44-46.

力量，努力突破海洋开发前沿关键技术，优先培育加快发展形成一批基本条件较好、增长潜力较大、技术条件较成熟以及产业关联度较大的海洋战略性新兴产业，实现产业规模与产业集聚，最终形成国际海洋竞争优势，抢占国内外海洋竞争中的制高点。[1]

目前，舟山要重点发展浮式生产储油装置、大型港口机械、工程机械、海上钻采平台等海洋工程装备与临港先进装备，充分发挥临港地理优势；积极发展 LNG 船、综合服务船、远洋捕捞船等高端船舶，提高船舶制造能力；依托舟山丰富的海洋生物资源，利用普陀海洋生物高技术产业基地，大力发展海洋生物制品业，推进新型海洋营养保健品开发、鱿鱼墨汁多糖等项目建设；要通过对海水淡化热膜耦合成套技术与装备的研究开发、对浓盐水利用技术大型工程试验等海水综合利用技术的推广以及对水电联产集成膜法的重点开展，建设舟山海水利用先进示范基地；要积极研发和应用波浪能、海洋风能等海洋清洁能源利用技术，有序开展新能源发电并网和微网技术研究，使各类能源转化供电技术和轻型直流输电技术得到应用。同时，要积极培育发展海洋新材料、港口物联网、海洋环保、海洋文化研发创意等新兴产业。

3. 现代海洋产业基地建设基于海洋科技

《浙江舟山群岛新区发展规划》明确提出，舟山群岛新区要围绕建设具有国际竞争力的现代海洋产业基地的目标，加快培育海洋新兴产业，大力发展海洋服务业，改造提升传统海洋产业，做大做强一批具有区域特色和发展潜力的海洋支柱产业。

要大力发展海洋工程装备制造业，依托现有的基础建设海洋工程装备修造基地，培育国际领先的海洋工程装备制造业。要大力发展深水勘探、深水生产、远洋应急救援、深水远程补给等装备产品；要加强国内外合作，引进国际先进技术，重点发展自升式钻井平台、深水半潜式平台、浮式生产储油装置以及海洋工程装备关键系统和配套设备，提高本土化率，促进动力和配套装备技术跨越发展；要整合提升船舶工业，以大型集装箱船、大型液化石油气船、液化天然气船、豪华邮轮、游艇、远洋渔船、特种船舶等高技术、高附加值船舶为重点，集中力量研发现代造船技术，开发绿色环保新船型；要积极发展大型甲板机械、舱室设备、船用通信导航及自动化装置、船用电子产品等船配产品，加快关键产品国产化进程，提高绿色节能环保船舶修理、改装和拆解能力。

要坚持国际化、精品化、标准化导向，以推进国家旅游综合改革试点城市和舟山群岛海洋旅游综合改革试验区建设为契机，积极引进旅游新业态、新产品，努力打造

---

[1] John H. Marburger Ⅲ. Science, technology and innovation in 21st century[J]. Policy Sci, 2011（8）：103-108.

国际著名的群岛型海洋休闲旅游目的地和世界一流的佛教文化旅游胜地。要优化产业布局，加快推进旅游设施建设，率先把普陀山岛、朱家尖岛、桃花岛、嵊泗列岛等建设成为世界级海洋休闲度假胜地，推进东极、白沙、徐公等岛屿实施组团式开发，形成主题鲜明、各具特色的海洋旅游岛群；要完善产品体系，打造精品旅游线路，大力开发旅游新业态、新产品，着力发展观音文化、山海景观、渔村风情、滨海度假等特色旅游，深入推进邮轮、游艇、海钓、康体、禅修等时尚旅游，建设海洋文化主题旅游岛屿，提高旅游产品质量和国际化水平，形成以海岛休闲度假和佛教文化旅游为核心的产品体系；要推进综合配套改革，深化旅游管理体制机制改革，推进海洋旅游服务标准化体系建设，开辟朱家尖至台湾海上航线，支持发展邮轮产业，建设舟山邮轮母港，允许境外邮轮公司注册设立外商投资企业；要打造嵊泗列岛、普陀山—朱家尖—桃花岛—沈家门、岱山蓬莱仙岛和定海古城四大旅游集聚区，加快落实朱家尖自在岛、海岛体育公园、国际邮轮码头和游艇基地等新业态项目，建设泗礁岛、徐公岛和定海古城等一批旅游综合开发项目。

要促进东海油气资源和大洋勘探开发，积极发展海洋新能源，大力推进海水综合利用，切实提高海洋资源综合开发利用效益；积极利用东海油气和深海矿产资源，建设东海油气登陆、中转、储运、加工基地及作业补给、装备供应等后方服务基地，增强东海油气开发后方支持能力；设立大洋勘探基地，加强大洋深海资源及相关科学研究，积极建设海洋环境探测与监测、海洋资源勘探与利用、深海作业等领域的技术研发和装备制造基地，扶持发展大洋勘探开发业；推动建设远洋矿产资源接收储运与研发加工基地，提高深远海矿产资源开发和战略性资源接收储运加工能力；开发利用海洋新能源，以嵊山、摘箬山、东极等海岛为主，积极推进海上风能、太阳能、波浪能等新能源耦合开发与应用，推进风能、太阳能、柴油发电及储能蓄电池等综合利用工程，建设具有示范意义的清洁能源岛；探索潮流能、潮汐能规模化开发，扩大海洋能利用范围，并积极开展天然气水合物的勘查和开发利用研究，大力推进海水综合利用，积极发展海水淡化及综合利用产业，加快建设海水淡化示范城市，同时积极开展海水淡化水进入市政供水系统试点工作，在满足相关指标要求、确保人体健康的前提下，允许海水淡化水依法进入市政供水系统，鼓励海水直接利用和循环利用；建设摘箬山岛清洁能源研发试验基地、长白岛清洁能源综合应用示范岛、长峙岛光电应用示范岛、龟山航道潮流能研究及产业化基地、舟山近海风电场、六横海水淡化以及 LNG 发电厂等项目。

要以舟山海洋生物医药产业园为主平台，积极整合科技资源，营造创新环境和条件，培育形成一批骨干企业集团，打造我国重要的海洋生物产业集聚地；加快海洋生物药物关键技术的研发与突破，深化研究海洋生物活性物质的机理、功能和提取技术，研制一批有特色、高效能的海洋生物药物；建设舟山海洋生物医药检测和研发服务中心，加强海洋生物保健品、功能性食品、生物功能材料、海洋生物酶制剂的研发，力争突破以海洋生物为原料的饲料添加剂、生物农药与肥料产业化关键技术，推动深海生物基因利用。

要坚持"沿岸保护、近海恢复、远洋开发"，大力发展现代渔业，重振舟山渔业辉煌，提升"中国渔都"国际影响力；要优化海洋捕捞作业结构，科学控制近海捕捞强度；要积极打造设施先进、装备精良的现代化远洋渔业船队，加快推进远洋渔业基地和海外远洋渔业基地建设，完善配套服务，巩固全国远洋渔业强市地位；要保护和修复沿岸渔场，发展海洋生物育种，推广高效、生态、安全、集约的海水养殖模式，建设海洋牧场；要充分利用国内外渔业资源，加强科技攻关和技术改造，以精深加工、高值化加工及副产物综合利用为重点，提升海洋水产品加工和安全控制技术水平；要以中心渔港、一级渔港为重点，综合发展二、三产业，大力发展渔港经济，打造功能齐全、产业发达、全国一流的渔港经济区；要做大做强中国舟山国际水产城，发展多功能社会化的水产专业物流配送中心，推进水产品市场升级和信息化系统建设，打造国际化水产品贸易平台，推进中国舟山国际水产城改造提升工程建设；要建设衢山、嵊泗、虾峙等重点渔港，培育壮大沈家门、高亭、菜园、西码头、嵊山、台门、虾峙等渔港经济区；要发展一批高效、生态、优质的养殖示范基地。

建立起现代海洋产业基地，必须优化完善海洋经济发展格局，站在全局和战略高度，全面审视整个舟山群岛的区位、资源等优势，充分发挥规划引领作用，从更大范围、更广视野、更高层次来谋划和推进海洋经济发展。要不断推进科技的快速发展，以此来改造提升船舶修造、水产品加工等传统产业和择优发展海洋工程平台制造、临港石化、清洁能源等高技术、高附加值新兴产业。现代海洋科学技术是海洋产业发展的最强有力的支撑，只有海洋科技发展了，才能形成以海洋科技和海洋产业为支撑的区域经济模式。建设海洋产业基地，一定要把海洋经济发展建立在海洋技术进步的基础上。

4. 加快对传统海洋产业的高新技术改造

在舟山群岛新区发展高新技术产业，既存在科技创新环境的特殊性，在技术设备设施方面也需要进一步改进。因此，舟山应通过"内外结合"的方式来支持海洋高新技术产业的发展，加强对地方各级高新技术产业的服务和管理，强化社会环境和产业内部支撑结构[1]，在研究、人力、投资、设施、政策以及服务等方面下功夫，有效地将海洋高新技术产业的优势充分发挥出来，发展具有海洋特色的船舶制造业、海洋工

[1] 崔旺来.海洋经济时代政府管理角色定位[J].中国行政管理，2009（12）：55-56.

程装备、生物资源高值化、现代港口物流、海岛旅游业等产业,逐渐形成一批具有自主产权和特色优势的高新产业。

5. 发展海洋新兴产业支撑海洋经济发展

发展海洋战略性新兴产业是海洋科技助力与海洋经济增长之间的重要桥梁和纽带,支持海洋产业发展是未来海洋科技发展的重中之重。

一是要全面推进海洋经济创新发展区域示范,组织召开海洋经济创新发展区域示范启动会,推动区域示范工作的全面实施,激励地方为科技成果的转化、产业化和市场培育创造良好的条件。

二是以突破制约产业发展的核心技术、转化重大技术成果为目标,突出地方特色,组织开展好项目申报与监管考核,确保试点目标的顺利实现。要着重加强海洋产业技术成果转化和海洋管理科技成果业务化应用,及时为沿海经济发展和海洋管理提供支撑。

三是以海水和海洋能资源利用为突破口,充分利用国家专项资金支持,以点带面,推进海洋产业发展。在海水利用方面,要落实好国务院关于促进海水淡化产业发展的指导意见和国家海洋局关于促进海水淡化产业发展意见等重要文件的精神,积极推进海水淡化管理标准体系构建,着力推进海水淡化工程监测评估系统试点建设及运行,逐步形成海水淡化工程监测评估业务化能力,加大支持海水淡化技术创新力度,积极争取国家级科技计划项目立项,办好中国海水利用协会;在海洋能利用方面,要组织好海洋能专项资金项目的立项和监督管理工作,做好顶层规划,推动海洋能发展的"十二五"规划编制和出台,出版海洋能源发展战略研究报告。与此同时,要积极参与国际交流与合作,加强海洋可再生能源成果集成及宣传。

促进现代海洋产业发展,关键是运用新技术、采用新方法来提高海洋经济发展水平。要优先发展低能耗、低污染、高产出的海洋产业,改造传统海洋产业技术,培植新兴海洋产业的生长点。只有实现科技成果的产业化,将潜在的生产力变成现实的生产力,才能实现经济利益,才能推动地区海洋经济的发展。因此,海洋教育尤其是海洋高等教育对海洋经济的发展至关重要。只有完善的海洋教育才能培养出一流的人才,创造出一流的技术,从而为海洋科技研发提供长久的人才支持。

(三)科技促进海洋经济可持续发展

依靠科技进步促进海洋经济持续健康发展,是落实科学发展观的必然要求。开发和利用海洋,发展海洋经济和海洋事业,对促进经济结构战略性调整、加快转变经济发展方式,都具有十分重要的战略意义。随着沿海经济的快速发展和临海产业群的崛起，保护海洋生态环境和保证海洋的可持续开发利用已成为当务之急。海洋科技进步可为海洋生态环境的恢复与保护提供技术支持，还可带动海洋环境监测技术装备、污染控制、治理技术产品等海洋环境产业的发展。当前，海洋科技已经从生产力体系中的直接因素变为主导因素，资源和生态环境与海洋科技的互动关系表现为海洋科技既能够促进生态系统的有效管理，又能够极大地改变资源利用方式和提高资源利用效率，进而推动和促进海洋经济的可持续发展。

1. 海洋经济的持续发展已渐成趋势

当今世界科技发展已进入新一轮的密集创新时代，以高新技术为基础的海洋战略性新兴产业将成为全球经济复苏和社会经济发展的战略重点，海洋经济的发展必将成为世界经济发展的主流。国家海洋战略的制定和实施，是对海洋经济的前瞻性规划。随着国家海洋经济发展需求的不断提升，对海洋科技发展的要求也在逐渐提高。国家海洋战略的实施需要以海洋科技为载体和工具，而科技支撑体系一直在引导着海洋科技的进步。科技支撑体系在国家海洋战略实施过程中不仅是支撑作用，更是一种引导。从国内看，我国经济的发展将越来越多地依赖于海洋。党中央、国务院历来高度重视海洋经济和海洋科技的发展，在《国民经济和社会发展第十二个五年规划纲要》中，将发展海洋经济和海洋科技提升到前所未有的战略高度。海洋产业更是成为培育和发展战略性新兴产业的重要领域。

海洋科技水平是沿海国家综合国力和科技实力的重要标志。随着现代科技发展和海洋科技支撑体系的逐渐建立，围绕环境、经济、资源问题，海洋科技将继续在认识、开发利用和保护海洋方面发挥更大的作用。要高度重视海洋开发在我国经济社会发展中的重要地位，从战略高度进一步认识发展海洋经济的重要性和紧迫性，继续抓住并用好面临的机遇和条件，大力发展海洋经济，优化海洋经济布局，合理开发利用海洋资源，科学规划海洋经济发展，努力促进我国海洋经济可持续发展。"十二五"期间，浙江舟山群岛新区建设要紧紧围绕海洋科技创新，先行先试，积极营造科技创新大环境，着力构建科技创新大平台，大力推动海洋产业转型升级，促进各科技要素聚集，推动科学和技术创新，形成人才、项目、平台、产业一体化的科技工作体系（崔旺来，2011）[1]。

2. 科学统筹引导海洋经济的持续发展

海洋经济本质上是一种生态经济，其最大特征就是具有循环性。发展海洋经济是

---

[1] 崔旺来. 舟山群岛新区的先行先试 [J]. 浙江经济，2011（15）：28–29.

一次深刻的范式革命，是实施可持续发展战略的重要实践方式。在此过程中，一定要利用海洋经济的循环特征来调整我国海洋产业的生产结构，提高产业的整体科技含量，建立起资源开发、经济发展、环境保护三者协调的发展模式。要充分发挥各级政府在产业转型中主导作用，同时必须注重市场化运作，改善基础设施和发展高新技术产业。通过发展循环经济，延长产业链，孕育和发展新型海洋产业，提高传统海洋产业的转型升级。要加强生态环境建设，坚持可持续发展战略，鲜明地树立起生态城市建设的旗帜，实施可持续发展战略。要加大科技投入力度，加快技术改造，逐步完善城市生态基础设施，强化城市的生态还原功能，促进海洋经济的可持续发展。要发展区域循环经济，构建省级循环经济试点，以清洁生产为发展循环经济的载体，提升企业可持续发展能力和市场竞争力。循环经济对区域生态经济系统的整体优化运行具有极其重要的战略性指导作用，它的发展在促进经济与社会的健康、可持续发展中能作出巨大贡献。要遵循循环经济的有关规律，设计适合不同区域的不同发展模式，以实现群岛新区经济区以及整个社会生态系统的良性循环、资源的持续利用、社会经济的快速健康持续发展。

实现海洋经济的可持续发展，需要科学规划海洋发展。舟山属于海岛城市，严重受地形、地势、能源等要素制约，一方面土地、厂房等资源储备日益紧张，不能满足国内外投资者的需求；另一方面舟山群岛新区经济社会发展中还存在着城市建设资金需求规模巨大、融投资模式制约等带来的资金约束，还存在着社会发展整体水平和交通商业配套设施相对滞后等现状。要想实现能源的最大效益，舟山不能只靠消耗大量的资源、大量的投资来拉动发展，而是要实现经济发展模式的转变，改变高消耗、高投入的传统型发展模式，节约成本，实现资源的最大利用，以集约型的经济发展模式面对资源、环境和开发再发展问题，从而增强海岛自身的竞争力。要进一步研究、完善相应的海洋经济和海洋事业发展规划，进一步明确我国海洋发展的战略思路、海洋生态环境和资源保护的目标任务，明确海洋经济区域布局的要求和沿海地区海洋经济发展的原则。要大力促进海洋产业发展，特别是要促进海洋三次产业的协调发展，实现海陆资源互补、海陆产业互动，提高海洋经济发展质量和效益。

3. 科技支撑体系贯穿"持续"理念

舟山面临资本约束与竞争激烈的问题。在长三角地区，享有政策、区位等优势的地区不仅仅是舟山群岛新区，还有上海的浦东，本省的宁波、杭州，以及江苏的苏州、南京等初具规模的经济技术开发区。新区与开发区之间必然存在各类资源的竞争，主要包括资金、技术、人才的竞争。而对于一个崭新的新区来说，招商引资上的竞争、高新技术产业和重大投资项目引进的竞争、人才的引进率的竞争，都将是舟山群岛新区要面临的巨大挑战。目前舟山尚存在缺少规模大、技术高、具有强大关联效应的经济项目，缺少强大竞争力的经济实体（资本载体）等劣势。此外，还存在民间资本的相对富余与工商业投资的不活跃并存，金融机构对民营中小企业的支持力度不够，融资渠道较少等状况。这些都是制约舟山群岛新区海洋科技发展的阻力。

科技进步是促进经济社会发展的源动力。把经济社会发展真正转移到依靠科技进步和提高劳动者素质的轨道上来，依靠科技进步支撑引领经济发展，促进产业结构调整，改变经济增长方式，已成为加快推进浙江舟山群岛新区大开发、大开放、大发展，实现全面、协调和可持续发展的主旋律。科技进步和技术创新对经济和社会发展的作用越来越突出。经济科技一体化既是世界经济与科技发展的客观趋势，又是世界各国竞相争取的重要目标。舟山群岛新区建设必须做出符合自身情况和需求的海洋科技战略部署，充分发挥科技创新在支撑和引领经济社会发展中的作用，把经济社会发展转移到依靠科技进步上来，充分挖掘海洋科学技术发展的巨大潜力，迅速提升海洋科学技术的整体实力和自主创新能力，打破资源和环境等方面的瓶颈制约，走上海洋战略性新兴产业化发展道路。

科技支撑体系是科学规划海洋发展的基础，是海洋产业优化升级的动力，是海洋科技发展的指向标，科技支撑体系贯穿于海洋经济可持续发展的整个理念之中。海洋经济的持续发展，实实在在地需要一套完整的科技支撑体系。毋庸置疑，任何海洋科技的发展都离不开市场的需要。要加快发展海洋科技市场化进程，大力培育海洋科技市场，设立海洋科技产业化联谊会，促进企业和科研的联姻和合作[1]。政府可以建立健全海洋科技服务保障体系，通过发展技术人才市场和中介咨询机构，搞好信息、技术、法律、知识产权保护等方面的服务，为海洋科技支撑体系的开展提供宽松的外部环境；还可以利用企业纳税建立争取的科研机会来资助研究所的科研活动，从而形成资金投入与科技发展的良性循环，使资源开发、投资方向、技术开发方向、体制改革与现时及将来的需求保持一致；通过提高生产潜力和确保所有人具有平等地位和机会的方式，使海洋科技的发展满足人类的需求。

三、科技创新引领海洋经济发展

随着社会进步，科技创新对经济发展的引领作用日益显著。当前，世界科学技术的发展突飞猛进。为适应新阶段海洋经济发展的新要求，促进传统海洋经济向现代海洋经济转变，我国海洋科技的发展必须以强化创新和海洋科技成果转化为突破口，既

[1] 崔旺来.浙江省海洋科技支撑力分析与评价[J].中国软科学，2011（2）：98-100.

注重海洋科技自身水平的提高，更要重点解决海洋经济发展中带有全局性、战略性和关键性的科技问题。目前，以海洋生物医药、海水综合利用和海洋新能源为先导的高新技术已经全面引领现代海洋经济的发展，并成为最具竞争力的新型产业领域。世界各国纷纷启动实施了本国的海洋高新技术发展战略。20世纪末，我国加大了对海洋高新技术研发的投入力度，海洋高新技术得到了快速发展。尤其是"九五"期间，海洋技术正式列入国家高新技术研究计划，充分体现了国家对海洋高技术发展的高度重视。加强海洋科技创新体系建设，是顺应海洋经济发展潮流的客观需要。

（一）海洋科技创新的重要性

1. 海洋科技创新驱动海洋经济发展

科技创新是经济发展的核心与驱动力，特别是在资源约束的情况下，科技创新是落实科学发展观、促进经济又好又快发展的主要推动力。我们党和国家历来十分重视科技创新在经济发展中的地位和作用，党的十七大和全国科技大会更是将科技创新在经济发展中的重要地位和作用提到了战略高度。《国家中长期科学和技术发展规划纲要》明确提出了"自主创新，重点跨越，支撑发展，引领未来"的科技创新指导方针，体现了党和国家对科技创新的关注和重视。科技创新是海洋经济发展的核心与驱动力，特别是在海洋经济时代，科技创新是落实国家海洋战略、促进海洋经济持续健康发展的重要力量。

2. 海洋科技创新助推海洋经济强国

国内外海洋经济形势的转变，要求我们对"科技兴海"进行重新定位，确立新的战略目标和发展思路。从国际情况看，世界海洋经济经历了直接开发海洋资源的产业发展阶段后，已跨入了以高新技术为支撑，经济发展、社会和生态环境系统整体协调发展阶段。从国内情况看，海洋经济发展面临着大好时机：一是海洋开发和发展海洋经济已经成为国家战略的重要组成部分，这需要科技创新和科技成果有效地转化为现实生产力，使海洋经济发展与海洋科技发展进行有效衔接。2003年国务院印发《全国海洋经济发展规划纲要》，特别强调了发展海洋经济要坚持科技兴海的原则。2006年召开的全国科技大会提出了"建设创新型国家"的战略目标，同年中央经济工作会议提出，要促进经济又好又快发展，在做好陆地规划的同时，增强海洋意识，做好海洋规划，完善体制机制，加强各项基础工作，从政策和资金上扶持海洋经济发展。党的十七大作出"发展海洋产业"的战略部署，沿海省市纷纷提出海洋经济发展规划，加速建设"海洋经济强省"，依靠科技，促进海洋经济又好又快发展成为当前的热点。

二是海洋经济成为国民经济新的增长点，海洋生产总值占全国 GDP 的 10%，海洋就业能力占沿海地区的就业人口总数的 10%，海洋产业不断扩大，对科技的需求越来越强烈。三是随着经济全球化进程的加快，我国经济布局将进一步向滨海地区集聚，沿海地区有了依靠科技可持续发展海洋经济的强烈需求。

目前，海洋科技创新对我国海洋经济的发展已经起到了较大的促进作用，海洋经济发展已初具规模。近 20 年来，沿海地区经济快速发展，对海洋产业的投入力度逐年增加，为海洋经济的持续、稳定、快速发展奠定了基础。"九五"期间，沿海地区主要海洋产业总产值比"八五"时期翻了一番半，年均增长 16.2%，高于同期国民经济增长速度。据统计，2000 年主要海洋产业增加值占全国国内生产总值的 2.6%，占沿海 11 个省（自治区、直辖市）国内生产总值的 4.2%。"十一五"期间，全国海洋经济年均增速为 13.5%，高于同期国民经济增长速度。2011 年，全国海洋生产总值占国内生产总值的 9.7%。海水养殖、海洋油气、滨海旅游、海洋医药、海水利用等新兴海洋产业发展迅速，有力带动了海洋经济的发展。我国海洋渔业和盐业产量连续多年保持世界第一，造船业居世界第三，商船拥有量居世界第五，港口数量及货物吞吐能力、滨海旅游业收入居世界前列。以"十一五"规划为转折点，"十一五"规划后海洋经济已成为我国新的经济突破口，海洋科技创新的发展也十分迅速，二者的发展相互影响、相互促进。

3. 海洋科技创新支撑浙江海洋强省

浙江海洋经济发展迫切需要加强海洋科技创新体系建设。浙江海洋科技创新体系是全省区域创新体系的子系统，是创新型省份建设的重要组成部分。它是基于海洋产业、海洋开发的集政、社、产、学、研等创新执行机构于一体的区域创新体系，其实质是一个创新的组合，包括技术创新、知识创新、制度创新及其组合。加强海洋科技创新体系建设，对于推动浙江海洋经济的发展，具有关键性、基础性、战略性的作用。

从海洋经济的特性来看，由于海洋环境比陆地环境复杂、恶劣并且多变，人们在海洋环境中从事生产劳动，必须借助于专用的技术装备，从而加大了海洋经济活动的技术含量和技术要求。海洋资源的开发和利用，很大程度上依赖于海洋技术的发展；海洋经济的竞争，往往取决于科学技术力量的竞争。从海洋资源开发到生产过程的展开，从海洋经济运行到海洋开发管理，都依赖于整个知识系统和高新技术的支持。海洋经济的这种高技术特性，使得海洋科技成为发达国家竞争的新领域。世界上一些经济强国近年来分别制定了海洋科技发展规划，提出优先发展海洋高技术的战略决策，一个世界性的依靠高科技争夺海洋资源的浪潮正在兴起。面对新形势、新特点，舟山新区必须从战略的高度认识建设海洋科技创新体系的重要性和紧迫性，加强海洋自主创新，大力提升海洋科技竞争力。因此，加强海洋科技创新是顺应海洋经济发展潮流

的客观需要。

浙江海洋经济的发展，经历了"开发蓝色国土"和"建设海洋经济强省"两个阶段，已取得了长足的进步。但海洋资源开发粗放、集约利用率不高的问题仍然比较突出，致使可开发利用的海域、岸线等资源急骤减少，可持续发展的压力较大。当前，浙江海洋经济发展进入了产值增长由数量扩张型向质量效益型转变，开发方式由资源消耗型向集约利用型转变，环境保护由污染防治型向生态建设型转变的重要时期。加强海洋自主创新，加快海洋科技创新体系建设，是实现海洋产业结构优化升级，转变海洋经济增长方式，建设资源节约型和环境友好型海洋经济的必由之路。加强海洋科技创新是推动浙江海洋永续发展的必然选择。

近年来通过实施"科技兴海"战略，浙江海洋科技创新取得了一定的成绩。但从总体上看，浙江省海洋科技创新现状与建设海洋经济强省的要求还不相适应：一是海洋科技创新能力不足，重大海洋科技成果不多，海洋科技进步对海洋经济的贡献率不高，海洋科技无法引领海洋产业实现结构升级。二是海洋开发专业人才缺乏。据国家海洋局统计资料，2004 年浙江省从事海洋研究的专业人员仅 721 人，而山东有 1939 人，上海有 1503 人，广东有 1037 人，分别为浙江省的 2.7 倍、2.1 倍和 1.4 倍[1]。三是创新机制还不健全，企业自主创新能力薄弱，如船舶制造配套设备自给率不足 30%。四是海洋科技经费不足，海洋开发投融资机制有待完善，海洋科技创新服务体系尚未形成。要解决上述问题，进一步提升浙江海洋科技创新能力和综合实力，必须加快海洋科技创新体系建设。

4. 海洋科技创新引领舟山群岛新区建设

海岛型城市如何发展，一直是一个世界性的难题。舟山群岛岛礁众多，星罗棋布，约相当于中国海岛总数的 20%，分布海域面积 22000 平方千米，陆域面积 1371 平方千米。其中 1 平方千米以上的岛屿 58 个，占该群岛总面积的 96.9%。整个岛群呈北东走向依次排列，南部大岛较多，海拔较高，排列密集，北部多为小岛，地势较低，分布较散。主要岛屿有舟山本岛、岱山岛、朱家尖岛、六横岛、金塘岛等，其中舟山本岛最大，面积为 502.65 平方千米，为中国第四大岛。当前舟山市科技创新正方兴未艾，海洋科技实力正在不断增强。2010 年，舟山市科技进步水平居全省第六位，两县两区已于 2006 年全部通过了全国科技进步先进县的考核验收。舟山群岛新区是国家在海岛开发的先行先试，是创新改革的代表性工程。舟山市水产加工、船舶修造和机械制造等重点行业的技术装备和科技水平，在全国同行业中处于比较领先的地位。但是如果没有不断地科技

---

[1] 王辉. 浙江海洋科技创新体系建设的几点思考 [J]. 政策瞭望 2007（7）：44–46、

创新，满足现状，步人后尘，经济就只能永远受制于人。不难看出，经济发展过去所走的不可持续模式已经无法延续，舟山必须立足在科技创新中推进自身经济发展。

科技创新是壮大舟山群岛新区新兴产业的不竭动力。舟山的优势在于海洋，舟山经济的发展出路和潜力也在于海洋。充分依托舟山的产业基础和资源优势，以激发自主创新为推力，加快船舶修造、水产品精深加工、机械制造等一批重点产业领域的科技创新。以"引进、消化、吸收、再创新"为主要手段，逐步形成具有自主知识产权的船舶配套项目和产品，是我市科技创新的重点和方向。船舶产业现已成为我市的支柱产业，是推动我市海洋经济发展的重要增长点。目前，舟山船舶工业势头较好，但我们应看到船舶行业具有明显的发展周期性和向劳动力、资本丰富区域转移的可能性。建议及早制定我市船舶行业发展规划，面对船舶安全、环保、节能、舒适性要求不断提高的市场需求，按照船舶大型化、高速化、智能化的技术发展方向，密切跟踪国际技术发展动态，采取自主研发、中外联合设计、技术引进等多种方式，在生产油轮、散货船、集装箱船三大常规产品的同时，积极发展"一大（大吨位）、二高（高技术含量、高附加值）、三新（新技术、新工艺、新船型）"船舶，向"数字造船"目标迈进。争取通过若干年的努力，把舟山建设成全国乃至亚洲的船舶工业基地。舟山还要把海洋高新技术产业、特色养殖产业、远洋渔业、海洋生物医药等新兴产业作为重点培育产业，这些领域的技术突破最有可能推动产业革新，并支撑下一个经济增长周期。

（二）海洋科技创新的紧迫性

国际金融危机深层次影响仍在持续，科技在经济社会发展中的作用日益凸显，国际科技竞争与合作不断加强，新科技革命和全球产业变革步伐加快。我国科技发展既面临重要战略机遇，也面临严峻挑战。目前，我国和国际海洋科技发展水平相比还存在较大差距，海洋传统产业还未进入海洋科技时代，海洋科技创新扩散面较窄。这些都阻碍了我国海洋科技的进一步发展。

科技创新能力是指利用科学技术解决当前所面临的社会经济发展问题的综合能力，由科技创新潜力、科技发展能力、科技产出能力和科技贡献能力等几个相互依赖、相互作用和相互影响的部分综合表征组成。我们选取2006—2010年科技创新活动人员数量、科技活动经费、科技研究项目投入、科技成果、专利等各项指标，对舟山市科技创新能力进行纵向比较分析，考量舟山市科技创新能力在"十一五"期间的变化情况。

1. 舟山群岛新区科技创新基础能力分析

根据《2010年度区市科技进步统计监测评价报告》统计，2010年舟山市共有科技活动人员6000人，在全省11个地市中排在第10位。其中，R&D活动人员数为4000人，平均每万人口中R＆D活动人员有35.30人，分别是2009年活动人数的122.78%、147.19%、142.56%。从统计的情况看，"十一五"期间，舟山市科技人才队伍规模不断扩大，整体素质在稳步提高，人才队伍的结构显著改善（见图2.1）。

图2.1　2006–2010年舟山市科技活动人员变化。数据来源：2006–2010年度设区市科技进步统计监测评价报告，浙江科技统计年鉴。

2. 舟山群岛新区科技创新投入能力分析

第一，科技经费投入能力。2010年舟山市科技经费投入总额比上年增长44、59%，在浙江省11个地市中排名第9（见图2.2）。科技经费投入占生产总值的2.11%，比上年增长0.35%。其中本级财政科技拨款占本级财政支出的3.45%，比上年下降了0.22%；财政科普活动经费拨款人均科普活动经费2.06元。相较2006年，"十一五"期间舟山市科技经费投入额（见图2.3），五年内增加一倍多，说明舟山市科技投入强度正在快速提高，财政对科技的支持力度进一步加大。企业技术开发经费比"十一五"初增加了一倍多。高新技术产业增加值占工业增加值比重的20.49%，说明随着企业自主创新意识的加强，企业对科技创新的投入越来越大。

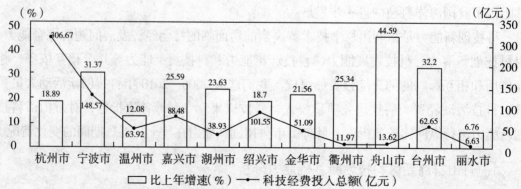

图2.2　2010年浙江省各地市科技经费投入总额。数据来源：2010年度设区市科技进步统计监测评价报告。

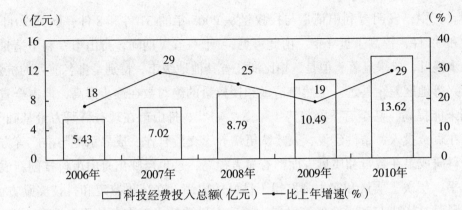

图 2.3　"十一五"期间舟山市科技经费投入总额。数据来源：2006-2010 年度设区市科技进步统计监测评价报告，浙江省科技统计年鉴。

此外，2010 年 R&D 经费投入占生产总值的比重为 0.97%，是 2005 年的 1.2764 倍。同时，本级财政对科技的投入在不断增强，"十一五"期间年均增长 31.1%。工业企业成为企业科技活动的主体，规模以上工业企业 R&D 经费占全部主营业务收入的 0.71%。但与全国平均水平相比，差距较大。

第二，科技项目投入能力。从各年的统计资料上看，"十一五"期间舟山市每年的项目数量总体上呈现上升状态。据舟山市科技局统计[1]，2010 年全市组织实施各类科技计划项目共 630 项，其中国家级 21 项，省级 189 项；申请专利 579 件，授权 376件，其中申请发明专利 193 件，授权 33 件；新增高新技术企业 10 家，省级创新型试点、示范企业 2 家，省级科技型企业 9 家，省级农业科技企业 8 家，省级高新技术研发中心 3 家，省级农业科技企业研发中心 4 家。2011 年全市组织实施各类科技计划项目共 651 项，其中国家级 44 项，省级 222 项。2011 年末，全市有高新技术企业 32 家，省级创新型试点、示范企业 7 家，省级科技型企业 89 家，省级高新技术研发中心 21家，省级农业科技企业研发中心 17 家。由此可见，舟山市科技投入力度正在显著增加，科技项目成果斐然。

3. 舟山群岛新区科技创新产出能力分析

第一，科技论文、专著和专利。根据《2011 年浙江科技统计年鉴》显示，2010 年舟山市政府部门科技论文数量 10 篇，这表明了舟山市科技资源的利用效率不高，科技创新能力有待提高；科技专著为 0 本，远远落后于排在浙江省第一位的杭州。在专利方面，舟山市 2005 年申请专利 175 项，授权 60 项，到 2011 年分别增加到 1504 项

[1] 舟山市统计局 . 舟山市 2010 年国民经济和社会发展统计公报 [N]. 舟山日报，2011:11-12

浙江舟山群岛新区科技支撑战略研究

和 618 项。其中，发明专利申请量与授权量从 2005 年的 31 件和 8 件一跃到 2011 年
的 193 件和 33 件，提高了近 4 倍。由此可见，"十一五"期间，舟山市专利申请量和
授权量稳步提升，成果显著。但是，相比浙江省其他地级市，特别是排名前列的杭州、
宁波、绍兴等地区差距甚远。虽然申请量和授权量的绝对数在逐步提高，但占全省的
比例数仍未能提高，甚至有下降趋势（见图 2.4）[1]。舟山市在现有科研力量基础上，
不断加大在资金投入、条件建设、人才队伍培养、交流合作、成果示范与推广等方面
的力度，科研成果在数量和质量方面都有显著提高，这也反映出舟山市科技创新成果
产出的水平、层次、质量和实力都取得了良好的成绩。在成果鉴定和科技奖励方面，
为了促进科学技术进步和社会经济发展，调动市科学技术工作者的积极性和创造性，
市政府根据省政府《浙江省科学技术奖励办法》和市委、市政府《关于积极推进海洋
科技自主创新，努力打造创新型城市的决定》，制定了相应的办法。同时，舟山市自
主知识产权意识明显增强，为今后从创新中获取更大收益奠定了良好基础。

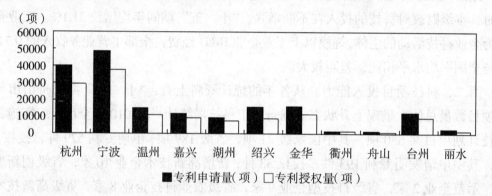

图 2.4　2011 年浙江省各地市级专利申请和授予量。数据来源：浙江省各地市
级 2011 年国民经济和社会发展统计报告。

　　第二，科技创新成果转化能力。科技创新是经济发展的基础，但要最终实现对经
济发展的推动作用，还有赖于将科技创新成果有效地转化为现实的生产力。科技创新
成果转化能力主要从专利出售、高科技企业、技术贸易等方面进行分析。据有关资料
显示，我国的高新技术商品化率约为 25%，产业化率约为 5% ~ 10%。而舟山市的高
新技术产业产值占工业总产值的比例仅为 1.32%，低于全国的平均水平。这说明舟山
经济增长方式还较为粗放，企业科技成果转化意识不强，科技成果数量不多，没有达
到商品化或产业化的水平。同时，科技成果转化缺乏完善的市场环境，这是导致科技
创新成果无法扩散和转化的重要原因。提高科技成果的转化率，加大高新技术产业化

---

[1] 赵志娟. 基于国内专利浅析舟山科技创新力 [J]. 今日科技，2012（01）：3-9.

的力度也是浙江各地都面临的迫切需要解决的问题。

　　以上是对舟山群岛新区科技创新能力的一些主要指标进行的纵向比较，下面将舟山群岛新区科技创新能力进行横向比较分析，分别从 2006 年、2010 年科技创新活动人员、科技活动经费、科技研究项目、科技成果、专利、技术转让、技术转让金额等各项指标进行比较，力求通过简单的对比找出舟山群岛新区科技创新与浙江省其他地级市的差距。

1. 舟山群岛新区科技创新投入情况

　　从科技活动人员来看，虽然舟山的专业技术人员队伍不断壮大，人口素质提高，但是比较浙江各地级市科技活动人员数目可以发现，舟山市为 0.6 万人，在浙江仅略高于丽水 0.04 万人。从科技活动经费来看，科技经费投入总额在浙江各地市级中仅高于衢州和丽水（见图 2.5）。从企业角度分析，舟山市企业技术开发经费占销售收入的比例较低，企业对技术创新投入不足，企业技术开发费等 3 个指标列居全省各市第 10 位。虽然从总量的指标上看，舟山市的科技创新投入能力有待进一步提高，但是从总量发展速度看，舟山市科技经费投入总额、企业技术开发费支出和高新技术产业增加值均在全省各市指标的首位，科技活动人员数、R&D 活动人员数和财政性教育经费支出指标居全省各市的第 2 位。可见，舟山市的科技创新能力在政府及企业、高校等各方面的努力下取得了良好的成绩。

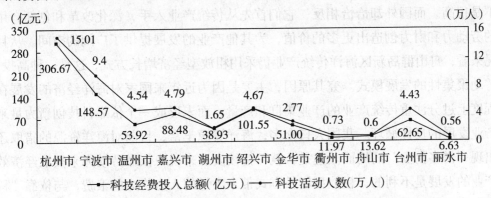

图 2.5　2010 年浙江省各地市级科技活动人数和经费的比较。数据来源：2010年度设区市科技进步统计监测评价报告，浙江省科技统计年鉴。

　　据《2010 年度设区市科技进步统计监测评价报告》显示，2010 年浙江省研究与试验发展经费支出占生产总值的比重达到 2.5%，舟山市 R&D 经费支出比上年增长了53.71%；R&D 经费支出占 GDP 的比重为 1.22%，比上年提高了 0.26%。可见，虽然舟山群岛新区相较浙江省整体数值还有待提高，但是不可否认，它的科研实力在逐步稳

步提升，以企业为主体、市场为导向、产学研相结合的技术创新体系得到进一步加强。

2. 舟山市科技创新产出能力

据《2011 年浙江科技统计年鉴》，2010 年舟山市政府部门和专制机构共发表科技论文 52 篇，远远落后于第一位的杭州市。从获省部级以上科技奖励项目可以看出，"十一五"期间，全市共有 25 项成果获得省级以上科技进步奖。从专利方面来看，舟山于 2010 年申请专利 579 件，授权 376 件，在全省 11 个地级市中均排在最后一位。每百万人口专利授权指数为 8.11，年均增长 22.86%，但发明专利所占比重偏低。从企业来看，舟山市企业技术开发经费占销售收入的比例较低，企业对技术创新投入不足，技术开发经费占企业产值的比例为 1.16%，高技术产业值占规模以上工业产值的比重为 1.23%。由此可见，舟山市大部分工业企业开展的创新活动水平仍不高，企业对自身在科技创新中的主体地位缺乏足够的认识和重视，具有自主品牌、高科技含量和高附加值的国际新产品数量仍然较少。

3. 舟山群岛新区海洋科技创新亟待突破

舟山群岛新区海洋传统产业还未进入海洋科技时代。舟山海洋渔业和海洋交通运输业等传统海洋产业虽然发展较快，但是和海洋科技创新的相关性并不高。传统的海洋产业，目前还是以"天时、地利、人和"作为经济发展的晴雨表，真正的科技成分并不是很高。而国外却恰恰相反，它们首先从传统产业入手，深化改革和创新，用更少的劳动力和财力创造出更多的价值，为其他产业的发展提供了广阔的空间。从目前状况来看，舟山群岛新区海洋传统产业仍采用粗放型经济增长方式，这是一种高投入、高劳动聚集性的发展模式。究其原因，主要是因为近年来国家对海洋经济的发展在一定程度上过分注重传统产业的产业集群和产量，而未形成一个依靠科技创新力量来带动产业发展的良性循环。我国人口众多，海洋资源丰富，目前对海洋资源的猎取还没有出现"僧多粥少"的局面。但是，就可持续发展来说，依靠劳动力来换取经济效益对产业的发展是不利的，粗放型增长方式带来大量的人力物力的浪费，与依靠"科技兴海"的发展策略是相违背的。因此，不管是传统产业还是现代产业，都必须大力发展海洋科技，依靠科技创新带来产业革命性的变革。

从目前海洋科技创新的发展看，舟山群岛新区海洋科技创新扩散面较窄，海洋科技创新主要集中在海洋化工业和海洋工程建筑业，辐射面还不够广，没有扩散到大部分的海洋产业，传统海洋产业的海洋科技创新没有跟上时代发展的步伐。而且，海洋科技高新区目前还处在发展阶段，现有的海洋科技创新平台有待提升，还需要建设一批工程技术研究中心、成果转化与推广平台、信息服务平台、环境安全保障平台和示范区（基地、园区），以形成技术集成度高，带动作用强，企业和高等院校、科研院所相结合的科技创新平台。由于舟山群岛新区的海洋经济发展仍然主要依靠传统海洋经济和传统海洋经济带动起来的船舶制造业、海洋化工业等附属产业，而依靠高新技术主动去开发海洋资源和强化深海资源利用的层面较为薄弱，因此目前传统海洋经济总量仍占据海洋经济总量的较大比重。虽然海洋科技新兴产业正在发展，但是还没到能足够影响传统海洋产业的地位。而且，海洋科技产业的收益目前还没有达到国际水准。因此，坚持"科技兴海"策略发展海洋经济坚决不能改变。只有坚定地走海洋科技创新道路，才能促进舟山群岛新区的经济发展。

（三）海洋科技创新的可行性

经过"十一五"期间的发展，我国海洋科技开始步入了协调发展时期，海洋科技的整体实力有所增强，在部分领域甚至达到了国际先进水平。获国家奖励的成果、论文和专利数量明显提高，海洋科技创新条件和环境明显改善，为在"十二五"实现快速发展奠定了良好的基础。

1. "十一五"以来我国海洋科技发展成绩斐然

"十一五"期间我国海洋科技创新取得了显著成绩，无论是海洋经济理论研究，还是海洋科技推广和深化，都向世界先进水平靠拢。日趋成熟的调查研究、逐渐提升的勘查技术等，都有效推进了经济社会的发展。

随着海洋综合调查与基础研究的深入开展，我国海洋开发与管理的科学化水平得到了显著提升。在环境调查方面，我国近海海洋综合调查与评价专项全面实施，获取了大量的近海海洋环境资源本底数据，综合评价了我国海洋基本状况，构建了"数字海洋"信息基础框架。在资源调查方面，我国成功开展了南海北部天然气水合物调查并获取实物样品，证实了南海海域具有巨大的天然气水合物资源开发潜力。在基础研究方面，海洋科学研究水平明显提升，深海综合钻探前沿科学研究和西北太平洋及印度洋海气相互作用研究等取得了新进展，初步掌握了中国近海环流形成和变异机理，构建了中国边缘海形成演化的理论框架，揭示了东海大规模赤潮形成的生态学和海洋学机制，建立了我国近海生态系统动力学理论体系的基本框架。

大洋勘察、极地科学考察的创新，强化了我国在国际海洋事务中的话语权和影响力。在大洋科考方面，我国已先后发现近 20 处海底热液区。2010 年，我国在国际上第一个提出多金属硫化物资源勘探区申请并获批准。我国自行设计、自主集成研制的"蛟龙"号载人潜水器成功突破 7000 米深海试验大关，使我国成为世界上第 5 个掌握大深度载人深潜技术的国家。在极地科考方面，2009 年在海拔 4000 多米的冰穹 A 地区建成了我国首个南极内陆考察站——"中国南极昆仑站";在第四次北极科学考察中,首次成功实现抵达北极点的壮举。

海洋开发、监测技术的重大突破,进一步提高了我国海洋产业的核心竞争力。在深水资源勘探和海洋工程装备方面,我国自主设计和建造了深水 3000 米第六代半潜式钻井平台、深水铺管起重船等深海油气勘探开发装备。在海洋生物技术方面,率先完成了对虾三倍体、养殖贝类和半滑舌鳎全基因组序等工作,一批海洋生物技术制品实现了规模化生产。在海水综合利用方面,形成了海水淡化工程成套技术和设计制造能力,国内海水淡化总规模达日产 80 万吨。在海洋可再生能源开发技术方面,潮汐发电技术、海上风电技术装备投入生产,全面启动了百千瓦级潮流能和波浪能开发利用的技术研究。与此同时,海洋监测、预报与卫星应用迈上新台阶,进一步增强了我国海洋综合管理与服务保障能力。

2. 历年中央文件强调海洋科技导向作用

党和国家政府历来高度重视海洋经济发展,为海洋经济发展创造了良好条件和宏观环境。每年政府都会发布关于海洋的新的政策及规划。在国家"十一五"规划中明确指出加快科学技术创新和跨越,加强基础研究和前沿技术研究,在信息、生命、空间、海洋、纳米及新材料等战略领域超前部署,集中优势力量,加大投入力度,增强科技和经济持续发展的后劲,加强重大科技基础设施建设,实施若干重大科学工程,支撑科学技术创新。2006 年,国家海洋局鼓励海洋科技研发,推进海洋经济良好发展。2008 年 9 月,国家海洋局、科技部联合发布了《全国科技兴海规划纲要(2008—2015 年)》,这是我国首个以科技成果转化和产业化促进海洋经济又好又快发展的规划。该纲要为国家级专项规划纲要,是指导全国科技成果转化和产业化的纲领性文件,其实施主体是沿海省市,规划期为 2008—2015 年。纲要突出了"海洋经济又好又快发展"的时代特点和要求,一方面要加速我国海洋高新技术成果转化,另一方面要加快节能减排、生态保护、生态化管理等海洋公益技术应用和海洋信息产品开发。纲要以"发展海洋产业,保障海洋经济又好又快发展"为中心,着力构建科技支撑、引领和服务海洋经济社会的长效机制,力争通过国家引导形成以市场为导向、企业为主体、政产学研一条龙的"科技兴海"体系,围绕经济发展,提升成果转化、产业化、生态化管理、公益服务、产业竞争五种能力。

2010 年 10 月 18 日通过的"十二五"规划,提出了"发展海洋经济"的百字方针,对海洋资源利用、海洋产业发展作出了明确要求 [1]。2011 年,国务院相继批准了《山

---

[1] 王敏旋.世界海洋经济发达国家发展战略趋势和启示 [J].新远见,2012(03):12-13.

东半岛蓝色经济区发展规划》、《浙江海洋经济发展示范区规划》、《广东海洋经济综合试验区发展规划》，标志着我国已经开始迈入海洋经济大发展的时代。

2011 年全国海洋科技大会会上，国家海洋局、科技部、教育部和国家自然科学基金委等联合发布了《国家"十二五"海洋科学和技术发展规划纲要》（下简称《规划纲要》），对相关领域今后 5 年做出规划，部分领域展望到 2020 年。《规划纲要》中提出，未来 5 年，我国经济发展将越来越多地依赖海洋；"十二五"期间，海洋科技对海洋经济的贡献率要由"十一五"时期的 54.5% 上升到 60%；海洋开发技术自主化实现大发展，专利授权增长 35% 以上。《规划纲要》还提出，到 2020 年我国海洋科技总体水平要跻身世界先进行列，基本形成与国民经济和社会发展相适应的海洋科技研究体系及创新人才队伍，基本形成覆盖中国海、邻近海域及全球重要区域的环境服务保障能力，自主创新能力显著增强，科技整体实力满足增强我国海洋能力拓展、支撑海洋事业发展、保护和利用海洋的需要。

《中华人民共和国国民经济和社会发展第十二个五年（2011—2015 年）规划纲要》明确提出要科学规划海洋经济发展，合理开发利用海洋资源，积极发展海洋油气、海洋运输、海洋渔业、滨海旅游等产业，培育壮大海洋生物医药、海水综合利用、海洋工程装备制造等新兴产业；加强海洋基础性、前瞻性、关键性技术研发，提高海洋科技水平，增强海洋开发利用能力；加强海洋综合调查与测绘工作，积极开展极地、大洋科学考察。因此，如何在海洋经济发展与海洋科技支撑之间实现良性互动，构建人类与海洋的和谐关系，已成为政府海洋管理领域一个亟待解决的问题。正确认识海洋科技的支撑机理以及政府在其中应有的作用，提升海洋科技支撑水平，保障海洋经济可持续发展，是一个意义深远的重大课题。

3. 舟山是海洋科技创新的天然实验室

舟山是中国第一个以群岛建制的地级市，包括 1390 个岛屿，陆域面积 1440 平方千米，内海海域面积 2.08 万平方千米，地处中国东部黄金海岸线与长江黄金水道的交汇处，是东部沿海和长江流域走向世界的主要海上门户。

（1）海洋自然资源丰富

舟山渔场是我国最大的渔场，总面积 20.8 × 104 平方千米。海域内岛礁纵横交错，水下地形平缓，沉积物以粘土质粉砂为主，是鱼类栖息和繁殖的天然屏障。长江和钱塘江等入海径流形成的自北向南的沿岸低盐水体及自南向北的高盐、高温的台湾暖流和北方高盐、低温的黄海冷水团 3 股水体，在舟山海域互相混合消长，并从陆地上携带了丰富的营养盐类和有机物进入海洋。舟山渔场水产资源丰富，共有鱼类 365 种，其中暖水性鱼类占 49.3%，暖温性鱼类占 47.5%，冷温性鱼类占 3.2%；虾类 60 种；蟹类 11 种；海栖哺乳动物 20 余种；贝类 134 种；海藻类 154 种。主要捕捞对象中，鱼类有大黄鱼、小黄鱼、带鱼、鳓鱼（鲞鱼）、银鲳（鲳扁鱼）、海鳗（鳗鱼）、蓝点马鲛（马鲛鱼）、鮸鱼、黄姑鱼（黄婆鸡）、白姑鱼、褐毛鲿鱼（毛常）、棘头梅童（大头梅童）、石斑鱼、鲐鱼（青鲇）、蓝圆鲹（黄鲇）、舌鳎鱼、绿鳍马面鲀（马面鱼）、虫蚊东方鲀、红鳍东方鲀（河豚鱼）、鲻鱼、鲫鱼、黄鲫、鲚鱼、沙丁鱼、龙头鱼（虾潺）、白斑星鲨、双髻鱼、扁鲨、犁头鳐、黄魟、弹涂鱼等；甲壳类有三疣梭子蟹、哈氏仿对虾（滑皮虾）、鹰爪虾（厚壳虾）、葛氏长臂虾（红虾）、中华管鞭虾（大脚黄蜂）、中国毛虾（糯米饭虾）、小白虾）、日本对虾（竹节虾）、细螯虾（麦杆虾）、鲜明鼓虾（强盗虾）等；头足类有曼氏无针乌贼（墨鱼）、中国枪乌贼（踞贡）、太平洋褶柔鱼（鱿鱼）等；腔肠类有海蜇。

海洋矿产资源可分为滨海砂矿、海底石油气、海底结核和多金属软泥三大类。滨海砂矿具有巨大的经济价值，它具有分布广、勘探、开采、选矿、冶炼方便等优点，已成为世界上大部分独居石、锡石、锆石、钛铁矿、金红石的重要开采源。舟山海岸线漫长、大陆架宽阔、岛屿众多，发育了各种不同的地质单元和地貌类型，有着良好的成矿条件，形成了丰富的砂矿资源。目前，舟山已知矿产有铁、铜、铅锌、金银、黄铁、水晶、石墨、明矾石、大理石、花岗石、海砂、凝灰岩及矿泉水等 26 个矿种，50 多处产地。东海距岱山岛 302 千米的平湖油气田已被发现并进入商业化开发，总面积约 240 平方千米。海域已探明储量为：天然气 108 亿立方米，凝析油 177 万吨，轻质原油 1078 万吨。

舟山群岛能源丰富，衢山岛作为省内规模第一的风力发电场从建成到现在，发电量已超过 2 亿千瓦时。除了衢山岛，装机容量 4.5 万千瓦的定海岑港风电场和 1.2 万千瓦的长白风电场项目 2012 年建成发电。

舟山潮流能具有相当大的开发潜力，有专家估计可开发资源占据全国潮流能资源的 50% 以上。早在 2005 年，舟山便已建成名为"海上生明月"的潮流能发电实验站及配套灯塔，是全亚洲仅有的，也是世界第二的潮流能发电站。2006 年 11 月，联合国委托我国与意大利签订了开发潮流能发电项目的合作协议，依靠意大利技术进行研发设计，在舟山海域投资约 400 万元开发 120 千瓦潮流能发电站。该项目在岱山县已完成了潮流能发电机样机试制，并投入发电试验。

（2）区位环境资源独特

舟山是我国江海联运的枢纽，也是南北海运的要冲，南与新兴发展的宁波北仑港相毗连，北有我国最大的港口——上海港，间接经济腹地包括长江三角洲及长江中下游流域，具备成为我国大宗散货物资的集散地、综合型大型港口和物流中心的条件[1]（见

---

[1] 周达军，崔旺来，刘洁等．浙江海洋产业发展的基础条件审视与对策[J]．经济地理，2011（06）：965–953.

表2-1）。目前，舟山港主要进行海产品的出口，石油、矿砂、木材和煤碳等大宗货物的转运；海上客运通达沿海各大港口城市，远洋运输直达韩国、日本、新加坡、香港、澳门等国家和地区的港口。总长近50千米的舟山跨海大桥于2009年12月25日全线通车，使舟山本岛及附近小岛成为与大陆连接的半岛。2011年度，舟山港口货物吞吐量达2.6亿吨，其中外贸货物吞吐量8576.54万吨；舟山辖区船舶进出港共80.36万艘次，其中非客船类船舶15.01万艘次。

表2-1　舟山与全国、全省、宁波、台州区位资源比较

2012年	单位	全国	浙江	舟山	宁波	台州
陆地面积	万平方千米	960	10.18	0.144	0.9817	0.9411
内水和领海面积	万平方千米	37	4.24	2.08	0.9758	0.69
海域面积（含经济专属区）	万平方千米	300	26	11		8
海岛资源	个	7600	3089	1390	531	687
海岸线总长	千米	32000	6486	2444	1562	1660
深水岸线（10米以上）	千米	1518	506	279.4	170	30.75

注：数据主要来源于国家、省、宁波和台州市政府网站。

（3）社会经济资源优越

舟山群岛是一个由基岩山地组成的岛屿群，地势曲折，景观独特，是长三角经济发达区域中极富海洋旅游特色的地区，旅游资源极为丰富。舟山群岛既有海景、山景、林景、洞景等自然景观，也有名刹古寺、渔港、渔村等人文景观。素有"海天佛国"、"南海圣境"之称的普陀山，与五台山、九华山、峨眉山齐名，并称中国佛教四大名山，以其神奇、神圣、神秘成为驰誉中外的旅游胜地，被评为国家5A级旅游风景区，是第一批国家重点风景名胜区。以"碧海奇礁、金沙渔火"闻名的嵊泗列岛，是我国唯一的国家级海洋风景名胜区。

舟山素有"海上河姆渡"之称，历史文化底蕴深厚，人文资源十分丰富。目前，已经拥有了海洋沙滩文化、海洋观音文化、谢洋大典、海洋美食文化、桃花岛爱情武侠文化以及"印象普陀"等著名品牌。舟山是"海上丝绸之路"的重要通道，明朝嘉靖年间的六横双屿港，云集了亚、非、欧各国商人，是当时世界上最大的国际贸易港之一，在中国海洋经济历史上占有重要地位。舟山在渔业生产中形成古朴、粗犷的生产、生活、礼仪、游艺等习俗，产生了以"舟山锣鼓"和"舟山渔民号子"为代表的具有舟山特征的海洋艺术。海洋捕捞、水产养殖、海洋生物、水产品开发加工、海鲜美食、渔港景观、渔民习俗、渔村古居、赶海野趣等，也充分显示了舟山渔业文化的活力和

魅力。舟山的海景还吸引了古代众多的文人墨客，如王安石、陆游、范成大等人都在舟山留下过富有海洋气息的诗文。舟山还是近代民族工商和外贸史上"宁波帮"的发祥地之一，这也为舟山增添了浓厚的儒商历史文化氛围。

4. 科技资源快速集聚

要加快建设舟山海洋产业集聚区，按照"一城诸岛"格局，充分发挥各个岛屿特色优势，力争优质资源和高端要素的科学利用、合理保护、集约开发，构筑一个海洋产业体系完备、产业相互支撑融合、海洋资源利用合理的综合性海洋开发大平台。

舟山海洋科学城是舟山海洋产业集聚区核心区块，重点发展港航服务、金融信息、研发创意、教育培训等现代服务业和船舶工业、海洋工程装备、临港装备、海洋生物、港口物流、现代渔业等临港产业。金塘岛主要发展以国际集装箱的中转、储运和增值服务为主的现代港口物流业和临港装备制造业。六横岛主要发展大宗物资加工、临港装备、临港石化等临港产业，以海水淡化及海水综合利用、海洋新能源为主的新兴产业，以及"水水中转"型的现代港口物流业。衢山岛主要发展以油品、矿砂、煤炭、木材及大件杂货等大宗物资的储运、中转、加工、贸易为主的现代港口物流业，以及船舶工业、临港装备、大宗物资加工、海洋新能源、现代渔业等产业。舟山岛西北部主要发展船舶修造、海洋工程装备、港口机械等船舶工业和临港制造业，以及油品、化工品等大宗物资储运加工贸易为主的港口物流业。岱山岛西部主要发展船舶修造、船舶配件等船舶工业和临港装备制造业。泗礁岛主要发展以大宗物资中转、储运、加工为主的现代港口物流业和海洋旅游业。朱家尖岛主要发展以观光、游览、佛教体验、休闲、度假等多功能于一体的海洋休闲度假旅游业。洋山岛主要发展港口物流业配套的增值服务业和临港加工业。长涂岛主要发展大宗物资为主的现代港口物流业及相关的大宗物资加工等，以船舶修造、海洋工程装备为主的临港装备制造及现代渔业。虾峙岛主要发展以船舶与临港装备制造业、大宗物资加工、港口物流业以及现代远洋渔业。

（四）科技创新引导舟山群岛新区建设

"科学技术是第一生产力"，随着社会进步，科技创新对于经济发展的重要作用日益明显。加强海洋科技创新体系的建设，是顺应当今世界发展海洋经济潮流的客观需要。舟山群岛新区是具有鲜明海洋特色的经济区域，相对于传统的陆上资源开发及产业发展程度来说，面临活动起步晚、自然环境更加复杂，资源开发和产业发展难度更大，技术要求更高，对科技创新的依赖性更强等一系列的难题。[1]

---

[1] 傅家骥. 技术创新 [M]. 北京：清华大学出版社，1998.

1. 为海洋海岛科学保护开发提供了更为有效的手段

海岛保护与开发是一项涉及社会、经济、科技发展的系统工程。随着《联合国海洋法公约》生效，世界沿海国家普遍以新的目光关注海岛。人类已开始从政治、经济和军事诸多方面，更加深刻地认识海岛的战略地位及价值，海岛已成为世界各国竞争、提高综合国力和长远战略优势的新领域。我国的海岛及其附近海域具有丰富的自然资源，是发展海洋经济的重要基础和保障。近些年来，党和国家政府以及社会各界十分关注海岛工作，而《海岛保护法》首次确立了"科学规划、保护优先、合理开发、永续利用"的海岛保护原则，从而开启了我国海岛科学保护开发新篇章。对于科学开发海岛，我们首先要制订科学合理的海岛开发利用规划，可以采取以下措施：

（1）岛屿规划，分类开发

对于岛屿开发，必须坚持统一规划和因地制宜、科学合理的分类原则。从舟山群岛的地理区域来看，坚持开发舟山海洋产业集群，建设国际性物流岛。充分发挥海岛数量及深水海岸线等优势，发展国际物流储运、加工、贸易等项目。与此同时，要建设临港码头、渔业、科教、旅游、生态保护等配套的多功能岛屿，形成多层次、多功能的产业格局。[1]

（2）改善设施，加速开发

通过建设大型海港、海底隧道、跨海大桥、陆海交通设施，形成多方面、功能合理齐全的现代化交通网和综合基础设施体系，形成连接上海、宁波，江海联运的环杭州湾交通大通道，促进重大项目集聚和相关产业集群发展。

（3）依靠科技，提升能力

通过健全海洋类科教文化体系，加快专业人才队伍建设。通过海洋人才工程引进国内外优秀海洋类人才、创新团队及各种高端人才。支持国家重大海洋类科研开发成果落户舟山，从而提升舟山群岛新区海洋科技创新的整体实力。

（4）环境保护，合理开发

保持地方文化特色，维持生态环境平衡，保护周边海域，不得破坏海岛原貌；对无人居住的海岛坚持以保护为主，适度开发的原则，主要发展滨海旅游和利用当地丰富的渔业资源发展休闲渔业，确保滨海旅游资源的生态不会因过度开发受到损害，不会破坏原有的地貌特征。对生态比较脆弱的无居民海岛、15度以上的山坡地、主要旅游景区和交通主干道两侧等耕地，应向国家申报享受停耕还林政策，建立海岛停耕还林、退农转非机制，合理缩减农保地，以利构筑海岛绿色屏障。

---

[1] 中华人民共和国国家海洋局、科技部、教育部和国家自然科学基金委等．国家"十二五"海洋科学和技术发展规划纲要 [Z]．2006–09．

2. 为现代海洋产业基地的形成与发展提供技术保障

要建立现代海洋产业基地，必须优化完善海洋经济发展格局。要站在全局和战略高度，全面审视整个舟山群岛的区位、资源等优势，充分发挥科学规划的引领作用，从更大范围、更广视野、更高层次来谋划和推进海洋经济发展。科技对于改造提升船舶修造、水产品加工等传统产业，择优发展海洋工程平台制造、临港石化、清洁能源等高技术、高附加值新兴产业的作用十分重要。现代海洋科学技术是海洋产业发展的最强有力的支撑，只有海洋科技发展了才能形成以海洋科技和海洋产业为支撑的区域经济模式。要建设海洋产业基地，就一定要把海洋经济发展建立在海洋技术进步的基础上。海洋教育尤其是海洋高等教育对海洋经济的发展至关重要，只有完善的海洋教育培养出一流的人才，创造出一流的技术，才能为海洋科技研发提供长久的人才支撑。

（1）科技创新与传统海洋产业升级

海洋交通运输业、滨海旅游业、海洋渔业和海洋船舶业四大传统海洋产业是海洋经济发展的支柱产业。伴随着海洋资源的日益衰竭、海洋环境的不断恶化和劳动力价格的逐步上升，传统海洋产业发展优势和发展动力正在丧失，某些传统海洋产业甚至面临衰变为"夕阳产业"的危机。要通过科技创新，改进原有的技术，提高技术层次和效率，使得海洋传统产业由低层次向高级化转变。在海洋渔业方面，要改变传统的远洋捕捞再直接贩卖的方式，重点开发远洋捕捞和海水养殖保鲜、运输、贮藏等全程控制技术和装备，提升海洋渔业的产品品质和效益；在水产品加工方面，要加强海洋功能食品、超市海洋食品和海洋药物的技术研究及产业化开发，推进海洋生物资源的深度开发和综合利用，提升海产品深加工业的规模和水平；在临港工业方面，要重点开发数字化、智能化技术，用信息化提升水产加工、船舶修造、海洋化工等产业的层次，建设临港型先进制造业基地；要注重海洋研究成果和先进实用技术的推广应用，加强在现有技术基础上的集成创新，推动海洋传统产业跨越式发展。[1]

（2）科技创新与海洋战略性新兴产业培育

培育和发展海洋战略性新兴产业是舟山群岛新区海洋经济建设的重要内容。海洋战略性新兴产业是指在海洋经济发展中处于产业链上游，掌握核心技术，附加值高、经济贡献大、耗能低的知识密集、技术密集、资金密集型产业。这类新兴产业在海洋经济发展中处于核心地位，引领海洋经济发展方向，具有全局性、长远性、导向性和动态性特征。从一定意义上来说，海洋战略性新兴产业就是海洋高技术产业。海洋新能源、海洋高端装备制造、海水综合利用、海洋生物医药、海洋环保和深海矿产资源开发等海洋战略性新兴产业，是舟山群岛新区海洋经济建设重点培育和谋划的内容，

---

[1] 中华人民共和国发改委、国家海洋局. 国家海洋事业发展规划 [Z]. 2011-11-30.

其形成和发展有赖于新能源开发利用技术、高端装备制造技术、海水淡化和化学元素提取技术、海洋生物技术、环保技术、深海矿产资源勘探和开发技术等科学技术研发能力及科技成果的应用和转化水平的提升。[1]

3. 为建成我国陆海统筹的发展先行区提供技术支撑

海陆统筹协调发展，是指根据海、陆两个地理单元的内在联系。应运用系统论和协同论的思想，通过统一规划、联动开发、产业组接和综合管理，把海陆地理、社会、经济、文化、生态系统整合为一个统一整体，实现区域科学发展、和谐发展。"海陆统筹"是浙江省社会经济发展的重要指导理念，也是浙江海洋经济发展示范区的基本特征之一。[2]

在陆地资源日趋枯竭的当今，人类为了发展于是向大海索要资源。由于海洋的深度、海水的流动、环境多变等因素导致了海洋勘测的难度远远大于陆地勘测；海水的盐度、腐蚀性也导致了较高的设备要求。海水难以被直接利用等问题是一个严重困扰。这些都必须通过海洋科学技术应用来解决。另外，海陆统筹建设中陆海产业的对接和产业链的互补、延伸，依赖于原料和产品运输与配送技术以及水油气等资源精深加工技术的创新；海底隧道、跨海大桥等作为陆海基础设施统筹建设的内容，其实现离不开海洋工程设计与施工技术的支持；海洋环境污染整治离不开海洋环境技术的支持。[3]

4. 为现代海洋生态文明建设提供更为有效的手段

海洋生态文明建设是一项复杂的系统工程，其中涉及海洋灾害防治、海洋环境监测修复等一系列内容。在海洋环境灾害预警方面，由于海洋生态环境的脆弱性、海水水体的流动性决定了海洋污染的严重性、易扩散性和治理的时效性。海洋环境的复杂多变也增加了人类对于预测台风、风暴等海洋灾害发生强度、范围和时间的困难。[4]因此，必须依靠科技的力量，建立一套海洋环境和海洋生态系统影响评估、养殖区有害赤潮发生机制及治理、近海海洋灾害预测监测系统。在海洋环境治理和海洋生态建设方面，要在严格执法，加大整治力度的同时，利用高新技术大力发展环保产业，提高企业污水处理和达标排放水平，减少有毒有害物质直接排入江河海洋；要积极开发和利用环境生态生物技术，有效应对突发性的海洋溢油、赤潮、绿藻等自然灾害以及人为事故的应急处理及灾后修复，保护原有环境的生物物种及海洋生态环境的稳定；

[1] 刘勇，张郁. 低碳经济的科技支撑体系初探 [J]. 科学管理研究,201129（02）：75-79.

[2] 中华人民共和国国务院. 我国国民经济和社会发展十二五规划 [Z].2006-09.

[3] 全国海洋发展规划纲要. 国务院关于印发全国海洋经济发展规划纲要的通知 [Z]. 2011-11-30.

[4] 国家海洋局. 中国海洋环境质量报告 [Z]. 2005-05-30.

要加快解决海洋污染问题，利用海洋生物技术，建立各种清洁养殖模式，改善被污染和正在被污染的海水养殖区域环境，减轻或控制由于养殖业引起的环境污染。通过科技创新使，海洋经济发展与环境承载力相适应，海洋资源开发和利用与海洋生态环境保护相统一，实现可持续发展。[1]

四、顺应海洋经济发展客观需要

当今世界，全球科技进入新一轮的密集创新时代，以高新技术为基础的海洋战略性新兴产业将成为全球经济复苏和社会经济发展的战略重点。随着科技的不断发展，科技创新已经在各国都占据重要位置。当今世界各国的竞争，实际上就是科技的竞争，而陆地科技和航空科技的不断发展与完善使得人们开始更加关注充满未知的海洋科技。随着世界各国对海洋科技的不断发展与重视，海洋创新能力已成为取得海洋科技竞争优势的决定因素。舟山市作为浙江海洋城市，在我国的长三角海洋经济建设、浙江海洋经济建设、海洋科技创新等领域中，应发挥重要和不可代替的作用。海洋世纪需要科技支撑，浙江舟山群岛新区建设必须不断提升海洋科技支撑力。

（一）舟山群岛新区科技创新基础

浙江舟山群岛新区作为首个以海洋经济为主题的国家战略层面新区，加快海洋科技创新是推动"新区"建设进程、培育发展现代海洋产业和海洋经济发展先行先试的根本保障。

近年来，舟山群岛新区科技工作紧紧围绕提升自主创新能力、推进海洋经济转型升级的目标，创新思路，积极进取，在优化科技创新环境、开展科技合作交流、建设科技创新平台、组织科技攻关和成果转化等领域取得了较好的成绩，为浙江舟山群岛新区建设提供了有力的科技支撑。

1. 海洋科技创新环境得到明显优化

2011 年，舟山群岛新区本级财政科技投入比 2010 年增长 10.5%，其中海洋科技创新专项经费比上年增长 100%。2010 年新区科技经费投入占生产总值比例 2.11%，比 2009 年提高 0.35%；R&D 经费投入占 GDP 比例的 1.22%，比 2009 年提高 0.26%。2011 年浙江省统计厅和科技厅发布的全省设区市科技进步统计监测评价报告显示，在18 项监测指标中，舟山有 10 项指标的发展速度进入浙江省前 3 位，其中 6 项指标的

---

[1] 张晨，俞菊生 . 以科技创新推进上海农业现代化建设 [J]. 上海农村经济，2012（03）：30–33.

发展速度居全省首位，新区科技进步水平居浙江省各市第6位，相对于2010年变化情况的综合评价居全省各市第2位。同时，新区被国家科技部评为全国科技进步考核先进市。

2. 海洋科技创新平台建设逐步推进

新区不断强化海洋科技创新重大平台建设，进一步优化科技创新条件，为科技创新提供了有效保障。

首先，中国（舟山）海洋科学城科技创意研发园建设成绩显著。园区累计利用市外资金10870万元，实际到位资金5070万元，已实现融资1500万元，并与省进出口银行初步达成了2.3亿元的融资意向。其次，浙江省海洋开发研究院建设卓有成效，2011年组织申报各级科技项目42项，其中国家级15项、省级19项，新争取科研经费4000万元。发表论文32篇，申请专利和软件著作权90项，其中发明专利50项，申报标准3项。有6项科研成果获奖，其中浙江省科技进步奖和国家海洋局海洋创新成果奖二等奖各1项，舟山群岛新区科技合作奖一等奖1项。全年共开展测试服务4587次，技术培训72场，科技咨询4896人。第三，浙江大学舟山海洋研究中心和摘箬山海洋科技示范岛建设顺利推进，累计承担市级以上各级科技项目88项，完成技术（咨询）服务120余次。浙大摘箬山岛建设配套项目"海岛可再生能源互补发电关键技术研究及工程示范"被列为科技部863主题项目。另外，由浙江海洋学院建设的海洋设施养殖国家工程技术研究中心获得国家科技部批准，取得了重要突破。

3. 科技攻关和成果转化成效显著

新区以推进传统产业转型升级、海洋新兴产业加速发展和促进社会和谐为目标，以共性关键技术攻关、科技成果引进转化、高新技术产业化、民生科技工程建设为重点，实施科技含量高、产业引导性强的重大科技项目攻关。2011年舟山群岛新区共实施市级以上科技项目426项，其中国家级39项，省部级222项，市厅级165项；共投入市级以上财政科技项目经费1.9亿元，其中国家、省、市三级分别为10300万元、5100万元、3600万元，带动全社会科技投入10.5亿元；攻克了国家国际合作项目"江海联运高效系列船舶开发与示范"、国家支撑计划项目"储运油泥资源化利用关键技术与示范研究"、省厅市会商重大专项"海上钻井平台辅助装备制造关键技术研究及产业化"、省厅市会商重大专项"以水产胶原蛋白肽为基料的医用食品研制及产业化"、省重大科技专项"国家一类新药改性钠基蒙脱石临床研究"等重大项目，产生了27亿元以上的经济效益，催生了一批优秀科技成果和自主知识产权。全市共有7项科技成果获得省科学技术奖公示。

4. 海洋高新技术产业化成为亮点

2012年舟山群岛新区海洋经济总产出比上年增长13.1%；海洋经济增加值比上年增长12.0%，海洋经济增加值占新区全年GDP的比重达到68.7%，比去年提升了0.1个百分点。海洋高新技术产业是我国未来发展的战略重点，也是舟山群岛新区的特色增长点。

（1）高新技术产业快速发展

通过对能够收集到的最新资料《浙江省2010年度设区市科技进步统计监测评价报告》中相关数据的分析，能够看出舟山群岛新区的高新技术产业的份额占经济总量的比重得到了一定的提高。2010年全市高新技术产业增加值总量为比2009年同比提高了104.64%，高新技术产业增加值占工业增加值比重为20.49%，比2009增长47.51%，两项增速均居全省第1位（见表2-2）。"十一五"期间，舟山群岛新区高新技术企业建设也取得新突破，全市共拥有高新技术企业32家，省级创新型试点企业6家，省级科技型企业77家，省级农业科技企业37家。杨帆企业研究院列入省级企业研究院名单，成为我省唯一一家船舶类的省级企业研究院。

表2-2 舟山群岛新区高新技术产业产品创新情况

	2005年	2006年	2007年	2008年	2009年	2010年
高新技术产业增加值占工业增加值的比重（%）	0.42	0.91	7.44	8.07	13.93	47.51
工业新产品产值率（%）	7.28	12.80	14.04	26.51	27.82	38.91

数据来源：舟山群岛新区统计年鉴、浙江科技统计年鉴，舟山群岛新区统计报告，浙江省各地市科技进步统计监测评价报告。

（2）科研创新后劲十分有力

"十一五"以来，舟山群岛新区以提升涉海企业竞争力为抓手，依托舟山全市的科技人才队伍，瞄准海洋战略性新兴产业，构筑搭建科技支撑引领项目平台，在创新人才培养、科研经费投入、科技平台建设、国际合作交流、科研成果推广与示范等方面均加大支持力度，在科技创新成果质量和数量方面都取得了明显提升。从图2.6可以看出，舟山群岛新区2011年专利申请和专利授权的数量分别为1504和618件，分别比2010年增长153.02%和64.36%。专利申请数量从2005年的175件猛增到2011年的1504件，专利授权也从60件上升到618件，分别增长了7.6和9.3倍。在如此短的时间内取得如此喜人的成绩相当不易，当然也为舟山群岛新区科技支撑创造了强有力的基础。

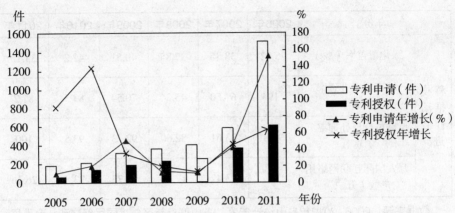

图 2.6　2005-2011 年舟山群岛新区专利变化情况。数据来源：2005-2011 年舟山国民经济和社会发展统计公报。

5. 科技创新促进经济社会发展显著

科技促进社会经济发展主要体现在科技促进经济发展和科技推动社会进步两个层面。"十一五"以来，舟山群岛科技推动社会进步非常明显（见表 2-3）。

（1）科技促进经济发展效果明显

2012 年舟山群岛新区地区生产总值为按可比价计算，比 2011 年增长 10.2%。人均地区生产总值比 2011 年增长 9.3%。2010 年三废综合利用产品产值比 2009 年增长 19.85%，与 2005 年比增加了 81%。

（2）科技推动社会进步成效显著

节能降耗取得进一步成效，主要污染物排放强度明显下降。2012 年全市绿化覆盖率 38.86%，城区绿地率 34.35%，人均公园绿地面积 15.28 平方米。城市污水处理率 84.62%，城市生活垃圾无害化处理率 100%。全年城区排水管道长度 992.86 千米，供水总量 5182.47 万立方米。液化石油气供气总量 2.84 万吨，天然气供气总量 2223.52 万立方米。每万人口互联网上网户数由 2005 年的 16.3 万户上升到 2012 年的 30.53 万户（见表 2-3）。

表2-3　舟山群岛新区科技促进经济社会进步指标体系与监测标准

年份		2006年	2007年	2008年	2009年	2010年	2011年	2012年
科技推动社会进步	绿化覆盖率（%）	25.92	38.35	37.85	40.51	42.2	35.13	34.55
	城市污水处理率（%）	19	61.50	45.34	70.54	83.5	81.2	84.62
	城市垃圾处理率（%）	94.8	83.61	82.60	92.73	93.5	100	100
	万人国际互联网络用户数（万户）	7.3	13.42	17.47	19.72	23.8	26.46	30.53

数据来源：2006-2012年舟山统计年鉴，舟山群岛新区年度国民经济和社会发展统计公报。

（二）舟山群岛新区科技创新能力提升的瓶颈

目前我国科技对于海洋经济发展的支撑能力依然薄弱。为了全面反映舟山群岛新区的科技创新能力，我们基于浙江省11个地级市科技创新能力的横向比较，分析评价舟山群岛新区科技创新能力的排名，希望能够找到差距，从而为提升舟山群岛新区科技创新能力提供定量化参考依据和进步努力方向。

1. 经济发展对科技创新的支撑不强

（1）经济总量偏小

2012年舟山群岛新区的GDP、人均GDP、财政总收入及工业增加值等主要经济指标，在全省11个省辖市中分别居于第11、4、3、8位，经济总量偏小。其中，舟山新区的GDP总量和财政总收入仅为杭州的10.91%和52.33%；人均GDP与杭州和宁波相差10000余元；反映工业化水平的工业增加值仅占全省工业增加值的1.83%，工业增加值占全市GDP比重的28.18%，相较全省的37.94%，还存在明显差距。

（2）产业结构拉动科技创新的能力较弱

产业结构与科技创新相互促进、相互制衡、相互影响。需求促进科技创新，产业结构制衡需求。高水平、高层次的产业结构依赖发达的科学技术。当然，产业结构的优化升级也促进科学技术的发展与进步。

通常来说，在工业化初、中期，农业和工业之间的"二元结构"转化是产业结构的变化核心。在第一产业的比重下降到20%左右、第二产业的比重高于第三产业时，工业化进入中期阶段。当第一产业的比重下降到10%以下、第二产业的比重上升到最高水平时，工业化进入后期阶段。以后，第二产业比重开始比较稳定或略有下降。

2012 年，舟山群岛新区一、二、三产业产值比例为 9.6∶46.6∶43.8，浙江全省的这一比例为 5.1∶51.9∶43，浙江沿海地区的平均水平为 4.5∶52.2∶43.3。按照上述标准，舟山群岛新区工业化已经进入后期阶段，但舟山群岛新区的工业化水平与全省的平均水平相比还存在一些差距。

就舟山群岛新区自身的产业发展而言，第二产业尤其是工业在三次产业中已占据主导地位，2012 年实现工业总产值比上年增长 10.1%。但不容忽视的问题是工业经济效益相对较低的传统产业亟待提高。舟山新区的工业产业主要集中在船舶修造业、水产加工业、机械制造业、纺织服装业、化纤制造业、电子电机业、医药制造业、石油化工业、电力生产供应业等九大行业，其总产值占全市工业总产值的 67.21%，但医药制造业比上年下降 18.2%，表现十分明显。因此，在今后相当长的一段时间内，舟山群岛新区要加速产品更新换代，加大力度改造传统产业，进一步提升产品的科技含量和经济附加值。另外，还要着力促进舟山群岛新区的产业结构调整和工业化进程。

表 2-4 显示，舟山群岛新区三次产业从业人员的构成比例为 17.6∶41.9∶40.5，第一产业从业人员比浙江全省平均水平高出 4.5 个百分点，比杭州湾地区平均水平高出 2.5 个百分点，比浙江沿海地区平均水平高出 1.2 个百分点。

表 2-4　2012 年浙江省从业人员三次产业构成（单位：万人、%）

地区	第一产业	第二产业	第三产业	三次产业比例
舟山群岛新区	11.11	26.52	25.60	17.6∶41.9∶40.5
环杭州湾地区	205.5	688.89	467.17	15.1∶50.6∶34.3
浙江沿海地区	159.48	487.18	325.27	16.4∶50.1∶33.5
浙江欠发达地区	118.09	88.73	111.13	37.1∶27.9∶35
浙江省	334.7	1291.32	929.17	13.1∶50.5∶36.4

数据来源：浙江省各地市统计年鉴。

注：　环杭州湾地区包括杭州、嘉兴、湖州、绍兴，沿海地区包括涌台温经济线，欠发达地区包括金华、丽水、衢州。

对表 2-5 的相关数据进行观察和比较，可以发现舟山群岛新区从业人员三次产业结构相当于 20 世纪 60 年代高收入国家水平。因此，科技创新支撑引领舟山群岛新区建设任重道远。

表2-5　不同收入国家1960—2006年劳动力变化规律（单位：%）

年份	低收入国家			中等收入国家			高收入国家		
	农业	工业	服务业	农业	工业	服务业	农业	工业	服务业
1960	77	9	14	59	17	24	17	38	45
1980	72	13	15	38	28	34	9	35	56
1995	69	15	16	32	27	41	5	31	64
2006	66	17	17	17	24	59	3	24	73

数据来源：2008年世界发展指标。

（3）科技创新投入不足

第一，创新人才缺乏。科技以人才为本，没有科技人才，自主创新便无从谈起。作为科技创新主体，人才特别是高层次科技人才是直接促进或制衡地区科技创新的主要因素。近年来，在科技、教育快速发展和政策支持的大背景下，舟山群岛新区科技人才不断增加，但与经济的快速发展还不相适应，特别是一些领域的科技人员明显不足。尽管舟山群岛新区高新技术产业增长迅速，高新技术人才数量增长也较快，但总量不足且高层次人才、领军人才及复合型人才更为缺乏。2010年，舟山群岛新区科技活动人口只有0.60万人，R&D活动人员也只有0.40万人（见表2-6），都处于浙江省各市县的末尾。但从每万人科技活动人员数来说，处于各市县第七位，总体表现良好。

表2-6　2010年浙江省设区市科技活动人员和R&D活动人员情况

项目 \ 地区	杭州	宁波	温州	嘉兴	湖州	绍兴	金华	衢州	舟山	台州	丽水
科技活动人员（万人）	15.01	9.40	4.54	4.79	1.65	4.67	2.77	0.73	0.60	4.43	0.56
R&D活动人员（万人）	8.17	5.99	2.53	2.57	0.92	2.47	1.65	0.35	0.40	2.38	0.30
每万人科技活动人员数（人）	172.55	123.59	49.68	106.40	57.18	95.08	51.62	34.45	53.88	74.14	26.43

数据来源：浙江省2010年度设区市科技进步统计监测评价报告。

第二，R&D经费投入不足。R&D经费的投入水平与科技创新有着密切的关系，R&D经费的投入在地区生产总值中所占的比重是国际上通用的用来反映科技创新投入规模和水平的重要指标之一。通过图2.7、图2.8我们可以看出，舟山群岛新区

R&D 经费的投入占 GDP 经费投入的比例在 2010 年仅为 2.11%，这与杭州的 5.15%、宁波的 2.88% 的数据相差颇大。可见，舟山群岛新区的科技投入水平有待进一步提升。

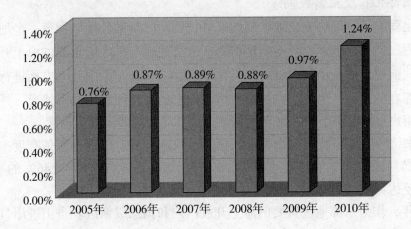

图 2.7　2005—2010 年舟山 R&D 经费占 GDP 比重。数据来源：浙江省各地市科技进步统计监测评价报告。

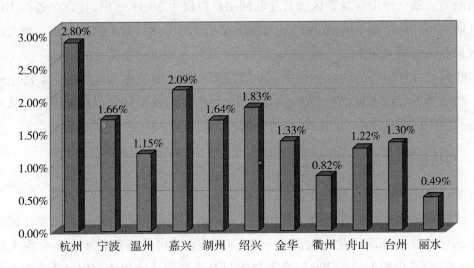

图 2.8　2010 年浙江各地级市 R&D 经费占 GDP 比例。数据来源：2010 年度设区市科技进步统计监测评价报告。

　　企业作为科技创新的重要主体，其（尤其是大型企业）科研经费的投入多少，在很大程度上决定了一个地区在一个阶段内科技创新的发展情况。2010 年舟山群岛新区企业技术开发经费占销售收入的比例为 1.16%，相当于 2009 年的 103.22%，在变化情况综合评价位次中居第二位。但舟山群岛新区企业对技术创新的投入与浙江省其他沿海较发达地区相比仍显不足，对科技创新能促进企业快速发展的认识还不够充分。

（4）国际化程度亟需提高

国际化程度能够反映一个地区或国家科技创新的基础环境。衡量一个地区或国家的国际化程度的指标较多，针对舟山群岛新区要建成东部地区重要的海上开放门户这一目标，我们通过对舟山群岛新区与其他地区存在明显差距的几个方面进行对比，来分析其中存在的问题。为此，特选取了进出口总额、实际利用外资情况、外贸依存度和宽带网用户数量等四个指标来评价浙江舟山群岛新区的国际化程度。

近年来，外向型经济在舟山群岛新区有了快速发展，单就外贸依存度来看，2012年舟山群岛新区的外贸依存度达到113.9%，远远高于浙江全省49.46%的平均水平，但宁波已经达到93.5%。

2012年，作为东部地区重要的海上开放门户和国家级新区，舟山进出口总额只有宁波同年进出口总额的15.9%。新区实际利用外资情况仅排在全省倒数第三位，略高于衢州和丽水，仅是杭州市的3.68%，是同为沿海城市宁波的6.48%。

互联网用户数量体现地区国际化和信息化水平，并在一定程度上反映该地区的科技创新能力。浙江舟山群岛新区拥有互联网用户数仅为30.53万户，排在全省第10位。温州互联网用户数达到748.67万户，为浙江省互联网用户数最多的地级市，而舟山群岛新区只有温州的4.08%。

由此可见，舟山群岛新区虽是中国东部沿海和长江流域走向世界的主要海上开放门户，虽然其外贸依存度已经高于浙江省其他地市，但其国际化程度还不高，从而增加了科技创新的信息成本，制约了科技创新能力的提高。

2. 科技创新对经济发展的推动欠缺

（1）科技成果转化率偏低

科技成果转化为现实生产力是推动经济发展的关键。根据有关资料，发达国家科技成果的产业化率和商品化率大约为60%～80%。我国的高新技术产业化率大约为25%~30%，商品化率大约是30%。高新技术只有通过商品化和产业化，才能真正产生效益。图2.9显示，2010年，舟山群岛新区高新技术产业产值占工业总产值的比例为20.49%，低于全国平均水平，更低于发达国家60%～80%的比例。因此，舟山群岛新区迫切需要解决的问题是加大高新技术产业化力度，着力提升科技成果转化率。

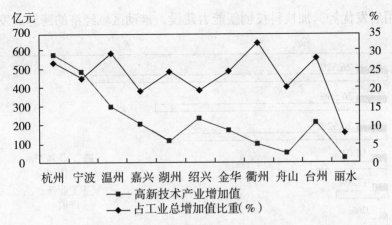

图 2.9　2010 年浙江各地级市高新技术产业增加值占工业总增加值比重。数据来源：2010 年度设区市科技进步统计监测评价报告。

　　应该说，企业科技成果转化意识淡薄、经济增长方式粗放、科技成果质量难以达到产业化或商品化标准、科技成果转化环境尚需完善等，都可能造成科技创新成果难以转化和扩散。专利申请数量和专利授权数量体现区域科技创新成果转化水平，舟山群岛新区 2011 年专利申请量为 1504 项，专利授权量为 618 项，在浙江省 11 个地级市中均排在倒数第二位（见表 2-7），说明浙江舟山群岛新区科技成果的质量亟待提升，数量亟待增加。由于舟山新区海洋海岛特色明显，如果完全依赖科技成果的引进，可能成本更高、难度更大。因此，实现科技和经济良性互动发展，转变新区经济增长方式，就亟需提升海洋科技创新能力和提高科技成果转化率。

表 2-7　2012 年浙江各地级市专利申请量和授予量情况（单位：项）

项目 \ 地区	杭州	宁波	温州	嘉兴	湖州	绍兴	金华	衢州	舟山	台州	丽水
专利申请量	53785	73647	24183	1652	12656	7082	21491	4899	1504	14111	4279
专利授予量	40651	59175	17267	490	9870	3134	17634	3208	618	12182	3305

　　注：以上数据来自各市2012年国民经济和社会发展统计公报。

　　（2）科技进步对经济增长的贡献率不足

　　2011 年，科技对舟山群岛新区工业经济增长的贡献率为 26.52%，工业新产品产值居浙江 11 个地级市的首位（如图 2.10 所示）。而发达国家的科学技术对经济增长的贡献率已普遍高达 60%~80%，美国的生产或经济增长依靠科技进步的比例则高达90%。由此可见，舟山群岛新区通过科技创新推动经济增长的潜力较大。舟山群岛新区完全可以利用后发优势，加快科技创新能力建设，推动区域经济的跨越式发展。

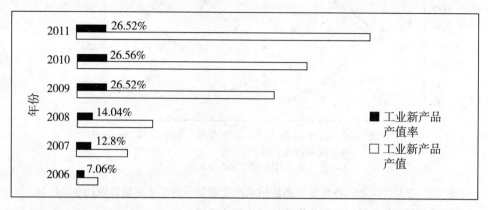

图 2.10　2006—2011 年舟山市工业新产品产值变化情况。数据来源：历年舟
山群岛新区统计年鉴。

3. 科技创新过程中的外部环境有待改善

（1）政策环境中存在的问题

目前，浙江舟山群岛新区海洋高新技术产业发展状况是企业规模小、科技含量低、技术层次低。为了促进舟山群岛新区的科技创新活动，鼓励自主创新，推动科技发展，舟山群岛新区政府在落实省委、省政府有关加强科技创新活动文件的同时，也相继出台了《舟山群岛新区群岛新区人才需求白皮书》、《"十二五"舟山群岛新区加快海洋科技创新行动计划》等一系列高新技术产业发展的政策，内容丰富、涉及面广。但由于政策主体多变、制定层次不一，导致了相关政策缺乏协调和统一。

（2）法制环境中存在的问题

国家虽然制定了《科学技术进步法》，但没有一部由国家颁布的科技创新法律，而《浙江省高新技术促进条例》、《中共舟山群岛新区委 舟山群岛新区人民政府关于进一步加快科学技术进步的若干政策意见》、《舟山群岛新区科学技术奖励条例》、《舟山群岛新区人民政府关于加快推进工业企业科技创新的若干意见》、《关于进一步加强提高技能人才队伍建设的意见》、《舟山群岛新区市人才引进实施办法（试行）》、《关于加快中国（舟山群岛新区）海洋科学城科技创意研发园建设的若干意见》等多个鼓励科技创新的地方性政策措施，由于立法层次偏低，致使执法力度不够，难以发挥全局性指导作用。

（3）管理环境中存在的问题

近年来，浙江舟山群岛新区政府一直致力于营造良好的科技创新环境，努力为科技创新创造较好的公共服务环境及制度保障，积极引导企业的科技创新，使之成为自主创新的主体。但是，涉海企业本身缺乏科技创新意识，发展缺乏高新技术内涵；高新技术园区产业结构趋同，其运行依赖于政策驱动，因而远远无法适应新区海洋战略性新兴产业发展的需要。同时，由于高校、科研单位与企业在体制上是相互独立的，造成社会创新能力的严重浪费。

（三）科技推动舟山群岛新区建设的路径选择

路径不仅是战略需要，更是成败的关键。"十一五"以来，浙江舟山群岛新区实施自主创新战略，科技创新能力明显提升，为浙江舟山群岛新区建设奠定了坚实基础。在新的历史起点上，舟山新区政府不仅要把握机遇、审时度势、科学谋划，更要转变发展理念、拓展发展思路、创新发展模式，选择正确的发展路径，这是科技支撑引领浙江舟山群岛新区建设取得成效的先决条件。本节提出"路径选择"，旨在探讨使未来发展更加有效的方案。科技推动舟山群岛新区建设的路径选择所反映的科技路径中的主体序差及其引导互动作用，不仅决定着浙江舟山群岛新区的建设和发展，而且也决定着浙江舟山群岛新区建设的方向和成效。

1. 加快培育海洋科技企业，增强企业自主创新能力

要围绕新区现代海洋产业基地建设，展开对海洋高新技术企业、科技型中小企业认定和涉海创新型企业的试点示范，培育和形成一批具有较强国际竞争力和拥有自主知识产权的海洋科技型中小企业、高新技术企业和涉海创新型企业。要支持和鼓励海洋企业自建或联合工程技术研究中心院士专家工作站、大企业共建研发（技术）中心，与大学科研院所、博士工作站共建各类海洋研发与服务组织，以攻克海洋产业关键、共性技术为目标，形成以涉海龙头骨干企业为主体的产学研结合的技术创新体系。要吸引国内外高校、科研院所和涉海企业优势研发机构，组建海洋装备、海水淡化、海洋能源、港航物流、海洋服务业等海洋新兴产业技术创新战略联盟，努力将创新型企业培育成为海洋新兴产业的排头兵、改造提升海洋重点支柱产业的领头羊、整合利用产学研用创新资源的主力军，带动产业技术创新与进步。要将高新技术企业培育成为海洋高科技产业发展的主力军，将科技型中小企业培育成海洋产业发展的重要力量。在渔业与加工业深度发展、海洋生物资源制品开发、港口物流装备、海洋勘探技术、海洋清洁能源利用、海水综合利用、海洋工程装备、船舶设计制造等海洋发展重点领域，要依托有较强创新能力的涉海龙头骨干企业，培育建设若干家新区企业研究院。要发挥新区企业研究院引领海洋产业技术进步和提高企业自身创新的能力，切实提升海洋科技创新能力。

2. 推进海洋科技载体建设，提升海洋科技服务水平

要加大对浙江海洋学院国家海洋设施养殖工程技术研究中心的建设力度，充分发挥其在新区建设中的作用，迅速占领相关领域的国际国内战略高地；支持浙江海洋学院和浙江省海洋开发研究院在海洋基础研究和海洋渔业、海洋能开发、海洋生物工程、海洋装备、船舶设计等领域，与国家级和省级重点实验室和工程技术中心开展海洋基础研究与高技术研发。要围绕远洋捕捞与加工、港航先进物流、数字化修造船、海洋生物制品、海水淡化和利用、海洋工程装备制造、海洋清洁能源等领域，支持高校、科研院所与企业联合共建海洋科技创新和服务平台。要大力培育和发展海洋信息与科技服务业，建设网上技术市场海洋技术分市场，扶持一批海洋战略规划、勘测设计、海域评估中介机构，促进海洋科技成果的引进、转化和产业化。要紧密结合浙江舟山群岛新区建设需要，积极引进高新技术集团、国内龙头企业、知名跨国公司和高水平海洋技术研发机构、国家级海洋类科研机构、国外海洋科学研究院所，集聚舟山群岛新区，要充分发挥新区的优势，以新思路、新模式和新举措建设中国海洋科技创新引智园区、中国舟山海洋科学城科技创意研发园、国家海洋科技国际创新园、省级高新技术产业园区、浙江大学摘箬山海洋科技示范岛等海洋科技创新基地，加快现代化国家级海洋科教基地的建设。要以浙江海洋学院作为开放合作平台与基础，加大与国内外大型企业、科研院所、海洋类高校的紧密合作，建设西北太平洋海洋科学综合研究中心，培养和集聚一支海洋科技创新团队和一批领军人才，支撑和引领浙江舟山群岛新区建设。

3. 培养引进高层次海洋科技人才，积极打造海洋人才高地

要围绕舟山群岛新区建设发展要求，制定《舟山群岛新区科技人才发展规划》，实施海洋领军人才引进、涉海科技人才培育计划，鼓励浙江舟山群岛新区建立"海洋创新人才特区"，形成海洋创新人才快速成长、高效汇集的良好环境。要将浙江海洋学院列为我省高等教育综合改革试点高校，加大对浙江海洋学院创建高水平综合性海洋大学支持力度，鼓励浙江海洋学院开展中外合作办学项目，创办若干个海洋类中外联合学院，大力支持开展中外联合培养博士、硕士研究生工作。要支持新区高等院校、科研院所，在海洋勘探、临港工业、海洋工程、海洋遥感、海洋生物、海洋化工、海洋信息、海洋能源等学科培育技术创新领军人才、学科带头人与创新团队。要实施高技能实用人才、涉海企业家培训工程，提高涉海企业的经营管理能力；依托重点工程、重大海洋科技专项、创新载体建设，引进国内外海洋科技创新领军人才、学科带头人与团队。要加强涉海企业管理人才、工程技术人才、高层次海洋科技研发人才的引进工作，使舟山群岛新区成为海洋高端人才的聚集地；加强和改进海洋人才资源的开发

与管理，营造人尽其才、才尽其用的良好环境。要在省钱江学者特聘教授、高校中青年学科专业带头人和青年教师资助等方面对涉海人才予以倾斜，并在科研项目立项、财政资助方面予以优先支持。对获省科学技术奖奖金的个人，可免征其个人所得税；对经省政府认可的海洋高技术人才、高技能人才等各类人才的奖金，可免征个人所得税。要完善海洋人才区域合作机制，推动与天津、上海、福建、山东、广东等省市建立海洋人才交流合作联盟，共同推进海洋科技进步。

4. 培育发展海洋新兴产业，促进海洋经济发展方式转变

要加强对浙江舟山群岛新区的高新技术产业开发（园）区和现代海洋产业基地建设，大力集聚和孵化培育海洋工程装备与船舶产业、海洋旅游产业、海洋资源综合开发利用产业、海洋生物产业、现代海洋渔业等涉海科技型企业，加快海洋经济引领企业建立现代海洋产业基地，优化园区结构，形成产业特色和优势，成为创新型产业集群，促进海洋产业高端发展、集聚发展和国际化发展。要布局建设一批在全国乃至国际有较强竞争力的海洋科技示范基地，重点加快舟山海洋装备制造业基地，普陀六横、嵊泗海水淡化基地等海洋先进技术示范基地建设，推进舟山海洋精深加工科技示范基地和东极岛等现代化海洋水产养殖科技示范基地建设，依靠科技进步，推动特色鲜明的现代渔业岛、临港工业岛、清洁能源岛、港口物流岛、海洋生态岛、海洋旅游岛、海洋科教岛、综合开发岛等的开发建设。

5. 加强国内外科技合作，推进科技成果转化

要围绕浙江舟山群岛新区现代海洋产业基地建设和生态环境改善的要求，在港口、海岛、近岸海域和相关产业集聚区组织实施现代减排技术、节能技术、临港制造业信息化技术、海洋养殖技术和海洋数字化技术等成果转化示范工程，切实提高港航物流、海洋产业技术水平和海洋生态环境保护能力；创办环太平洋国际海洋科技博览园，筹建浙江海洋大学科技园，充分发挥国家科技部国际科技合作创新园、国际科技合作基地以及国家外国专家局中国海洋科技创新引智园区作用，创办一批中外联合实验室、工程技术研发中心、技术转移中心等，打造浙江舟山群岛新区海洋高科技成果承接载体。要建立省级海洋科技推广服务体系，鼓励社会团体、科研院所、高校、企业和中介组织等积极创建国家级海洋创新服务平台，建设网上技术市场海洋技术分市场，对通过网上技术市场交易并实现产业化的项目实行补助，对技术交易业绩突出的专业市场和促进网上技术交易业绩突出的科技中介机构进行奖励。要扶持一批海洋战略规划、勘测设计、海域评估中介机构，促进海洋科技成果的引进、转化和产业化。要加大海洋科技成果转化专项资金的投入支持力度，明确对海洋科技成果转化项目给予的财政

补助、税收减免、金融贴息、投资融资等方面的扶持政策，促进海洋高新技术产品的示范推广。

6. 加强体制机制创新，加大财税金融政策支持力度

必须积极开展海洋科技创新改革试点、海洋高新技术企业发展改革试点、海洋科技型中小企业发展改革试点、海洋循环经济发展改革试点、清洁能源发展改革试点等，积极开展全方位、多层次、高水平的国际合作，加强内地与港澳台地区的海洋科技交流合作；加大国家科技计划开放合作力度，对国外高校、科研机构、企业在我省设立研发中心，合作建立实验室、中试基地予以资金支持。要充分发挥企业的主体作用，研究制定推进海洋经济发展的配套政策措施，逐步形成科技兴海管理和科技推动海洋经济发展的长效机制。要积极争取中央财政，通过集中的海域使用金加大对我省海洋高技术产业化的支持力度；积极争取国家对涉海创新型企业、高新技术企业、科技型中小企业的支持，增加专项补助安排，适当降低地方配套资金比例。要加强对涉海人才引进的政策支持，落实企业引进海洋高端人才中的住房补贴、科研经费等列入成本核算的政策。要实行财政补助与企业投入产出绩效挂钩，从省财政涉企科技专项中整合一定规模的资金，以企业投入的研究开发费用的占比和增长率、企业产出的主营业务收入增长额和增长率作为主要依据，对超行业平均水平的企业择优给予适当补助，对高新技术产业（战略性新兴产业）适当倾斜。补助资金主要用于企业研发投入，大中型企业可用于企业研究院建设，小微企业可用于购买技术、科研成果、引进人才等方面。要鼓励和支持浙江舟山群岛新区设立创业投资引导基金，建立高新园区创业天使基金、融资性担保公司风险补偿专项资金和科技金融担保风险池。要推动商业银行设立专注于服务科技企业的科技支行，制定相关的信贷政策、考核机制和管理流程，完善风险补偿机制，进一步推广知识产权质押、股权质押、保证保险贷款等业务和产品，探索海域使用权质押，建立面向涉海科技企业融资的公共服务平台，促进人才、资本、项目的对接，提高涉海企业的融资效率。

第三章
舟山群岛新区的科技创新研究

创新是一个带"刀"的革新过程，表现出新发明、新思维和新表述三大特征。创新最初只是一个经济学概念。1912年，经济学家熊彼特在《经济发展概论》中提出：创新是指把一种新的生产要素和生产条件的"新结合"引入生产体系。它具体包括5个方面的内容，即新产品的研发、新方法的运用、新市场的开辟、新原料的供给、新组织的构建。20世纪70年代以后，"创新"概念逐步延伸和扩展到商业、技术、政治、文化、社会、生态等各个领域，已逐渐包括理论创新、经营创新、科学创新、技术创新、组织创新、文化创新、管理创新、体制创新、机制创新、制度创新、知识创新等。本书将"创新"的含义分为四层：一是大刀阔斧，意味着要见"血"；二是革新，但必须切合实际；三是转变，需要彻底改变；四是新产品，就是说创新必须要有新的结果。

科技创新是科学创新和技术创新的总称。科学创新是知识创造行为，是人类探寻事物本质、揭示客观事物、获得新的基础科学和技术知识的动态过程，具有历史性、辩证性、信息性、特殊性、普遍性、发展性、阶段性等特点。技术创新强调技术特别是高技术在人类经济活动中的作用。技术创新既要受到经济发展状况与发展趋势的直接影响，又要把技术革新引起的生产要素重组作为经济发展的主要源泉。应该说，技术创新是科学技术与经济发展有机融合和一体化发展的主要方面。

海洋科技创新是一个从建设海洋强国战略出发，到海洋产业结构优化，海洋资源保护、开发、利用和管理的过程，也是海洋科学技术知识的创造、转化和应用的过程。本书所指的海洋科技创新概念，是基于建设海洋强国的背景，以满足现代海洋产业发展需求和促进海洋经济发展为目标，将海洋科技人才、科技资金等投入转化为有效的新思维、新技术、新装备、新设备、新工艺、新材料、新方法、新标准、新知识的过程，是一个包含海洋科学研究、技术研究、发明创造和海洋科技成果转化、推广、应用的动态系统。海洋科技创新主要包括基础研究、应用研究、开发研究、技术创新等内容，涉及企业、科研院所、高等学校、政府、第三部门、推广机构、涉海行业协会、非营利性组织等创新主体。海洋科技创新与海洋活动紧密联系，因此既具有海洋的基本特征即公共性、流动性和立体性，又具有符合海洋产业的特征即区域性、生物性。同时，海洋资源开发具有风险性，较强的多行业、多学科和国际合作性，高难度性和外溢性等。必须看到，海洋科技成果是准公共品，消费上存在非排他性和非竞争性，除了渔机、渔具、海洋生物技术及海产品加工技术能够形成专利成果外，其他海洋科技基本上属于"公共产品"，因此往往形成"搭便车"现象，非常容易被模仿或无偿采用，具有极强的外溢性。此外溢性特征造成海洋科技创新很难实现完全市场化，往往需要依赖政府的科技投入或者予以补贴，才能达到资源优化配置，实现科技对海洋事业的支撑和引领作用。

一、以科技创新作为发展的原动力

要贯彻落实《国务院关于同意设立浙江舟山群岛新区的批复》（以下简称《批复》）和《浙江舟山群岛新区发展规划》的精神和要求，必须着力推进浙江舟山群岛新区体制创新。设立浙江舟山群岛新区，是舟山发展经济的一个具有里程碑意义的重大突破，舟山由此踏上了大开发、大开放、大发展的新的历史征程。科技创新是实现"十二五"规划的着力点，深化改革是舟山群岛新区前进的动力和源泉，是实现"十二五"规划的关键。舟山市委五届三次全会提出了提升"三大"定位、推进"四海"建设的战略部署 [1]。加快科技进步和技术创新步伐，促进经济增长由资源要素和投资驱动向科技进步和创新驱动转变，已成为舟山群岛新区大开发、大开放、大发展的新任务。

（一）舟山群岛新区科技创新的发展现状

舟山已经在海洋研究、开发和应用方面取得了令人振奋的成绩。舟山连岛大桥建设成套技术研究科研项目申报了国家科技支撑项目，并通过了立项评估工作，为我国乃至世界上特大型跨海大桥的建设提供了宝贵经验，为舟山跨入大桥时代提供了有力的技术支撑。舟山市科技局发布了深入开展"解放思想、创业创新"大讨论活动实施方案，在全市范围内形成了良好的科技创新氛围。舟山市统计局根据第二次全国 R&D 清查资料，对全市规模以上工业企业技术创新能力进行了全面分析，为进一步推进科技创新能力的提升打下了坚实基础。

---

[1] 梁黎明 . 开发开放先行先试全面推进浙江舟山群岛新区建设 [N]. 舟山日报 , 2012-2-11.

1. 科技创新活动表现

（1）科技活动人员持续增长

科学技术是第一生产力，人才资源是第一资源，人才是科技创新的关键。"十一五"期间，舟山市从事科技活动的人员增加很快，但分布不平衡。2010年，全市从事科技活动人员为6000人，"十一五"期间年均增长20.02%；工业企业科技活动人员所占比重达到九成以上，工业企业R&D活动人员为5400人，占90.02%（见图3.1）。

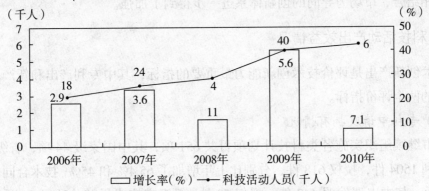

图3.1　万人科技活动人员数。数据来源：2006—2010年《浙江科技统计年鉴》，2006—2010《浙江省各地市科技进步统计监测评价报告》。

（2）研发经费投入高于同期GDP平均增幅

科技经费投入及管理是制约科技活动开展的质与量两个方面的关键，是发展科学技术的必要条件和基本保障，对于一个地区的发展起着至关重要作用。"十一五"期间，舟山市R&D经费年均增长33.2%，占生产总值比重为1.22%。财政用于科技支出增长15.8%。全市规模以上工业企业新产品产值率达到26%，比全省平均高出6.4个百分点。2010年R&D经费支出占GDP的百分比为1.22%，比上年增长了53.71%，增速居全省首位。但与全国平均水平相比差距较大（见图3.2）。

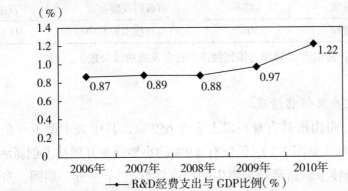

图3.2　舟山市R&D经费支出与GDP比例（%）。数据来源：2006—2010年《浙江科技统计年鉴》。

（3）R&D 项目经费稳步增长

R&D 经费支出占 GDP 比重，是衡量科技活动规模及科技投入强度的重要指标，反映地区经济增长的潜力和可持续发展能力。2010 年舟山市 R&D 经费支出比上年增长了 53.71%；R&D 经费支出占 GDP 的比重为 1.22%，比上年提高了 0.26 个百分点，增速居全省首位。近年来，舟山市规模以上的工业企业 R&D 项目经费较快增长，人员队伍不断壮大，科研实力不断提升，舟山市创新能力不断得到提升，以企业为主体、产学研相结合、市场为导向的创新体系进一步得到了加强。

2. 科技活动产出效益情况

技术创新产出是评价技术创新能力最重要的指标，其中专利产出和新产品销售是最常用的两个评价指标。

（1）专利申请及拥有情况

全市继续组织实施各类科技计划项目共 651 项，其中国家级 44 项，省级 222 项；申请专利 1504 件，授权 618 件，分别比上年增加了 65.4% 和 45%；技术合同成交金额 840 亿元，其中申请发明 442 件，授权 59 件；组织实施成果转化项目 31 项，争取省部级科技经费 1.54 亿多元，全市共有 7 项科技成果获得省科学技术奖公示，43 项科技成果获得市科学技术奖（见表 3-1）。

表 3-1 2011 年组织实施各类科技计划项目情况

新增项目（项）		新增企业（家）	
国家级项目	44项	省级农业科技企业	9家
省级项目	222项	发明授权	59家
申请专利	1504项	省级高新技术企业	32家
授权	618项	省级创新型试点企业	6家
申请发明	442项	省级科技型企业	77家
发明授权	59项	省高新技术研发中心	18家

数据来源：舟山市2011年《国民经济和社会发展统计公报》。

（2）新产品生产及销售情况

截至 2010 年，舟山市共有规模以上企业 659 家，其中大中型工业企业开展科技活动的比重为 41.7%（见图 3.3），但仅有 4.9% 的小型企业开展技术创新活动。分行业看，制造业是开展技术创新活动最集中的产业集群。"十一五"期间，舟山市科技局通过一系列卓有成效的举措，大力推进高新技术企业建设，共培育高新技术企业 32 家，省级创新型试点企业 6 家，省级科技型企业 77 家，省级农业科技企业 37 家，省级高新技术研发中心 18 家，省级农业科技企业研发中心 9 家。全市高新技术特色产业也不断发展壮大，定海挤出成型设备及其基础件省级高新技术特色产业基地和普陀海洋生物与生化产品省级高新技术特色产业基地运行良好，为海洋新兴产业的培育发挥了积极的作用。其中，由入孵企业研发成功的国家 "863" 项目 "海水鱼类超低温速冻高值化技术" 达国际先进水平，并取得了良好的社会和经济效益。舟山市还先后建成省级高新技术特色产业基地两家，其中 "定海挤出成型设备及其基础件省级高新技术特色产业基地" 拥有两家省级高新技术企业、140 余家成员企业。

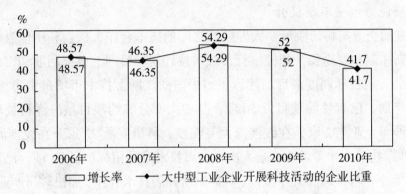

图 3.3　大中型工业企业开展科技活动的企业比重。数据来源：2006—2010 年《浙江省统计年鉴》。

3. 科技创新能力逐步提高

（1）科研机构基本情况

2010 年全市共组织实施各类省部科技计划项目 157 项，其中国家级 20 项、省级137 项。由浙江兴业集团有限公司承担的国家 "863 重点计划项目" 海洋低值鱼类陆基加工新技术及设备开发，通过了专家组的论证，使该集团成为全省企业中首家牵头承担国家 "863" 项目的单位。全市共有 42 个项目列入 2010 年省重大科技专项和优先主题项目计划，这些项目技术档次高，立项比例、单批获得经费数均创历史之最。另外还争取到国家级火炬计划项目 6 项，国家级新产品 1 项，国家科技型中小企业创新基金项目 1 项。

（2）规模以上企业技术中心占据重要地位

舟山市有规模以上工业省级认定企业技术中心 16 家，全年实施科技项目 227 项；全年取得专利申请 99 件和有效专利申请 79 件；新产品销售收入占规模以上工业企业主营业务收入的 68.2%。2011 年末，舟山市有高新技术企业 32 家，省级创新型试点、

示范企业 7 家, 省级科技型企业 89 家, 省级高新技术研发中心 21 家, 省级农业科技企业研发中心 17 家。获得省级以上科技进步奖的 14 项, 实施了 8 个国家科技支撑项目和 "863" 项目, 为海洋新兴产业的培育发挥了积极的作用。2011 年共组织实施市级及市级以上项目 408 项, "舟山科技创意研发园"、"中国海洋科技创新引智园区" 和 "国家海洋科技国际创新园"、"三园一体" 的建设模式已初步运行。作为我省唯一的海洋类省级高新技术产业园区——舟山海洋高新技术产业园区, 已经获省政府批复, 2.5 万平方米的高新技术孵化器已开工建设。扬帆企业研究院列入省级企业研究院名单, 成为我省唯——家船舶类的省级企业研究院。

（3）科研能力水平不断提升

为积极推动企业与科研院所、大专院校之间的技术合作, 探索利用信息网络技术推动攻关的新体制和新途径, 积极推行市级科技计划项目网上申报制度和市级重大科技计划项目公开招投标制度, 启动建设了 "中国浙江网上技术市场舟山市场"。2002年运行至当年底, 已有签约项目近 50 项, 其中大部分签约项目是海洋科技项目。目前, 有在线涉海企业 132 家, 在线涉海大专院校、科研院所 72 家, 在线涉海专家 76人; 共发布涉海技术人才需求 420 余人次, 涉海技术难题招标项目 88 项, 已签约涉海项目 42 项, 为企业与市内外大专院校、科研院所开展技术合作、加快科研产业化步伐, 建立了新的对接平台, 取得了良好的社会和经济效益, 大大促进了 "科技兴海" 和海洋高新技术工作的快速发展。

4. 落实政府优惠政策情况

目前, 舟山市拥有省科技厅认定的高新技术企业 22 家。按照新企业所得税法, 高新技术企业所得税按 15% 的税率征收, 普通企业则按 25% 的税率征收, 此外还可享受研究开发费用 150% 税前加计扣除税收优惠政策。对符合条件并经认定的 "高新技术企业", 舟山市政府给予 40 万元的一次性奖励, 鼓励企业持续加大研发投入, 设立研发机构, 承担实施重大项目, 拥有自主知识产权。

5. 科技环境建设不断提升

2010 年制订出台了《舟山市自主创新能力提升计划》、《舟山市人才引进实施办法舟山市较早就（试行）》、《关于加快推进工业企业科技创新的若干意见》、《关于加决中国（舟山）海洋科学城科技创新研发园区建设的若干意见》等政策性文件, 并与省科技厅建立了厅市会制度。舟山市较早就设立了海洋科技创新奖、科技技术进步奖和科技合作奖 "三位一体" 的舟山市科学技术奖, 极大地激发了科技人员的积极性; 组织开展科技活动周, 据统计, 共展示画板近 3000 块, 发放科普读物近 10 万份, 接受各类科技咨询 15000 人次，举办科技讲座 600 余场，参加群众达 5 万余人次。同时进一步加强渔农村科技服务，科技特派员工作有效推进，台站建设任务全部完成并正常运行。

（二）舟山群岛新区科技创新面临的困境

长期以来，舟山在海洋科技中国家级课题攻关项目少，常规技术研究多；对高新技术研究少，技术引进多，吸收消化形成自主知识产权的技术成果少。近年来，舟山市高度重视海洋科技事业的发展，出台了一系列的政策措施，使舟山海洋科技创新取得了新的进展，成果转化应用水平不断提高，科技创新对海洋经济增长的贡献率稳步提高。但同时也要看到，舟山海洋科技创新水平与发达国家相比，还存在较大差距，主要表现在以下几个方面。

1. 研发经费投入比重偏低

国际上，企业通常把销售收入的 4% 用于研究与开发，发达国家的一些企业其比重甚至高达 10% 左右。从国内外企业的发展经验来看，如果企业的研发经费仅占销售收入的 1%，那就很难生存，2% 则勉强维持，达到 5% 左右才有竞争力。[1] 从调查情况来看，舟山全市规模以上工业企业研发经费占主营业务收入的比重为 0.54%，研发经费支出占企业主营业务收入比重 5% 以上的有 6 家，比重在 1%~5% 之间的有 28 家，其余的均在 1% 以下。此外，有 93.6% 的企业没有开展科技活动。与全国、全省水平相比，舟山市研发经费占 GDP 的比例仅为 1.22%，大大低于全国 1.7% 和全省 1.53% 的平均水平。

R&D 经费支出占地区生产总值（GDP）的比重，不仅是测度一个国家或地区 R&D 投入强度的重要指标，同时也是评价一个国家或地区经济增长方式和经济发展潜力的重要指标。舟山市在 2011 年 R&D 经费支出占 GDP 的比例比 2006 年的 0.76% 上升了 0.46%，但是相比我国其他沿海开放城市还存在较大差距。尤其是青岛，由于其海洋科技资源的高度集中，其 R&D 经费占 GDP 的比重超过 3%，明显高于沿海开放城市的平均水平 1.89%。上海、天津、广州、福州和北海七个城市的 R&D 经费占生产总值的比重超过 2%，居于中游水平。国内其他 7 个城市的这项指标分为五个层次，南通和宁波处于同一层次，居于下游水平；温州、舟山的 R&D 经费投入强度在沿海开放城市中最低（见图 3.4）。近年来，尽管舟山市科技经费投入比例逐年增加，但与这些沿海开放城市相比，仍需继续加大投入力度。

---

[1] 沈学. 枣庄科技创新能力发展现状与对策 [N]. 枣庄日报，2011-11-3.

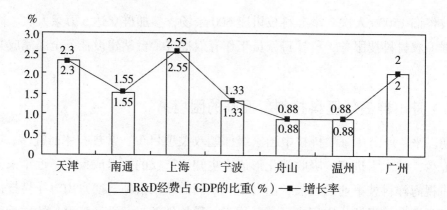

图 3.4　2011 年 R&D 经费占 GDP 的比重。数据来源：2011 年各省市及各地级市统计年鉴、科技年鉴。

2. 缺乏吸收海洋人才机制

根据市科技局从近年来科研开发较活跃的科研院所和海洋企业中抽样了 19 家单位进行调查，得出如下结果。

浙江海洋学院、省海洋水产研究所和市级研究所等五家单位的总体情况为：海洋项目立项总数为 37 项，其中国家级项目 7 个，省级项目 14 个，市级项目 16 个。单位职工总数 1137 人，其中科技人员 407 人，科技人员占职工总数的 36%。按学历分，共有硕士以上人才 30 人，大专以上 300 多人；按职称分，高级职称 155 人，占 13.6%，中级职称 169 人，占 15%，初级 90 人，占 8%。

舟山普陀海洋高新科技创业公司、浙江大海洋科技有限公司等 13 家企业总体情况为：海洋项目立项总数为 26 项，其中国家级项目 10 个，省级项目 13 个，市级项目 3 个。单位职工总数 1749 人，其中科技人员 326 人，科技人员占职工总数 19%。按学历分，共有硕士以上人才 20 人，大专以上近 200 人；按职称分，高级职称 34 人，占职工总数 1.9%，中级职称 79 人，占 4.5%，初级 99 人，占 5.7%。

抽样调查情况表明，舟山市普遍存在海洋科技人才数量和质量不足现象，企业尤为突出，亟需加强。

3. 涉海企业自主创新能力不强

企业原始性创新能力不足，过于强调单项技术突破，而对技术的集成创新重视不够。多数企业技术开发与技术创新能力不足，缺乏参与国际竞争的能力。研发和自主创新能力薄弱，对引进技术消化吸收不够，市场营销和自主品牌不足。

4. 海洋高新技术创新能力有待提高

舟山市海洋高新技术产业的总体规模小，产业链短，配套条件和资源共享性差，拥有自主知识产权及独立研发的技术与产品不多，产品的科技含量整体水平不高，称得上拳头产品且在国内有较大影响的更少，其中多数属于小项目、小产品。经有关部门认定的省级高新技术海洋企业仅2家。我市海洋科技方面的原始创新能力较弱，投入不足，具有自主知识产权的海洋科技成果较少。海洋高新技术对于优化海洋产业结构以及发展新的海洋产业尚未发挥应有的作用。

（三）推进舟山群岛新区科技创新的对策

为了切实搞好海洋科技创新以适应世界海洋发展的新形势，迎接科技挑战，以新的技术支撑实现舟山群岛新区的跨越和海洋经济持续稳定发展，我们必须采取一系列有利于加强科技创新的对策。

1. 加大海洋财政科研经费投入

"十一五"期间，舟山群岛新区本级财政科技投入逐步增加，年均增长31.1%，全市财政科研经费投入总量呈上升趋势。但是，本级财政投入占本级财政支出的比例却大体呈现逐年下滑趋势，由2006年的4.18%下降到了3.67%（见图3.5），财政科研投入力度还是不强。因此，要进一步提高财政科研经费投入在财政支出中的比重，增强科技投入意识，为舟山科技创新提供强有力的保障。要进一步调动各方积极性，为各个项目的研究争取足够的经费，保证项目和产业的高品质发展。

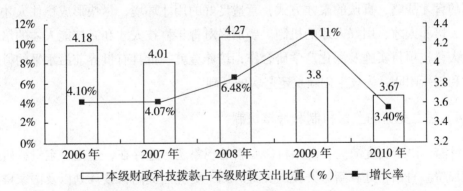

图3.5 本级财政拨款占本级财政支出比重。数据来源：2006—2010年《浙江科技统计年鉴》、《舟山市社会生活与经济发展统计公报》。

2. 加强企业科技创新活动

企业作为科技创新的主要力量，在创新活动中发挥着重要作用。舟山市政府高度重视企业科技创新工作，通过出台扶持政策、协调解决企业融资难题等措施，支持企业加大科技创新力度，提高产品科技含量和企业核心竞争力，提升产业发展水平和区域竞争力。通过提供税收优惠和降低企业的技术创新成本，来扶持企业建立技术中心等研发机构，形成一批自主创新能力强、拥有自主知识产权的企业和企业集团。企业要将科技创新作为集团公司发展的核心战略，做好顶层设计和总体谋划，坚持突出企业的方针，确立企业科技创新的发展路线，制定科技发展规划，依据企业不同的发展阶段，明确科技工作的目标、方向和任务。要加强重点产业技术领域研究，确定重点科技专项和优先发展技术项目，切实做好科技规划的组织实施和跟踪评价。创新型（试点）企业要加强与国际一流企业的全面标准对接，制定并落实创新型企业的建设方案。

3. 加强海洋人才培养、引进和使用

大力实施人才强企战略，加快建设一支结构合理、素质优良、创新能力强的科技人才队伍，进一步确立人本管理思想。现代管理理念提倡"以人为本"的管理原则，而"以人为本"的关键在于尊重人才[1]。要完善科技人才评价、选拔、培养、使用和激励机制，对科技人才与经营管理人才实行分类管理，健全科技人才技术职务体系，建立健全科技带头人和科技专家制度，逐步加大对科技人才的激励力度，对作出突出贡献的科技人才给予特殊奖励。要做好企业创新创业基地建设，吸引海内外高层次科技人才。必须树立"以人为本"的科技发展思路，以强烈的人才意识、全新的人才观念、长远的育才战略、真诚的聚才方式，营造良好的用才环境，尽快形成稳住人才、引进人才、培养人才、用好人才的机制。要加强对青年科技人才和高技能人才的培养，通过重大科技项目实施及深化产学研合作，培养造就一批具有世界前沿水平的科技领军人才和创新团队，为技术创新奠定坚实的基础。

4. 建立完善的监督机制和考核机制

目前，由于制度缺失，乱用科研专款的现象还普遍存在，这是对宝贵科研经费的极大浪费。舟山正处在新区开发的关键时刻，更应当提高科技计划以及国家科技重大专项过程管理中的组织、协调、服务与监督作用。结合海洋科技创新载体特点，要做好评价和考核，保证资金落实到位。要充分发挥社会监督的作用，利用新闻媒体、社会群众对各区域、各行业、各单位的科技工作进行全面监督，并定期在新闻媒体公布

---

[1] 周玉淑. 浅析我国人力资源管理中存在问题及对策 [J]. 中州大学学报，2003（1）：3-9.

监督考核结果，系统地建立健全行政追责机制。对全市各科研部门及个人私自挪用、克扣、贪污科研经费，违规决策、违规审批、以权谋私等行为，要予以严厉查处。

若没有科技创新，总是步人后尘，经济发展就只能永远受制于人。要加快推进舟山群岛新区海洋科技创新步伐，当务之急是要紧紧围绕现代海洋经济发展的目标和要求，瞄准世界海洋科技发展前沿，大力开展原始创新、集成创新和引进消化吸收再创新。要进一步明确人才是科技创新的本源，科技推广是科技创新的核心，推广能力是科技创新的基础，产业开发是科技创新的动力，市场开发是科技创新的生命，辐射带动是科技创新的目的，科技政策是科技创新的持续这一理念，选准创新重点，做好创新规划，明确创新思路，夯实创新基础，力争在海洋重大领域、前沿技术研发和应用上取得突破，以推动海洋科技创新体系建设健康发展。

（四）科技创新在舟山市取得的成就

在科技创新的不断推动下，舟山市的经济发展取得了长足的进步。具体而言，主要体现在以下方面。

1. 科技队伍优化，人员素质提高

通过科技强市战略，不断引进和培养人才，使舟山市的人才队伍得到不断壮大，人才结构得到不断完善和优化，人才素质得到显著提高。浙江省 2010 年度设区市科技进步统计监测评价报告显示，2010 年舟山市全社会的科技活动人员达到 0.6 万人，是 2009 年的 1.2 倍，年均增长 22.6%；从事研究与实验发展活动的人员（下称 R&D 活动人员）为 0.4 万人，占全部研究与实验发展人员的比例达到 35.3%，比 2009 年提高 0.4 个百分点；R&D 活动人员数量比"十五"期末增加了 0.14 万人，翻了 0.54 倍。

2. 科技投入增加，创新能力提升

随着舟山市"科技强市"战略的实施，舟山群岛新区逐年加大了对科技创新的资金投入。2010 年，舟山市的科技活动经费增长 44.6%。其中，政府投入的资金企业资金投入合计占全部科技活动经费筹集总额的 95%。全市科技经费投入达占地区生产总值的 2.11%，比 2009 年提高了 0.35 个百分点。[1]

3. 技术市场发展，平台建设加强

技术市场作为重要的生产要素市场，在实施海洋兴市和全面建设舟山群岛新区过

---

[1] 浙江省科学技术厅，浙江省统计局．浙江科技统计年鉴（2011）[M]．杭州：浙江大学出版社，2012.

程中具有重要的地位和作用。技术市场作为科技成果和生产应用之间的桥梁，是促进技术开发和科技成果转换的中间环节。近几年，舟山市技术市场由初期以技术为主逐步向开发、转让、服务三类贸易方向均衡发展，技术交易活动的领域也由原先的渔业领域逐步扩大到船舶、海运、能源等各个领域。在国民经济和社会发展的各个领域中，技术市场的作用正在逐渐增强。通过大量的技术中介和服务，加快了科技成果转化，促进了技术商品的流通和技术市场的繁荣。技术平台建设取得成效，已初步建立科技中介服务体系，2011 年全市拥有科技企业孵化器 65 个，省级高新技术研发中心 21 家，省级农业科技企业研发中心 17 家。

4. 科技成果显著，发展后劲增强

舟山积极优化和完善科技发展的宏观环境，努力营造一个鼓励创新、重视知识产权的良好氛围，充分调动科技创新人才开展技术创新的积极性和主动性。舟山市 2011 年的科研成果无论是在数量上还是质量上都取得了显著的进步。近几年，舟山市无论专利申请数、专利授权数、科技项目获批数还是科技成果获奖数都有了显著增加，这为"十二五"时期的经济发展开了个好头。

5. 企业主体地位形成，促进跨越式发展

舟山扬帆集团股份有限公司是浙江省工业行业龙头骨干企业，也是浙江省最大的造船集团和船舶工业出口企业之一，是集造船和船配制造产业于一体的大型企业集团。在企业发展的过程中，扬帆不断完善科研创新体制，注重培养企业核心竞争力，鼓励员工在技术上小改小革，进一步明确员工在科研创新中的主体地位，并采取多种措施激发和调动员工的科研创新热情和工作积极性，为企业的发展壮大营造了良好的氛围。2009 年金融危机席卷全球，造船业也进入了"寒冬"之期。对此，扬帆企业改变经营策略，将科技创新作为企业发展的首要策略，这不仅提升了企业产品的质量，吸引了订单，而且降低了成本，节省了企业的支出，为企业平稳渡过危机创造了条件。2011 年 5 月 13 日，扬帆集团将 12 项专利说明书递交国家知识产权局专利局申请专利，这 12 项专利的获批将大大提升集团的科研实力和综合竞争力。

浙江中远船务工程集团有限公司组建于 2001 年 6 月，是一家以大型船舶和海洋工程建设、改装及修理为主业，集船舶配套为一体的大型企业集团。公司在短短的 10 多年间发展成为浙江乃至全国的船舶制造业中数一数二知名企业。为了更好地通过运用高科技来发展壮大，公司于 2006 年成立了中远船务技术中心。该技术中心拥有 1300 余名各类科技创新人才，其中包括 4 名博士，79 名硕士，45 名高级技术职称人员。技术中心自成立以来不断为公司输送各项先进技术，培养各类技术人才，为公司的发

展壮大做出了不可或缺的贡献。中远之所以能够在 10 多年间走完了其他企业几十年乃至上百年所走的路程，依靠的便是科技的开发、科技的创新。

6. 战略新兴产业发展，推动产业结构升级

战略性新兴海洋产业是指把代表着现代科学发展的一些最新成果应用到开发利用海洋资源过程中，通过提升产业层次延长产业价值链，以创新成果为行业门槛，以科技创新为发展动力，深化对于海洋资源的开发利用水平，实现海洋经济的协调可持续发展的一些新兴产业。[1] 从图 3.6 中可以看出，舟山市三大产业在"十一五"期间高速稳定地增长，其中有很大一部分价值是由战略新兴产业所创造的。相信在未来"十二五"期间，舟山市战略新兴产业将以更高速度发展。随着产业规模不断扩大，经济效益显著提高，战略新兴产业将成为推动舟山群岛新区经济增长的支柱力量，进一步促进对产业结构的优化升级和经济增长方式的转变。

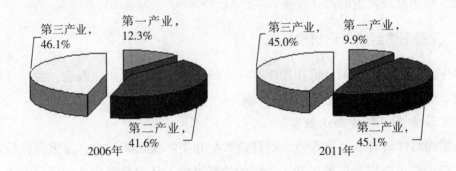

图 3.6　舟山三大产业增长值变化情况。数据来源：2011 年《舟山国民经济和社会发展统计公报》。

（五）科技创新的新展望：科技支撑体系

科技创新是提高海洋经济竞争力的关键，是浙江舟山群岛新区建设的核心，加快科技创新是舟山群岛新区建设的必由之路和战略选择。科技创新将引领浙江舟山群岛新区快速发展，推进浙江舟山群岛新区建设。要牢固树立并认真贯彻落实科学发展观，始终把科技创新放在优先发展的战略位置，以打造海洋经济强市为目标，不断提升舟山市科技进步水平。要大力推进科技进步与自主创新，努力引导和支持企业增强自主创新能力，不断完善科技创新平台，积极实施重大科技项目，加快高新技术产业发展，

---

[1] 王泽宇，刘凤朝.我国海洋科技创新能力与海洋经济发展的协调性分析 [J].科学与科学技术管理，2011（3）：42-47.

强化科技人才队伍培养，促进经济社会又好又快发展，使舟山成为海洋科技创新基地。科技创新能力已日益成为区域竞争力的决定性因素，提升科技创新能力将为实现舟山经济社会的全面协调可持续发展提供更加有力的科技支撑。舟山只有合理地利用各种海洋海岛资源，建立强大的科技创新能力，才能提高舟山群岛新区的竞争力和可持续发展力。要实现建设国家海洋经济新区的战略目标，最根本的还是靠改革开放、靠科技教育、靠人才支撑。而发挥科技的力量，最关键的是要大幅提高科技创新能力。在海洋经济时代和长三角地区一体化的发展态势下，浙江舟山群岛新区在提高科技创新能力过程中要充分借助海洋海岛优势，利用长三角地区优势资源弥补自身不足，以舟山为平台建立开放的海洋创新体系，通过后发优势实现科技跨越式发展。

科技支撑体系在海洋经济发展中的作用是不言而喻的，形成一套完整的、合理有效的科技支撑体系，对海洋经济的发展起到决定性作用。在海洋科技的研究和深入认识中，要逐步形成适合中国国情、适合中国海洋现状的科技支撑体系理论，从而以此为基础，稳步发展我国的海洋经济。

1. 完善海洋经济知识研究系统

存在决定意识，意识又反作用于存在。科学的理论、思想、观念，会指导海洋经济积极、健康、稳定、快速的发展。

（1）注重海洋科技知识教育

要加强海洋教育与科技普及，把理论教学和实际操作相结合，注重海洋经济知识的实际应用性，坚定不移地走知识兴海的战略路线，从而培养优秀的海洋人才。要着力提高海洋科技的人才、理论等整体实力，促进海洋经济又好又快发展，为海洋事业的发展提供保障。

（2）创建科技兴海的战略平台

开展海洋经济规划实施的科技兴海平台的建设与运行，围绕《全国海洋经济发展规划纲要》提出的目标和任务，以强化科技知识对海洋经济发展的支撑作用为主线，在通过科技知识推进平台的业务化运行的同时，进一步积累知识，在实践中提升认识。要深化海洋经济知识研究，再反作用于实践，从而促使新兴产业得到快速发展，支撑和引领海洋经济转向资源节约型、环境友好型和区域协调型发展模式转变。

（3）落实海洋教育与科普工作

要把普及海洋知识纳入国民教育体系，在中小学开展海洋基础知识教育；加快海洋职业教育，培养海洋职业技术人才；紧密结合海洋事业和海洋经济发展需要，调整海洋教育学科结构，建设高水平的海洋师资队伍，努力办好海洋院校，提高海洋高等教育水平；加强国家海洋科普能力建设，制定海洋科普作品选题规划，扶持原创性海洋科普作品，出版高质量的海洋科普刊物和丛书，抓紧实施国家海洋博物馆等海洋科普场馆的建设。

2. 提升海洋经济技术创新系统

科学技术是第一生产力，海洋经济的发展必须要依赖与时俱进的科技创新。

（1）重点发展深海和远洋技术

逐步加强深、远海海洋环境立体监测与实时监控技术、海底观测系统与网络技术、天然气水合物勘探开发技术、大洋矿产资源与深海生物基因资源探查和开发利用技术、深海运载和作业技术，和海洋可再生能源技术等的研究开发，发展海洋信息处理与应用技术，为拓展海洋管理和海洋资源开发的深度与广度提供战略性的技术储备。

（2）积极创新海洋关键技术

积极发展海水淡化与综合利用技术、海洋油气高效利用技术、深海油气勘探开发技术、海洋能利用技术、海洋新材料技术、海洋生物资源可持续利用技术和高效增值养殖技术，加强海洋生态环境管理、监测、预报、保护、修复及海上污损事件应急处置等技术开发以及高技术应用，优先发展大型海洋工程技术与装备，加强远洋运输、远洋渔业、海洋科考和地质调查等大型船舶技术的研发和应用，开发海啸、风暴潮、海岸带地质灾害等监测预警关键技术，开发保障海上生产安全、海洋食品安全、海洋生物安全等的关键技术。

（3）开创海洋科技创新平台

按照整合、共享、完善、提高的原则，优化组合现有科技力量，集中配置大型科学仪器设备，建设国家海洋科技实验室和海上试验场等研发平台；加强国家海洋生态环境和极端环境科学研究网络体系建设，完善海洋科学数据与信息共享平台；推进海洋微生物菌种、动植物种质、海洋地质样品、极地样品标本等海洋自然科技资源服务平台建设；推进海洋科技成果转化的投融资体制创新，促进海洋科技服务平台和中试与产业化示范基地建设。

3. 发展海洋经济信息传播系统

海洋经济的发展已经逐渐成为时代经济发展的主流，海洋经济信息的传播对于每一个国家乃至世界的海洋经济发展是至关重要的。海洋经济信息的传播共享有助于实现海洋经济持续、协调发展，它是一种互利共赢的良性发展模式。

（1）推进海洋经济信息国民教育

海洋经济信息时刻影响着甚至决定着海洋经济的发展。在海洋经济逐渐成为时代经济主流的今天，海洋经济信息的传播日趋重要，应该纳入国民教育体系，进入高校

人才培养计划之中，使海洋信息的传播以教育模式存在和运行，这样更加有利于海洋经济的发展。

（2）加强国际间海洋经济信息交流

海洋经济作为一种新型经济模式正在成为推动国民经济发展的新动力，世界沿海国家都在着力发展海洋经济和进行海洋科技研究。随着经济全球化进程的加快，各国之间的利益交集越来越广。国际间海洋信息的交流，既有助于海洋资源的合理开发和利用，也有助于海洋经济和谐发展，互利共赢。

（3）发挥媒介传播信息的积极作用

媒介是信息传播的重要渠道，尤其是媒介的过滤式、整合式传播，对于海洋经济信息而言，既是一种信息的普及，也是一种信息的整合和研究。海洋经济信息在媒介的传播作用下，会不断扩展自己的发展领域和空间。在一定程度上，这种传播也会为海洋经济的发展，提供知识和人才的发展平台。

4. 健全海洋经济公共服务系统

加强海洋调查与测绘、海洋信息化、海洋防灾减灾和海洋标准计量等基础性工作。发展公益事业，完善海洋公益服务体系，扩大海洋公益服务范围，提高海洋公益服务质量和水平。

（1）创新服务内容

要转变传统的海洋服务理念，丰富海洋服务内容。在加强海洋调查与测绘、海洋信息化、海洋防灾减灾和海洋标准计量等基础性工作的同时，了解民众需求和实时特点，让海洋经济的公共服务更加适合民众需求和经济社会发展的需要。

（2）创新服务方式

海洋经济的公共服务要着力建立需求和提供双向型的服务模式，彻底打破以往单一的、强制性的服务，建立提供、需求、完善、服务的公共服务系统，更加科学、合理地实现海洋经济的公共服务价值。

（3）拓展服务领域

海洋经济的发展涉及国家政策、法律法规、战略规划、国民经济以及民众生活等多个领域。因此，海洋经济的公共服务系统，不仅仅服务于海洋和岛屿、港口腹地，它是多角度、多层面的，不能局限于一点或几个面，要科学统筹、协调服务。

5. 创建海洋经济创新资金系统

海洋经济的开发和保护离不开资金支持。从国内外实践来看，不仅许多国家都投入大量资金进行海洋经济的发展和海洋科技的研发，而且也有很多大型金融机构开始逐步进驻海洋经济领域。财政政策和金融创新在推动海洋经济发展中，正发挥着越来越重要的作用。

（1）政府资金支持

为了发展海洋经济，国家启动了深海基地建设工作，新增 6 个国家重点实验室，形成覆盖 9 个学科领域的国家（重点）实验室网络，海洋科学与技术国家实验室建设得以推进。新增国家工程技术中心 3 个，国家野外科学观测研究台站 4 个，涉海部委重点实验室 16 个，海洋科学考察和调查船 4 艘。大型科研设备装备全面更新升级，省级以上涉海洋科研和教学机构比"十五"期间增加了 24.8%，直接从事海洋科技工作的专业技术人员增加了 32.9%。

这样的人财物投入，需要的是政府财政的强大支出，已表明我国政府对海洋经济发展和海洋科技研究的重视，但与国际上的其他海洋大国相比，无论是从纵向分析还是从横向观察，我国的资金投入仍有一定差距，这就需要政府在海洋经济发展的过程中实时提供资金保障和支持。

（2）金融信贷优惠

通过金融信贷领域的存贷款基准利率的调整以及相关货币政策的倾斜，为海洋经济的发展和海洋科技研究提供良好的金融环境。在与国内外银行和金融公司的良好合作下，为海洋经济提供强有力的贷款条件，拓展海洋经济领域的发展空间。金融信贷优惠政策的有效实施，会增强海洋经济领域的建设能力、发展能力以及抵御风险的能力，从而实现海洋经济的高速拓展和迅速提升。

（3）风险保障提高

海洋经济与传统的经济领域相比，有着投入大、风险高的特点，海洋科技的研发风险背后有可能伴随着海洋经济发展的巨额损失。目前，海洋经济发展的巨大负担主要由国家和企业承担，保险行业基于自身利益需求，对海洋经济的发展很少参与，这是缺乏社会责任感的表现。这严重影响了资金的运转和海洋经济发展的灵活性。保险领域，尤其是商业保险领域应该适当、适时地拓宽对海洋经济发展和海洋科技研究的保障范围，为其提供发展保障，进一步拓宽海洋经济的发展空间。

二、要把增强创新能力作为战略基点

（一）舟山群岛新区科技创新能力评价

科技创新能力是衡量一个国家或地区未来发展潜力的重要指标。本文通过对舟山市科技创新能力的纵、横向分析，深入了解舟山市科技创新能力中的优势和不足，对

其中存在的不足和缺点进行改正和完善，对优势和特色进行深入发掘，从而加快舟山市科技创新能力的提高，促进舟山群岛新区经济社会的又好又快发展。

1. 舟山群岛新区科技创新能力的特点和优势

近年来，舟山市在科技创新方面取得了较大进步，科技创新基础能力、投入能力、产出能力、转化能力都有了较大提高，科技活动经费投入不断增长，自身科研实力不断增强。同时，舟山市在科技创新成果产出的水平、层次、质量和实力方面也不断提高，成果向市场转化的速度在加快，产学研结合进一步深入。浙江省海洋科技创新服务平台成立以来，承担国家、省部级亚大科技项目83项，申请专利82项，获省部级奖励5项；服务企业2400多家，技术成果推广数量63项，研发新产品162个，技术成果应用产生的经济效益近16亿元，为浙江省的海洋经济发展起到了重要的科技支撑作用。另外，海洋开发研究院建设也取得了新进展，累计实施重大海洋科技项目100多项，集聚中高级研究人员400余名，"浙江省海洋科技创新服务平台"顺利通过省级验收。作为"国际科技合作基地"的省海洋开发研究院已动工兴建投资6000万元、建设面积达2万平方米的科研大楼。[1]

2. 舟山群岛新区科技创新中存在的主要问题

（1）科技经费投入不足，筹集力度有待增强

舟山市的科技活动经费在浙江各地级市中处于偏下水平。尽管近年来舟山市的科技经费投入不断增大，但是相较于浙江省其他地级市，尤其是杭州和宁波地区而言，差距较大。科技经费是影响科技创新能力提高的重要因素，只有加大科技经费的投入，增强科技经费筹集额，才能切实有效地提升舟山市科技创新能力。

（2）海洋科技人才匮乏，创新活动能力不强

舟山市普遍存在海洋科技人才数量和质量不足的现象，企业尤为突出，亟需加强。比较浙江各地级市科技人员占从业人员的比重可见，舟山市这一指标不仅远远低于国外水平，即使在浙江也仅略高于衢州和丽水，排在倒数第3位。就国内最高层次的科技创新人才、两院院士数量来讲，舟山市的拥有数几乎为零。巨大的差距已成为舟山市经济社会发展劣势的重要因素之一。

（3）科技成果转化率低，创新研发机构不够

目前，国内有关科技创新团队、组织成长以及团体评价的研究，为有关高校科技创新团体及其成长性评价问题的探讨打下了深厚的研究基础。从已有研究成果来看，

---

[1] 舟山科技局.2010年舟山科技工作十大亮点[J].今日科技，2011（6）:1-2.

有关企业、城镇以及产业集群等研究对象的成长性评价还处于起步阶段。我国高校所拥有的科技资源，与它促进社会科技进步、经济发展的作用还不成正比，仍有大量的科研成果滞留在实验室，或被束之高阁，无人问津，造成了极大的科技资源浪费。[1] 舟山市所在高校是舟山市科技创新的重要主体，也是市财政投资的科技项目的重要承担者，但舟山市的高校科技成果转化与争取的科技投入明显不成比例。企业是技术创新的主体。在企业的科技创新中，大中型企业因其较强的经济实力和科研能力而具有举足轻重的作用。舟山市在企业的创新方面也有待进一步加强。

（4）科技成果数量偏低，发明专利偏少

专利的指标可以在一定程度上反映当地的科技活动。在发达国家的科技创新能力的统计方法中，专利数据库是非常重要的信息。专利制度在鼓励创新、传播科学技术知识，并加强市场准入和企业创造上发挥重要的作用。正因为如此，提高发明专利对科技创新的作用也是必不可少的。2011 年舟山市发明专利的申请量为全省各地级市第9 名，与浙江各地级市相比，仅比丽水市和衢州市高。与杭州、宁波市相比，舟山市发明专利授权量明显偏少。

（二）舟山群岛新区科技创新的对策

提高科技创新能力，经费是保障，人才是关键，创新研究是方向。本文通过比较分析，针对舟山群岛新区科技创新过程中遇到的问题提出相应的对策，切实有效地解决舟山群岛新区科技创新过程中遇到的问题，推进结构优化和产业升级，大力提升海洋经济竞争力，确保经济平稳较快发展。

1. 加大科技经费投入，加快集聚创新资源

科技经费是科技创新的血液。一般来讲，科技经费投入越多，科技创新能力就越强。舟山在人力资源方面具有特殊优势，但是科技经费投入总量偏低，与浙江省其他地级市相比具有一定差距。科技经费投入总量偏低会造成单位科研人员获得的科研经费偏低，影响到科技创新产出。所以，舟山市要坚定不移抓投资扩总量，确保经济平稳较快发展，进一步拓宽融资渠道，加强招商引资工作，继续安排财政转贷资金，帮助企业缓解融资困难，提高其市场竞争力和应对风险的能力。

解决科技经费投入不足的主要途径，一是政府加大对高校科技的投入力度。保证政府科技投入力度，主要是发挥引导作用。要加强政府科技投入方式的创新，打造科技投入的新亮点；要加快建立多元化的科技创新投融资体系，引导企业加大对高新技

---

[1] 黄静晗，刘其赟. 高校科技中介机构调查 [J]. 中国高校科技，2011（7）：3-9.

术研究及其产业化的投入，实现企业作为创新主体和投资主体的作用，建立健全公民参与多元化科技创新投资体系。二是高校的科技工作要参与到企业科技活动中去，通过市场和企业来解决经费不足的问题，而企业的 R&D 经费仍需继续加大投入。

2. 吸引优秀科技人才，完善人才激励机制

科学技术是第一生产力，人是生产力中最具决定性的因素。科技创新是社会生产力解放和发展的重要基础和标志，它决定了经济发展的进程。从根本上说，提高科技创新能力主要是提升人才队伍的科研能力和水平。

根据舟山的实际条件，要坚持"柔性引才"的策略，积极鼓励用人单位以特聘、兼职、讲学、提供技术与专利等形式实行人才柔性引进，还要通过引进大项目集聚和吸引高层次人才。要重视搭建创业平台，给予课题支持，使之取得成果。要广泛吸引海内外高级人才来舟山专职、兼职或短期工作，引进一批"两栖型"、"候鸟型"人才；鼓励留学人员特别是在海外获得硕士以上学位并在跨国公司重要管理岗位或技术岗位工作2年以上的人员来舟山工作，大力培养科技创新的后备力量。要创立中国（舟山）最高海洋科学技术创新奖，授予在当代海洋科学技术前沿取得重大突破或者在海洋科学技术发展中有卓越建树特别在海洋科学技术创新、科学技术成果转化和高技术产业化中创造巨大经济效益或者社会效益的科技工作者。

企业要引进、培养企业发展的领路人，引进、培养企业发展技术创新的核心力量。要进一步完善人才激励机制，加大科技奖励力度，充分调动创新人才和科技人员的积极性和创造性；有效地引导企业加大科技投入尤其是研发投入，不断提高企业的科技产出水平，扩大经济结构中高技术产业与高新技术产品的比重。

3. 加强科技创新研究，加快研发机构建设

要提高舟山市科技创新能力，加强科技成果的转化率，提高产学研合作成效。

就高校而言，一方面政府要加大政策扶持力度，在政策上作适当倾斜，使高校带动新区科技创新能力的提升，增强高校科技创新在全社会的影响力。政府在科技创新和发展中起到"掌舵"作用，是科技创新能力不可或缺的主导者。当前，产学研联合已经成为舟山市科技创新的主要手段，表现为首先企业与大院名校主动对接，然后政府部门通过举办各类推介会、咨询会、论坛，为企业与著名科研院所合作牵线搭桥。另一方面要注重成果转化，推动科技力量进入企业，提高企业的科技创新意识，强化企业在创新中的主体地位和主动意识。现代技术开发与创新是现代企业的重要行为，是现代企业发展壮大和提高企业竞争力的主要动力，也是一个国家的经济规划和科技规划的重要内容。要促进科研成果向现实生产力的转化，形成具有自主知识产权的技

术和产品。

就企业而言，要鼓励支持企业主动面向科研机构、高校寻找智力支撑，建立具有较强研究开发能力的企业工程中心、技术创新中心，不断建立和完善以企业为主体，以市场为导向，产学研紧密结合的开放型区域创新体系。根据国内外市场变化，企业要着眼于未来需求，主动把科技创新融入企业产品结构调整之中，推动产业转型升级。

4. 完善科技创新机制，营造良好创新环境

坚持和完善党政领导科技目标责任和人才工作考核制度，切实提高全市各级党政领导的科技意识，加强科技创新宣传，在全社会营造有利于科技创新的良好氛围。近年来，舟山市制订出台了《舟山市自主创新能力提升计划》《舟山市人才引进实施办法（试行）》《关于加快推进工业企业科技创新的若干意见》等政策性文件，加强了区域创新载体建设，在科技创新环境建设中确实有效地取得了良好成效。但由于政策制定层次不一，政策主体多变，造成政策之间缺乏统一和协调。目前，高校、科研单位与企业在体制上是相互独立的，这造成社会相对创新能力的浪费。针对这些情况，我们应该进一步完善科技创新过程中的环境问题，制定相关政策、条例，有效地改善创新过程中的政策、法制及管理环境。

当前，舟山市要积极落实与浙江大学共建"海上浙江"示范基地协议内容，继续推进舟山市企业与大院名校及有关专家教授建立紧密协作关系，不断加大引进大院名校共建创新载体力度，推进海洋科技创新资源集聚。签约共建"海上浙江"示范基地，建设摘箬山岛"海洋技术海上公共试验场"和"浙江大学舟山海洋研究中心"等合作项目，是舟山市历史上规模最大、合作内容最丰富的市校合作工程。舟山市与浙江大学签署全面合作协议一年以来，双方围绕"1181"行动计划的贯彻实施，通力协作，已取得了阶段性成果，签约和合作申报科技合作项目 16 个，项目合作情况总体良好。[1]这是舟山市科技创新道路上的一大进步。

5. 充分利用优势，发展海洋高新技术产业

海洋高新技术产业是我国未来发展的战略重点，也是舟山市的特色增长点。"蓝色圈地"已成为科技竞争的热点，在未来的 5 年一定会以前所未有的速度创造出不凡的业绩[2]。2011 年，舟山市全年实现海洋经济总产出按可比价计算，比上年增长15.6%；海洋经济增加值比上年增长 14.5%，高出全市 GDP 增幅 3.2 个百分点，占

---

[1] 舟山科技局. 省内资讯·舟山市 [J]. 今日科技,2010（7）: 1-2.

[2] 李乃胜."十二五"海洋科技发展趋势分析 [J]. 党政干部参考, 2011（2）: 2.

GDP 比重达 68.6%，比上年提高 0.6 个百分点。舟山市高新技术产业取得的这些成绩，显示了舟山市高新技术产业的发展潜力。舟山拥有众多特色明显的高新技术产业集群，由于集群能够为企业提供良好的创新氛围，促进知识和技术的转移扩散，有效降低企业创新成本，将十分有利于促进企业的创新。企业应充分利用各种有效资源，吸引人才及外商投资，推动科技创新体系的建设。

舟山新区科技创新对于我国未来海洋经济的发展能够提供技术层面上的有力支持，这对于全面探寻我国海洋经济的发展规律，指导海洋经济的科学发展，制定我国的海洋经济可持续发展政策和战略发展规划，加强海洋科学管理，加速我国海洋经济的发展，具有重要的现实意义。[1]

科技创新能力是当今社会活力的标志，是国家发展的关键点，是一个国家实力的体现。在这一方面，西方国家比我们走得更远。他们的经验给我们留下了一些借鉴，即：无论是高校、企业还是政府，都是提高科技创新能力过程中至关重要的部分。浙江舟山群岛新区作为我国首个群岛新区和首个以海洋经济为主题的国家级新区，要以科技创新引领支撑舟山各项事业不断发展，不断取得突破，不断超越自我。简而言之，切实提高科技创新能力，事关舟山群岛新区全局的战略地位。舟山必须在更高起点上加快科技引领新区建设，加快转变经济发展方式，成功实现经济模式转型升级。

三、海洋人才是新区科技创新的本源

（一）舟山群岛新区海洋人才开发的重要性

海洋人才是指从事海洋科技活动的人员，包括直接从事海洋科技活动和为海洋科技活动提供直接服务的人员。[2] 国家、地区之间的科技实力的竞争，归根到底是人才的竞争，所以谁先一步掌握人才，谁便在未来的竞争中抢占了先机。在建设舟山群岛新区过程中，高科技尤其是海洋科技创新型人才的开发是非常重要的。具体而言，主要体现在以下方面。

1. 海洋人才开发是新区科技创新发展的关键

科学技术是第一生产力，人才资源是第一资源。舟山应持续加强科技创新型人才的引进和培养工作，紧紧依托高等院校、留学创业园和科研基地，积极建立市场自我

---

[1] 殷克东，方胜民. 中国海洋经济形势分析与预测 [M]. 北京：经济科学出版社，2010：1-126.
[2] 崔旺来，文接力. 基于激励机制视角的海洋科技人力资源教育开发研究 [J]. 人力资源管理. 2012（2）：38-40.

调节和政府宏观调控相互结合的高效率科技人才资源开发机制。

科技创新能力是产业升级的动力，是经济增长的依靠，是社会稳定和可持续发展的重要保障，是一个国家、一个地区、一个企业综合实力的决定性力量。党的十七大报告指出，要坚持走中国特色自主创新道路，把增强自主创新能力贯彻到现代化建设的各个方面。"十二五"规划提出要制定和实施海洋发展战略，提高海洋开发、控制、综合管理能力。这对于坚持科学发展观，围绕浙江舟山群岛新区实现国家海洋经济发展的先行先试战略，以技术创新和制度创新为动力，加快建立和完善舟山群岛新区科技创新人才开发机制和体系，提供了政策依据。

科技创新是推动经济和社会发展的决定因素，科技创新人才是实现浙江舟山群岛新区跨越式发展的中坚力量，而企业、科研部门和高校是科技创新人才开发的主体。因此，企业、科研部门和高校要提高主体意识，明确开发目标和重点，因地制宜建立长效机制，并注重自身开发，积极主动与政府等相关利益者进行多方互动，推进科技创新人才开发的有效性，为舟山群岛新区的可持续发展提供新的动力和必要的智力支持。

舟山群岛新区成立以来，在科技创新人才的不断推动下，舟山市的海洋经济发展取得了长足的进步。要加大科技创新对经济发展的贡献力，提升舟山市的自主创新能力，就要紧紧围绕舟山群岛新区建设，努力造就科技领军人才和一线创新人才。

2. 海洋人才开发是新区经济发展的客观需要

海洋经济发展的客观规律也决定了科技创新人才是新时期舟山群岛新区建设的首要资源。舟山，是中国浙江省辖地级市，是全国第一个以群岛设市的地级行政区划（另外一个：海南省三沙市于 2012 年 6 月 21 日经国务院批准正式成立），全市区域总面积 2.22 万平方千米，其中海域面积有 2.08 万平方千米，陆域面积 1440 平方千米。在我国群岛之中，以舟山岛最大，因其"形如舟楫"，故名舟山。全市港湾众多，航道纵横，水深浪平，是中国屈指可数的天然深水良港。舟山素有"东海鱼仓"和"中国渔都"之美称。由于附近海域自然环境优越，饵料丰富，因此近海处海水浑浊，给不同习性的鱼虾洄游、栖息、繁殖和生长创造了良好条件。舟山海域共有海洋生物 1163 种，按类别分：浮游植物 91 种，浮游动物 103 种，底栖动物 480 种，底栖植物 131 种，游泳动物 358 种。舟山拥有渔业、港口、旅游三大优势，是中国最大的海水产品生产、加工、销售基地。舟山拥有非常丰富的风能、潮汐能、潮流能以及海底油气、矿产等资源，具有发展海洋工程装备、海洋新能源、海洋生物产业、海水利用等新兴产业的良好条件和基础优势。

但是，舟山经济总量不大，产业层次不高，结构性矛盾突出，发展起步较慢，发展水平低，发展相对落后。主要表现在以下方面：一是社会事业发展滞后，水、电、运输、交通、通信等基础设施和城市依托条件相对较差，造成这一落后局面的客观原因是岛屿分散，基础设施投入较大，投资周期较长。主观原因上存在着对科技发展的作用认识不足，引导扶持力度不够，致使有关产业结构性矛盾突出、布局分散、产业关联度不高、配套落后。二是原有工业底子薄、基础差，工业化仍处于初级阶段的较低层次，如舟山工业中水产加工、轻纺工业等初级加工业还占有很大比重，整个工业化进程明显低于周边发达地区。三是发展经济与保护环境矛盾突出。舟山当下经济的快速增长，在很大程度上仍然是靠高消耗能源实现的，在能源工业开发和利用方面仍然走着"高投入、高排放、高消耗、不协调、难循环、低效率"的粗放型增长路子。在舟山群岛新区建设中，科技要发挥引领作用。舟山能否实现跨越，很重要的一点就是科技和人才的综合支撑水平是否可以达到与国家新区相匹配的要求。舟山与周边城市相比，现有的产业基础和规模较薄弱，弥补落差的关键在于科技人才。要用人才资源的开发来带动物质资源的开发，用人才结构的调整来引领经济结构的调整。

3. 海洋人才开发是国家海洋战略的组成部分

海洋事业是科学技术密集型和人才密集型事业。培养造就宏大的海洋人才大军，形成科学合理的人才结构和梯队，是发展海洋事业的人才资源基础。舟山现已初步形成一支层次结构分明的海洋人才队伍。据统计，到2010年底，舟山市人才总量已达到16.7万人，比2006年末增长58.4%。随着跨海大桥时代到来，预计舟山市2015年高技能人才总量需要2.5万人，届时技能人才至少需要14万余人，尤其是船舶造船人才需求急剧增加。2015年，舟山用工人数将超过20万人，保守估计每年要递增5000人，特别是船体装配、管系、电气、涂装、配件等岗位的技术人才需求量大，素质水平要求高。另外，港口海运业需求增大。目前舟山有500总吨及以上船舶740艘（114艘为3000总吨及以上），至少需要高级船员3074名和丙类以上高级船员1540名。更值得关注的是旅游业需求快速攀升，以酒店为例，2014年舟山增加了20多家四星级酒店，按每个酒店40个高技术人才计算，就需800人，加之其他小酒店、旅行社、景区等，高级技能人才缺口更大。随着舟山国家级海洋综合开发试验区，中国（舟山）海洋科技创新引智园、舟山海洋科学城科技创意研发园、浙江省海洋开发研究院等载体建设步伐的加快，舟山对科技研发人员的需求量将日益加大。

（二）舟山群岛新区科技创新人才开发状况

秉承科学发展理念的舟山，正不断加快经济发展方式的转变，启动舟山群岛新区建设综合配套改革，聚集新人才，培育新环境，全力构筑乐居舟山。舟山市委、市政府正在全力推进人力资源产业园建设，以市场培育理念，做大做强产业园，形成较为完整的人力资源服务业产业链和达到较为先进的人力资源管理服务水平，为舟山群岛新区的经济社会发展做出贡献。

1. 科技队伍结构优化

随着《舟山市人才引进实施办法（试行）》、《关于进一步加强提高技能人才队伍建设的意见》、《关于确立人才优先发展战略加快构筑海洋经济人才高地的若干意见》等政策的推进，科技进步和创新的人才力量得到不断加强，专业技术人员队伍不断壮大。浙江省2010年度设区市科技进步统计监测评价报告显示，2010年舟山市全社会的科技活动人员达到0.6万人，是2009年的1.2倍，年均增长22.6%。从事研究与实验发展活动的人员（下称R&D活动人员）为0.4万人，占全部研究与实验发展人员的比例达到35.3%，比2009年提高了0.4个百分点。R&D活动人员数量比"十五"期末增加了0.14万人，翻了0.54倍。国内一批大院名所纷至沓来，与舟山市共建创新载体。

目前，舟山市科技创新组织不断完善，形成了多元化的科技创新人才管理机制。截至2011年，舟山市生产力促进中心、科技企业孵化器、工程技术研究中心、技术市场、专利事务所、高新技术产权交易所等各类科技中介服务机构已在1000多家大中型工业企业中开展科技活动。2011年全年组织实施的各类科技计划项目共651项，其中国家级44项，省级222项。"十一五"期间，舟山市科技局通过一系列卓有成效的举措，大力推进高新技术企业建设，共培育高新技术企业32家，省级创新型试点企业6家，省级科技型企业77家，省级农业科技企业37家，省级高新技术研发中心18家，省级农业科技企业研发中心9家（见图3.7）。舟山市高新技术特色产业也不断发展壮大，定海挤出成型设备及其基础件省级高新技术特色产业基地和普陀海洋生物与生化产品省级高新技术特色产业基地运行良好，它们构成了初具规模的科技创新创业体系，为舟山群岛新区科技创新提供了重要的支撑；而服务人力资源机构也从开始把行政性科技开发与研究机构扩大到以企业为主体的部门分类，大大增加了服务人力资源的机构来源。

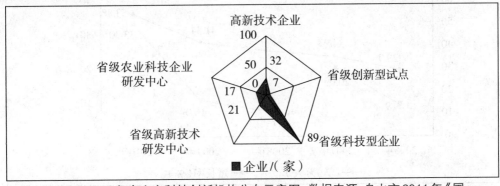

图3.7 2011年舟山市科技创新机构分布示意图。数据来源：舟山市2011年《国民经济和社会发展统计公报》。

2. 科技人才总数增长

近年来，舟山群岛新区人才数量不断增加，截至"十一五"期末，全市人才总量已经达到16.7万人，其中专业技术人才7.4万人，比2009年增长18.84%；大专以上学历人数为7.5万人，比2009年增长23.92%；每万人中科技活动人员约为53.88人，比2009年增长18.91%；全市R&D人员为0.4万人，比2008年增加47.19%，其中企业R&D人员数量为3296人，占总比重的82.4%。但是必须看到，全市科技人员总量虽然呈增长趋势，但是科技活动人员占专业技术人员总量的比例仍然较低。图3.8为"十一五"期间舟山市科技活动人员变化情况。

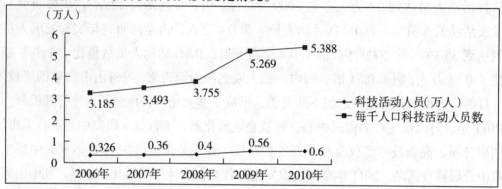

图3.8 "十一五"期间舟山群岛新区科技活动人员变化情况。资料来源：2006—2010年度设区市科技进步统计监测评价报告。

"十一五"时期以来，舟山市科技创新人才总量一直呈增长趋势，2009年服务人力资源平均每万人有41.34人从事科研活动，2010年每万人平均有53.88人从事科研活动，增长率30.3%。2010年舟山市从事科技活动人员为6000人，2008年受金融危机的影响，舟山市科技创新创业人员增长比例从20.09%下降到7.3%，但在2010年回升至33.3%（见图3.9）。

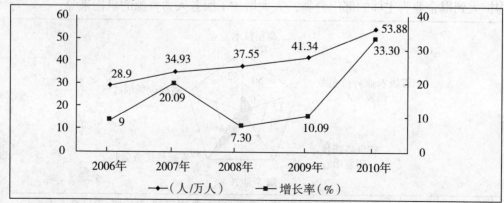

图3.9 舟山市历年科技创新人力资源情况。数据来源：2006—2010年《浙江科技统计年鉴》，浙江省各地市科技进步统计监测评价报告。

3. 科技服务成果增加

近年来，舟山市人力资源服务项目正向多元化发展，由服务人力资源直接或间接促使的科研成果不断增加。舟山市 2011 年组织实施各类科技计划项目共 651 项，其中国家级 44 项，省级 222 项；申请专利 1504 件，授权 618 件，分别比上年增加了 65.4% 和 45%；技术合同成交金额 840 亿元，其中申请发明 442 件，授权 59 件；组织实施成果转化项目 31 项，争取省部级科技经费 1.54 亿多元；全市共有 7 项科技成果获得省科学技术奖公示，有 43 项科技成果获得市科学技术奖。

随着"舟山科技创意研发园"、"中国海洋科技创新引智园区"和"国家海洋科技国际创新园""三园一体"建设的初步运行，浙大舟山海洋研究中心建设顺利推进。研究中心在完成内设机构建设的基础上，成立了海洋工程设计等 4 个研究所，并已正常运作；已组织实施各类科技项目 88 项，引进人才 50 人，其中博士后 7 人，并着力开展了摘箬山海洋科技岛工程建设。第一个上岛项目——浙江大学摘箬山岛外海实试基地已完成总工程量的 40%，摘箬山岛 "985" 二期即将启动。

4. 科技创新人才发展不均衡

舟山市各区县科技创新人才服务成果和服务水平呈现出明显的差距，2011 年全市每百万人口专利申请受理数 1504 件，比上年增长了 4.68%，专利授予数为每百万人 19 件，比 2010 年增长了 32.7%（见图 3.10）。但从各地区申请总量排名来看，经济总量占全市前两名的普陀区和定海区两区专利申请数占全市受理数的 72.25%，其中普陀区专利申请数 101 件，专利授予数 52 件；定海区专利申请数 188 件，专利授予数 76 件。而其他两地只占 27.75%，尤其是嵊泗，专利申请数为 36 件，专利授予数是 26 件，显示我市科技发展及科技创新创业的严重区域不平衡（见图 3.11）。经济发展水平决定科技创新创业水平，而科技创新创业又对经济发展起推动作用。因此，应超前培养、吸引和储备科技创新人才，从而利用科技的乘数效应推动区域经济发展。

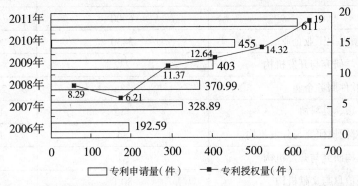

图 3.10　舟山市专利申请情况。数据来源：2006-2011 年舟山市国民经济与社会发展统计报告。

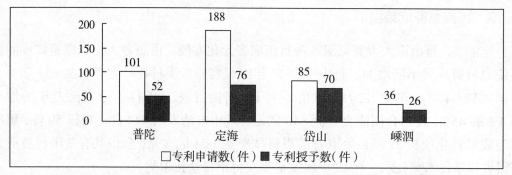

图 3.11　2011 年舟山各地专利申请情况。数据来源：舟山市定海区国民经济
与社会发展统计报告、舟山市普陀区国民经济与社会发展统计报告、舟山市岱
山国民经济与社会发展统计报告、嵊泗县国民经济与社会发展统计报告。

5. 企业是科技创新人才的主要载体

从舟山市科技创新人才的部门分布来看，企业以 5430 人占据各部门科技创新人
才的突出位置。从表 3-2 的数据可以看出，科技创新人才主要来自于企业。排名第二
的是自然科学与开发机构占全市的 3.86%；其后是软件服务企业、市县科协，比重分
别是 2.225% 和 1.87%。软件服务范围包括软件售后服务、软件咨询和供应、数据处理
等，以及网络出版服务、电子商务运营、网络综合门户、网络信息检索、网络接入运营、
其他网络数据库活动等为内容的网络信息服务。这些软件服务企业为全社会的科技创
新创业提供数据化、信息化服务，大大提高了各部门科技创新创业的效率和效益。在
2010 年，软件服务企业的科技管理和服务人员占全市科技人力资源总数的 2.225%（见
图 3.12），成为科技创新产业的新兴力量。

表 3-2　2010 年舟山市科技创新人力资源部门分布

科技创新人力资源所属部门	服务人力资源数量（人）	比重（%）
总计	6000	——
规模以上工业企业	5430	90.02%
自然科学研究与开发机构	232	3.86%
软件服务企业	135	2.225%
市、县科协	112	1.87%
县级政府部门属研究与开发机构	84	1.04%
转制机构研究与开发机构	51	0.85%
科技信息与文献机构	80.1	35%

数据来源：《浙江省经济与社会统计年鉴》（2010）。

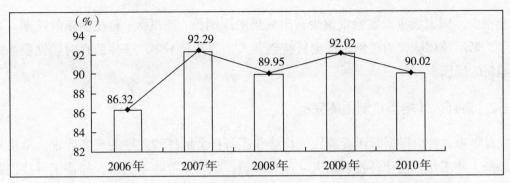

图 3.12　2006-2010 年工业企业人员占科技创新人力资源比例。数据来源：浙江省各地市科技进步统计监测评价报告，舟山市统计年鉴、浙江科技统计年鉴。

（三）舟山群岛新区科技创新人才开发面临的瓶颈

近年来，舟山市在推进自主创新能力提升方面采取了很多积极的措施，取得了显著的成效。但总体来说，舟山新区的自主创新能力与国家的整体发展战略要求还存在不小的差距，与发达地区的自主创新能力相比还有很大的不足，差距明显。

1. 海洋人才开发机制缺乏支持

舟山市在科技创新人才发展机制方面做了大量工作，出台了人才工作的"1 + 6"政策体系，为未来 10 年的人才事业提供了政策保障。为鼓励和支持海洋高科技创新人才，舟山政府实行重奖和柔性政策，促进了科技创新人才队伍的不断稳定和壮大。为深入实施人才强市战略，根据经济社会发展、产业结构调整和培训市场需求，舟山市以培养舟山海洋经济、临港产业发展急需的各类高层次紧缺专业人才为重点，积极开发培养和引进人才。为加快引进科技创新人才投入舟山市科研创新事业的建设，舟山实施多项优惠措施，为引进人才提供便利及优惠条件。

虽然舟山市一直在优化引进与发展人才的政策，但是还没有形成完善的有利于海洋人才集聚、人才能力及价值充分发挥的保障机制。表现为：一是海洋科技创新人才开发市场化改革不到位，制度不健全。企业科技创新人才就业收入和退休收入具有较大的落差预期，不利于科技创新人才向创新主体企业集聚。二是企业行为短期化，现代人力资源管理制度缺失。舟山涉海企业数量多，但海洋产品的科技含量较低，自主开发意识不强，科技创新人才培养的资金投入严重不足，人力资本投资占 GDP 的比例远低于全国平均水平；人才工作的经费投入总量偏低，人才投入水平与建设一支符合经济社会发展所需人才队伍的要求还不相适应。政府、社会、用人单位和个人共同投资的人才多元投入机制没有真正建立起来，跟不上形势发展的要求。三是科技创新人才成长环境和领军拔尖人才刚性引进的大环境还没有真正形成。国内外知名的学术交

流会很少，国家级重点实验室偏少，出成果的周期长、难度大；科技创新的基础人才断层，形不成团队，引进领军拔尖科技创新人才的基础不牢，还停留在时段性服务区域经济的层面上。

2. 海洋人才培育机制亟需完善

近年来，舟山根据海洋资源比较优势和经济社会可持续发展的现实要求，重视科技创新人才工作，优化科技创新人才成长环境，积极采取各项措施，加快了科技创新人才机制建设步伐，但是在科技创新人才运行方面还没形成一套针对性较强的政府引导、市场配置和企业自主的开发机制。表现为：一是企业主体地位不明显，一些企业尤其是中小型民营企业积极性不高，往往是重使用轻培养，甚至只使用不培训，对科技创新人才培养出现了"政府和职工两头热，企业中间冷"的现象。由于经费不足、规模有限，培训机构在项目的选择上多以"短平快"为主。在面对海洋产业以及其他重点行业对科学技能人才培养的"技术含量高、设备要求新、投入大、周期长"等要求时，社会培训机构难以适应和支撑发展需要。由于没有建立真正的创新人才培养模式，导致人才结构不合理，各行业人才和各层次人才的供给与市场需求不相适应。二是在政府、人才中介和企业间缺乏有效的人才信息沟通机制，削弱了政策的针对性和有效性，降低了政策对企业的导示作用和人才市场的配置功效。三是人才优先发展的观念还没有真正确立，在人才引进、培养、使用、评价等方面政策还不够完善，难以满足人才多样化、差异化需求，引进、留住人才的难度有所增加。一些地方和部门缺乏开放型思维和开放性眼光，对引进人才缺少包容性。人才公共服务总量不足、结构失衡、能力偏弱，人才市场发育不够成熟，难以满足人才发展的全方位需求。

从舟山市目前的发展状况来看，全市中小企业专门开展科技活动的单位以及人员有所减少，影响了企业的可持续发展。同时，舟山本地高等学府不多，又缺乏相关的技术研究。舟山仅有普通高等院校 3 所，2011 年全年招生 7173 人，毕业生 6273 人，在校学生 22934 人；成人高校 1 所，全年招生 1236 人，毕业生 991 人，在校学生 2626 人；中等职业学校 7 所，全年招生 3158 人，毕业生 3156 人，在校学生 8703 人。舟山企业的科技人才大部分来自外界，流动性大，导致企业自身的自主创新能力低下，产品的核心竞争力弱。舟山市的本地科研院所和高等院校又缺乏相关的技术专业，而且由于研究开发资金严重不足，舟山市企业与外地高校合作的机会也甚少。这就使得舟山市本土的科技创新人才储备很少，多数中小企业的产品没有技术上的优势，应对市场变化的能力较低，缺乏市场竞争力。

3. 海洋高端科技创新人才匮乏

影响舟山企业科技创新能力的重要因素之一就是缺乏高层次的海洋科技创新人才。在舟山群岛新区的大部分涉海企业中，有相当数量的企业没有专门的研发部门和相关创新科研人员，只有少数的企业长期聘用国内外技术专家，大部分企业未聘用任何国内外的技术专家。在吸引人才的各项条件方面，与附近沿海城市相比较，舟山市的科技创新环境、工资福利保障和科技研发经费等都存在不小的差距，对高层次人才难以形成足够的吸引力。目前，舟山的企业主要依靠自己培养技术开发人员，少数企业在国内其他地区引进技术研发人员，从国外引入技术开发人才的企业则少之又少。此外，企业对现有人才的激励机制也不够完善，目前基本上采取岗位工资加年终奖励的简单组合模式，只有小部分的企业将人才表现与职位晋升、工资福利提升挂钩，而收益分享、股权激励等现代激励形式则基本未在企业中推行开来。

由于企业尖端创新人才的待遇普遍不高，其薪酬水平与普通员工相差不大，这就导致了很多创新人才无法在合适的岗位发挥其应有的作用。如图 3.13 所示，2010 年舟山科技人员仅占总就业人数的 0.02%，该比例在浙江仅高于衢州和丽水，与杭州、温州等经济相对较发达地区的比例有很大的差距。工资薪酬上的差距难以让舟山企业形成足够的物质条件吸引外地高层科技人才来舟山，这就使舟山众多的中小企业难以获得科技方面尤其是海洋科技和海洋管理方面的尖端人才。这在很大程度上限制了舟山市企业的发展，制约了舟山市的经济发展步伐。

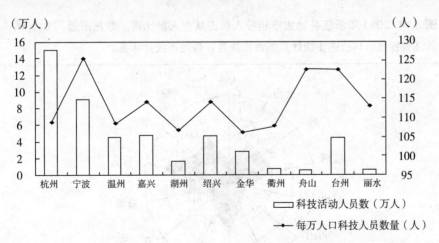

图 3.13　2010 年浙江各地级市科技人员所占比重。数据来源：浙江省各地市
科技进步统计监测评价报告，各地市统计年鉴。

科技创新行业是智力密集型产业，其核心是高端人才，是具备较深的知识、丰富的经验和专业背景，具有熟练运用集成技术和资金等资源的能力，能够使有潜力的技术项目得以实现的人。从舟山群岛新区目前的现状来看，舟山市科技创新队伍普遍素质不高。原因有二：一是符合市场要求的专业人才数量有限；二是服务机构规模和营运能力对人才吸引有限。专业人才的缺乏制约了舟山市科技创新的发展，成为科技进步的一大障碍。

比较浙江各地级市科技人员占从业人员的比重可以发现，舟山市这一指标为0.64%，在浙江仅略高于衢州和丽水（见图3.14）。比较沿海开放城市科技人员占从业的比重发现，在14个沿海城市中，舟山的科技人员的比重居第九位，仅略高于大连、连云港、福州、北海（见图3.15）。由图3.14和图3.15还可以看出，舟山科技人员占从业人员的比例失调，这已成为制约舟山经济社会发展的主要瓶颈。

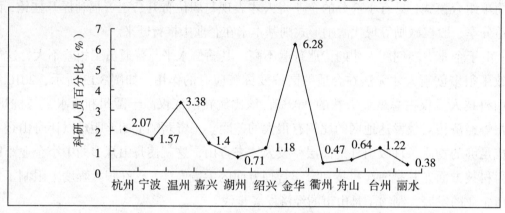

图3.14　2011年浙江各地级市科技人员占从业人员比重。数据来源：2011年浙江省各地市科技进步统计监测评价报告，各地市统计年鉴。

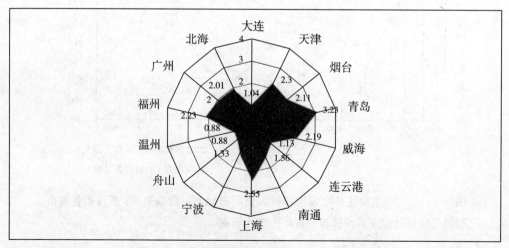

图3.15　2011年舟山与沿海开放城市科技投入比较。数据来源：2011年各省市及各地级市统计年鉴、科技年鉴等。

4．海洋人才流失现象十分普遍

从舟山市经济发展对人才需求的分析来看，现有人才专业构成与实际需求矛盾突出：一是结构不合理，集聚人才资源能力比较薄弱，从外地引进的人才，往往难以留住，人才资源开发机制亟待加强和完善。二是激励机制乏力，尤其是鼓励人才特别是鼓励高层次人才来舟山创业的政策还不够优惠。三是海洋科技人才断层严重，人才的培养目标与需求不尽一致。四是海洋科技人才引进不力，流失严重，全市的海洋高级技术人才及复合型的管理人才严重缺乏，急需的海洋生物、精细化工、计算机等专业人才也相对较短缺。五是海洋科技人才拥有量及所占比例低，生产第一线的科技人员十分缺乏，广大养民的养殖技术又普遍较低，大多还凭经验和传统技术进行养殖，尤其是因形势所需而被迫转产的大量渔民，更是缺少养殖技术。这在相当程度上严重困扰着我浙江传统海洋优势产业的结构调整和升级。现代渔业需要现代先进科技与渔业的有效结合，需要一大批科技型人才和能熟练运用先进技术的现代渔民。人才培训的功能是不可或缺的，它是从根本上提高渔民素质，加快传统渔业向现代渔业转变、促进渔业可持续发展的必由之路。在建设海洋人才队伍的过程中，既要做好引进人才的工作，更要做好留住人才的工作，最好能让人才在舟山扎根下来。越是高水平的人才，越是看重事业的发展前景和工作环境的舒适程度，在地区人才竞争白热化的今天，愈发需要注重通过情感与人文关怀等精神上的付出来留住人才。吸引人才自然离不开优质的生活环境，舟山由于曾是海防前线，城市的基础设施以及其他硬件条件建设滞后，这就在很大程度上限制了人才的引进。没有梧桐树，怎能引来金凤凰？所以，必须通过改善舟山当地的医疗保障、交通通讯、住房保障等条件，来招引并且留住"金凤凰"。

5．海洋人才自主创新能力薄弱

"十一五"时期以来，舟山市围绕"两创一促"和"人才强市"战略，建立完善培养、选拔、使用、激励工作体系，科学技能人才队伍建设取得了明显成效。截至2011年底，全市科学技能人才总量达到近9万人，高技能人才超过万人，高级技师由2005年的38人发展到现在的291人，全市已初步建立了一支具有海洋经济特色和优势的技能人才队伍，为经济社会的发展提供了强有力的人才支持和智力保障。但目前人才总体实力仍不能适应发展的需要，高层次人才依然紧缺，全市现阶段科技创新人才的培养和发展面临人才流失多、人才增值难、人才缺口大等困境，市内专业技术人员列入省"151人才工程"第一层次人才仅1人，第二层次人才13人，第三层次人才135人，获得省"151人才工程"重点资助的人员也只有1人，与发达城市相比差距较大。海洋高技能人才培养基地建设滞后，无法满足经济社会发展尤其是海洋立市的需求。人才的区域、行业、产业分布相对滞后于产业结构调整，机械制造、船舶修造、海运、宾馆服务等行业人才严重不足，新兴产业人才储备匮乏，与海洋经济大开发大发展的形势不相适应。海洋企业中大部分是民营企业，其发展水平与海洋资源大市的地位还不相称，企业创新科技人员中具有高学历层次的领军人才、企业经营管理人才、创新性专业技术和技能人才十分匮乏，海洋高级技术人才及复合型的管理人才严重不足，人才总体实力也仍然不能适应发展需要。科研人员尤其是高层次人才无法满足海洋经济社会发展的需求，严重制约了舟山市科技创新和产业自主发展。随着资源开发进程的深入，还会不断出现新的技术瓶颈，这就需要政府宏观调控、政策引导技术创新环境的建设，为加快引进和开发高层次科技创新人才创造条件。

2011 年，舟山市在 56 个科学技术奖获奖参评项目中获科技进步奖 34 项，科技合作奖 9 项。虽然获奖项目与历年数目差别不大（见图 3.16），但与往年相比，2011 年度科技奖评选的海洋特色更加鲜明，船舶、渔业、水产加工、海洋药物、海岛农林等海洋产业的科技项目占主导地位，节能减排等项目呈上升趋势，突显了舟山市企业的自主创新能力正在不断提升。必须指出，虽然舟山在科技立项方面不断取得进步，但科技创新能力仍处于全省后列，科技发展总体水平仍处于沿海发达地区的后列，加上创新环境较差，科技成果转化缓慢，严重影响了全市企业的自主创新科研能力和发展后劲。同时，舟山市还未形成有利于人才集聚、人才能力及价值充分发挥的科研环境，科技创新人才成长环境和领军拔尖人才刚性引进的大环境都还没有真正形成。

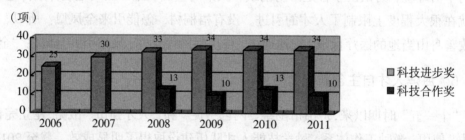

图 3.16 2006—2011 年舟山市科学技术获奖情况。资料来源：舟山市科技局网站。

（四）舟山群岛新区科技创新人才开发的完善路径

科技创新人才是人才队伍中具有研发能力和创新作用的特殊群体，科技进步在很大程度上取决于其数量和质量。提升科技创新能力，需要科技创新人才。对于以加快发展海洋经济为目标的舟山来讲，海洋科技创新能力的提升，更需要一支高素质、高水平的海洋科技人才创新队伍。舟山群岛新区科技创新人才开发是实施国家海洋战略、加快舟山群岛新区建设最具基础性、根本性、战略性的工作。为此，必须确立人才强市战略，完善引才引智机制，广泛吸纳各类科技创新人才，尤其是高层科技创新人才和海洋人才。要围绕海洋主导产业、新兴产业、创意产业和科技产业的发展，进一步加强创新人才的培养和引进，构建高层次的科技创新人才高地。从科技创新体系来看，要建立起适应海洋经济的科技创新的运行机制，只有这样才能最大限度地发挥创新人才的能力。建设科技创新人才队伍的一个关键环节，就是要壮大科技创新人才的工作载体，即各类科技服务机构。只有科技服务业不断完善，才能使服务人员更加多元化，服务范围更加广泛，才能提供更全面、有效的科技服务。要充分发挥科技创新人才的作用，要从加强政策支持、完善培育体系、提高人才层次、完善留人机制、优化环境氛围 5 个角度来实现。

1. 以人才强市战略为基点，多方面加强政策支持

目前，全国各大高校有关培养海洋型人才的学科并不多，这造成了海洋型人才的结构断层。为了应对此尴尬局面，舟山应从政府和企业等多个方面着手，采取具体的措施解决人才短缺难题。

一是政府要切实实施人才强市的战略，坚持以人为本，强化人才的培养和引进，不断壮大科技创新人才的队伍。要进一步增强加快科技创新的紧迫感、危机感以及责任感，抓住推进舟山群岛新区建设的机遇，围绕海洋经济主题，突出加快推进科技创新和海洋高新技术产业这两个关键环节，坚持产学研结合，强化以"转化实绩"为标准的评价导向。企业作为科技产品开发子系统，既是科技创新的主体，也是社会物质产品的最终提供者。科技成果只有进入企业，转化为现实的生产力，才能证明其自身存在的价值和意义。[1] 因此，要加快建立健全以企业为主体的区域科技创新体系，着力提升自主创新能力和产业核心竞争力，努力推动经济增长由主要依靠增加物质资源消耗向主要依靠科技进步、劳动力素质提高、管理创新转变。要在建立健全以企业为主体的产学研相结合的科技创新体系上取得新突破，努力加快科技成果转化，进一步加强科技创新平台建设，在加强共性核心技术研发上取得突破。要加快集聚以人才为核心的优质创新资源，大力创新科研体制机制，努力营造良好的科技创新环境，鼓励企业与科研院所、高等院校进行各种形式的联合，包括合作开发、项目委托、技术转让和建立以合建项目为纽带的有限责任公司等，有些科研机构可以整建制转型为科技企业，或通过联营、参股、控股等形式组建科技企业集团。[2] 此外，舟山市应重点引导和依托其优势海洋产业（如船舶、海渔等）的科技力量，整合科技资源，对行业共性、

[1] 曹洋，陈士俊，王雪平 . 科技中介组织在国家创新系统中的功能定位及其运行机制研究 [J]. 科学学与科学技术管理，2007（04）：20-24.

[2] 姜绍华 . 提升区域科技创新能力机制研究 [J]. 理论学刊，2008（04）:50-53

关键性和前瞻性的技术进行联合开发，以形成有利于重大平台技术的联合开发、利益分配和成果转化的机制。要加大产学研合作力度，集聚海洋科技资源，努力推进企业成为高校学生的实训基地、专家科研成果的中试基地，加强高新区孵化中心的建设，为外来专家到舟山市创业提供良好的科技攻关和成果转化的环境，吸引更多项目成果到舟山市转化发展。要将龙头企业和国内知名院校进行整合，建设海洋类产业技术创新联盟。要加大科技平台建设力度，全力打造"一城、一园、一岛、一院"，加快海洋高新园区和产业基地的建设。要积极创造条件，加强与外界科技的合作与交流，吸纳高科技院校和科研院所，建立多个研发平台，切实加强全市高新技术产品项目的研究与开发。要以全面提升创新能力和水平为目的，建设一支与地方经济和社会发展相适应的规模适度、结构合理、高素质的学科带头人队伍。要不断深化科技创新人才开发制度改革，努力构建"政府引导、市场配置、企业自主"的创新型人才开发体系，逐步建立政府调控与市场调节相结合的学科带头人培养使用机制。要通过全社会的共同努力，引进和培养一大批适合舟山的科技创新人才，重点建设海洋工程装备、海洋新能源、海洋生物产业、海水利用等领域的人才梯队，把全市人才资源开发推向一个新的更高的阶段，为促进创新型城市建设、构建和谐社会和经济社会又好又快发展提供坚实的人才和智力支撑。

二是企业应当利用高校的教学科研资源对企业的科技人员进行强化培训，提高企业创新人才的科研能力和专业技能，为企业的科技创新活动提供强有力的人力保障。要深入实施"新世纪海洋人才工程"和"111人才工程"。按照"不求所有，但求所用"的原则，做到人、智共引，通过组织实施重大科技项目、联合创建科技创新平台等多种途径集聚一大批科技创新人才。要充分发挥现有科技人员的积极性和创造性，改善他们的工作和生活环境。目前，对落户舟山创办科技型企业的海内外领军型创业人才和团队，根据项目的产业化程度和市场前景，舟山市一次性提供100万~300万元的创业启动资金，并提供相应的工作场所和住房公寓，三年内减免租金；对引进并落户舟山的各类创新创业项目，实施产业化生产后，年地方税收首次超过100万元的，给予其领军型人才个人或团队100万元的一次性奖励；[1] 从事具有市场需求的高新技术项目开发或产业化生产的，经论证、审批，根据其项目的投资需求，在创业风险投资、资金担保等方面，给予配套支持；以技术成果入股投资，经评估，根据投资方的约定，其技术成果可按注册资本不低于30%不超过70%作价入股，同时还可享受舟山市委市政府及有关部门已出台的有关人才引进的各项优惠政策和措施。针对科技服务业发展滞后，科技服务机构提供的业务范围小、服务效率不高，各行业对科技创新创业机

构的服务需求相对较弱，科技服务总体业务量不大出现的科技服务供给有限和需求不足并存的现象，政府可采取财政补助和税收减免措施来刺激科技创新创业供需双方的科技服务业务量，鼓励服务供给方扩大服务范围，提高服务效率。

2. 发展海洋教育，多角度完善培育体系

在海洋经济时代，要进一步抓好海洋科技创新人才队伍建设，统筹规划，建立海洋人才宏观导向机制。

一是要制订培育人才培养计划、紧缺科技创新人才培养计划、海洋经济重点科技创新人才培养计划等；实施依托重点科技项目的创新人才培养工程，建立和完善与重点项目相关的创新人才和创新团队数据库。要在舟山优势产业、特色产业中确定一批技术创新重点领域，制订相应的创新人才团队建设计划、海洋科技创新人才培养计划。要重点在现代管理、海洋科技等领域开展实施科技创新人才知识更新工程，不断提高科技创新人才的创新能力。要建立多种形式的专家联系工作制度，进一步发挥专家在人才培养中的积极作用。实施海洋科技实用人才培训工程，重点要抓好海洋科技推广人才、应用人才的培养开发。另外，要根据形势发展的需要，着眼长远、立足当前，创新培养模式，分层次确定人才培训计划，分类别确定人才培训重点。要根据各类人才的不同特点，在培养方式上坚持"三个结合"，即专业技术人才实行脱产学习与专业进修相结合，企业经营管理人才实行集中授课与外出取经相结合，实用人才实行基地培训与送技术下企业、下乡镇相结合，使各类人才都有培训机会，都能成长。要确立三大科技创新人才培训基地，即以科研院所、高校和企业中的重点实验室为依托的专业技术人才培训基地，以职业技术学院和经济开发园区（基地）为依托的实用人才培训基地，以高校为主体的企业经营管理人才培训基地。高校应发挥在科技创新中的重要作用，使海洋科技创新与人才培养紧密结合，努力做到既出成果又出人才。[1] 通过科技创新人才培养基地的核心主导作用，实施创新人才的培训，促进科技创新人才的知识更新、能力培养和素质提高。

二是要加强建设本地海洋类高等院校和学科，开发培育海洋科技人才。要优先发展海洋教育，提高海洋从业者的素质，重点是建设好一批海洋高等院校和学科。要积极发展多形式、多层次的海洋职业教育和海洋成人教育，使海洋普通教育和海洋职业教育的比例更加合理。要鼓励社会力量开办海洋教育，提倡多种形式的联合办学，优化配置。要充分认识人力资源的重要性，加强人力资源开发，积极探索有效的人力资源激励机制，引进优秀的人力资源，营造良好的发展环境，充分调动人力资源的积极

[1] 靳海亮. 对高校培养大学生科技创新人才的思考 [J] 黑龙江教育，2006，（Z1）：97-98.

性和创造性。要以高等教育、职业教育、继续教育等方式,通过高等院校培养、进修或建立全省科技创新人才培训计划等措施,培养能适应浙江海洋经济发展示范区及浙江舟山群岛新区科技发展需求的科技创新人力资源。对不同层次、不同专业的服务人力资源,要进行系统的、规范的专业性教育,提高科技创新人力资源的经营管理能力、科技服务能力,不断完善其知识结构和综合素质。要积极引导和鼓励高等院校、科研院所和企业的科技人员,社会专业技术人员,技术经纪人等投身科技服务,发挥其自身优势为舟山群岛新区科技创新创业提供服务,逐步形成具备管理和服务能力的复合型人才队伍。具体来说,一方面要整合浙江省高校、科研院所和国家海洋局第二海洋研究所的专业、学科和科技力量,在浙江海洋学院的基础上,联合国家海洋局第二海洋研究所组建成立浙江海洋大学;选择相关优势学科,进行重点培育和扶持,在科研条件建设、科研项目立项、资金安排上予以重点倾斜,培育和造就一批在全国具有一定影响力的学科带头人,形成一批涉海国家或省重点专业和学科。要启动建设浙江省海洋高新技术产学研基地,积极鼓励大专院校、科研院所与浙江省的涉海企业开展各种形式的横向技术合作,加速全省海洋高新技术的产业进程。另一方面要积极与沪苏及国内外名牌大学、著名科研院所合作,在浙江省海洋发展重点区域建立研究生分院、博士后工作站、开放式实验室等机构,为引进高级人才建立有效的工作载体。要参照海洋经济专业技术高职评委会的做法,在舟山市建立海洋经济职业技师评委会,促进海洋经济主要职业技师的培养、引进和使用。

三是要鼓励企业建立起一套培训体系,引导海洋科技人才的创新型成长,并进行相应指导,将教育与培训相结合的海洋人才培养方式推广开来。

四是要着力建设区域创新载体,为科技人才的科研和创业搭建平台。一方面加强省海洋开发研究院、市科创园、浙大海洋中心和海洋科技国际创新园的建设,培育一批高新技术企业、省级创新型企业、省级高新技术特色产业基地等以企业为主体的科技研发基地,提升科技人才创业创新条件;另一方面大力推进以海洋产业为重点的人才高地建设,推进区域性特色明显的海洋经济人才队伍建设,重点突出港口物流、船舶修造、海洋旅游、海洋化工、海洋生物、海产品精深加工等人才的培养集聚,着力构建特色鲜明、结构合理、环境优化的海洋经济人才高地。

3. 引进高端人才,全方位提高人才层次

一是要多参与海外人才招聘,加强国外高水平人才的引进,尤其是吸引高层次留学人员回国发展,全力打造一支了解科技前沿、拥有参与国际竞争能力的优秀人才队伍。为此,要开展对海归人才的调研,搜集舟山本籍留学海外人才的情况,同时也要加强对人才需求企业单位的调查,准确把握人才供给和需求信息,全方位做好海外高

层次留学人才的引进工作，尤其是符合浙江海洋经济发展示范区、舟山群岛新区建设的人才，从而尽快使舟山在地区人才的竞争中抢占高地，掌控海洋经济发展的主动权。要抓住舟山群岛新区大开放大开发大发展的机遇，采取多种措施和形式，强化舟山市科研人员同国外特别是发达国家科学家、科研机构和高等院校的交流与合作，掌握世界科研的走向和最新信息，从而使更多项目跻身于世界科学的前沿领域。在科技人才队伍建设中，要以各级重大人才培养计划、重大科研和工程项目、重大产业攻关项目、国际学术交流合作项目为依托，坚持在创新实践中识别人才，在创新活动中培育人才，在创新事业中凝聚人才，努力造就一批德才兼备的国际国内一流的科学大师和科技领军人物，引领舟山市科技发展走向国际前沿。[1]

二是要大力开展对外科技合作交流，为引进高端人才提供渠道。要深入推进与中国科学院、浙江大学、中国海洋大学、大连海事大学、武汉理工大学等大院名校的市校合作关系，吸引和集聚海洋科技服务专业队伍，壮大我市科技人才库的力量。在稳定舟山现有人才的基础上，积极引进各地高素质科技人才来舟山工作创业，建立人才流动、人才使用、人才评价等一系列机制，为舟山科技研究水平的提高提供人才保证。在健全和完善人才引进机制的同时，要加大财政对此的支持力度，切实提高高端科技创新人才的工资薪酬，使引进的人才从根本上对舟山产生认同感和归属感。要以更加开放的视野和更为有效的人才培养、选拔、管理、使用办法，坚持以人为本，强化人才的引进和使用，发展壮大科技研发和技术创新人才队伍。在建立和完善引进人才机制的同时，还要重视后备专业人才的培养和现有科技人才的培训工作。具体而言，既要实现高端海洋科技人才福利待遇上的突破，鼓励企业实行多层次的分配制度和向精英人才倾斜的分配激励制度，最大程度地吸引高层次海洋人才的到来，对急需引入的海洋科技人才，可以高薪聘用。更要树立"为我所用"重于"为我所有"的观念，在引进形式上尽可能利用舟山船舶制造、渔业养殖等行业的特点，采取行业技术承包、技术指导、科研项目开发和成果转让等形式。

三是要抓好领军人才项目的引进和服务工作，激发创业创新热情。要将引才和引智有机结合起来，加强同国内著名高等院校和科研院所的合作，积极拓展引进海外人才智力的渠道。对拥有科学技术成果、发明专利或掌握高新技术及紧缺专业的各类高层次人才，可通过项目合作、创办企业、提供科技咨询服务、兼职、讲学、短期聘用等方式，为舟山市科学研究、技术创新等服务。组织部门要做好舟山海洋经济领军人才项目的管理工作，在项目评审、知识产权认定、落户洽谈、项目跟踪和验收等方面提供服务，加快促进海外高层次人才落户舟山。

---

[1] 周绍森，张莹.创造良好环境，培养造就创新型人才 [J]. 高校理论战线，2006（07）：4-7.

4. 以激励机制为抓手，全方位完善留人机制

（1）建立"激励机制，统筹各类创新人才发展

要加强对科研带头人、科研团队、科技人才的培养力度，并在战略层次上优化人才的产业和地区分布，深入实施重大人才工程和政策，培养造就世界水平的科学家、科技领军人才、卓越工程师和高水平创新团队。要大力引进海外优秀人才特别是顶尖人才，支持归国留学人员创新创业。要加强科研生产一线高层次专业技术人才和高技能人才培养，重视工程实用人才、紧缺技能人才和农村实用人才培养，激发人才资源潜能。建立科技创新人才激励机制的目的是调动科技人才的创新热情和主动性，增强他们的创造力、工作效率和组织归属感。要建立完善的激励机制，首先要完善对科技创新人才的精神激励政策；其次要完善驱动科技创新人才为经济建设服务的激励和倾斜政策；再次要制定对科技创新人才的保护政策。完善科技人才保障激励机制，就是提高技能人才的政治经济待遇和社会地位，在各级党代表、人大代表和政协委员的推选过程中要安排一定比例的海洋科技人才；符合条件的，要优先推荐参加国务院特殊津贴、"五一劳动奖章"、"浙江省金锤奖"和各级劳模的评选。要进一步引导广大企业建立和完善以能力和业绩为导向、使用与待遇相结合的激励机制，规范海洋科技创新人才的福利待遇。企业在聘的研究人员、科学技术人员，应与本单位助理工程师、工程师、高级工程师享受同等工资福利待遇；参加境内外培训、休假、疗养的企业在聘研究人员、科学技术人员，应与工程师、高级工程师享受同等待遇。要切实加大表彰奖励力度，开展"舟山市科研能手"、"舟山市科研大师"和"优秀海洋科技创新人才"等评选表彰活动，充分发挥海洋科技人才的示范引领作用，进一步加强科技创新人才队伍建设，提高海洋科技人才队伍整体素质。

（2）完善"评价机制"，充分肯定科技人才的价值

人力资源是经济社会长期持续发展的第一资源，具有不可代替、不可复制和持续创造价值的特性。如何对人才进行合理配置，有效激励，科学使用，离不开一个基本前提，即是建立科学的科技创新人才评价体系。近几年来，不论在评职称、奖励和人才聘用上，还是评定各级科研经费的分配和成果上，都存在评价标准不合理和分配失当的问题。[1]要建立以科研能力和创新成果等为导向的科技人才评价标准，加快建设人才公共服务体系，健全科技人才流动机制，鼓励科研院所、高等学校和企业创新人才双向交流，探索实施科研关键岗位和重大科研项目负责人公开招聘制度，规范和完善专业技术职务聘任和岗位聘用制度，扩大用人单位自主权，探索有利于创新人才发挥作用的多种分配方式，完善科技人员收入分配政策，健全与岗位职责、工作业绩、实

[1] 阎康年 . 创新环境对科技创新的重要作用 [J] 科学对社会的影响，2004，（04）：10-13.

际贡献紧密相联的鼓励创新创造的分配激励机制。要建立科学的人才评价体系，真正把品德、知识、能力，尤其是业绩，作为衡量科技创新人才的主要标准，进一步克服科学研究中论资排辈和急功近利的倾向，坚持不拘一格使用人才。遵循"目标导向、分类实施、客观公正、注重实效"的要求，科技人才评价工作要分类构建科技创新人才评价标准，通过多元化的科技创新人才评价方式选拔、评价科技创新人才，营造宽松的创新环境，实现鼓励原始性创新，促进科学技术成果转化和产业化，发现和培育优秀人才，同时要防止和惩治学术不端行为。当前国内科研机构大多以论文或专利数量作为科技人才评价的主要指标，它虽然在一定程度上能够保证评价的客观性，但也有很多负面的影响。比如，一些科研人员片面追求论文数量，寻找同一级别中影响因子低的期刊发表文章而降低整体的研究水平，形成"科技泡沫"。又如，随着科研经费数量在科技人才评价中的比重逐渐增大，科研人员把大量时间、精力花费在跑课题、要经费、写总结等事务中而无暇深入研究，进而影响整体创新水平。因此，各类科研机构亟需建立完善的既符合科技人才成长规律又有利于激励自主创新的人才评价和奖励制度，实现人才贡献与价值的相互统一。

（3）完善"保障机制"，打造海洋科技创新人才基地

科技创新人才的成长需要有良好的外部环境，主要表现为要有活跃的学术交流、民主的文化氛围、鲜明的政策激励、稳定的条件保障等。要为承担领先性、前沿性的重大科研项目的科技人才提供具有创造实践活动的发展空间，使他们具有创造实践活动的自主控制权，组织形成一支结构合理的创新科研团队。其实，领衔或参与领先性、前沿性的重大科研项目，本身就是科技领军人才成长的实践条件；提供创造实践活动空间是科技领军人才产生的内部机理；创造实践活动的自主控制权是科技领军人才增长才干的助推动力；结构合理的科研群体是科技领军人才涌现的支撑平台。要探索建立人才工程经费保障机制，加强对财政投入经费的管理，确保经费使用合理、高效、廉洁。对科技创新人才的培养开发、吸引保留、管理使用等，应有特殊的支撑和保障措施：支撑，包括项目支撑、人才支撑、经费支撑、文化支撑等；保障，重在机制保障，构建和完善荣誉激励、分配激励机制和知识产权保护机制、身心健康保障机制等。这样才能充分调动科技领军人才的积极性和创造性，使他们全力以赴投入创造性劳动，带领团队不断攻关夺隘，持续获得科技创新成果。着力点要放在大力支持他们完成重大项目或课题上，以项目或课题牵引创新攻关，以创新成果造就领军人才。要做到上述这些，关键是要不断创新人才观念和人才机制，以更开阔的思路、更宽广的胸襟育才育智、引才引智，形成有利于自主创新的社会环境，营造以能力为本位的社会氛围，构建有利于创新的动力机制，让创新型人才与创新型企业因为自主创新而获得实实在在的利益。要对所引进的海外人才的工作、学习和日常生活多加关怀，多加培养，突

出感情留人。

5. 以软环境建设为着力点，进一步推进自主创新

（1）加大宣传"求真务实"，营造自主创新文化

要建立健全科研活动行为准则和规范，加强科研诚信和科学伦理教育，将其纳入国民教育体系和科技人员职业培训体系，与理想信念、职业道德和法制教育相结合，强化科技人员的诚信意识和社会责任。要发挥科研机构和学术团体的自律功能，引导科技人员加强自我约束、自我管理。要加强科研诚信和科学伦理的社会监督，扩大公众对科研活动的知情权和监督权。要加强国家科研诚信制度建设，加快相关立法进程，建立科技项目诚信档案，完善监督机制，加大对学术不端行为的惩处力度，切实净化学术风气。要引导科技工作者自觉践行社会主义核心价值体系，大力弘扬求真务实、勇于创新、团结协作、无私奉献、报效祖国的精神，保障学术自由，营造宽松包容、奋发向上的学术氛围。要大力宣传优秀科技工作者和团队的先进事迹，加强科学普及，发展创新文化，进一步形成尊重劳动、尊重知识、尊重人才、尊重创造的良好风尚。科学技术创新是一项复杂的社会活动，要从根本上解决创新活动中的人才问题，需要全社会的共同努力。应把推动自主创新摆在经济工作的突出位置，在实践中走出一条具有海岛特色的科技创新之路，为实现经济社会全面协调可持续发展提供更加有力的科技支撑，让具有海岛特色的舟山群岛新区走出中国，走向世界。

（2）规范"流动机制"，营造人才宽松环境

人才流动靠市场，制度环境是关键。营造公平透明、竞争有序、规范运作的人才市场机制，法制保障、竞争择优、监管到位的人才管理机制，是建立零障碍人才流动机制的两大举措。[1] 人才流动是市场经济发展的客观要求和必要条件，是调节人才需求与供给，充分发挥人才效益的重要机制。良好的人才流动机制是科技创新人才管理水平高低的重要标志之一。要坚持高层次科技创新人才引进绿色通道制度，建立科学、合理、灵活的科技创新人才柔性流动机制，形成多种形式的"科技创新人才驿站"，破除人才流动的障碍和壁垒，培育和完善促使人才有序流动的中介公司，对人才流动建章立制，使人才流动走向规范化、法制化。[2] 要着力解决社会化服务水平不高，科技创新人才流动困难和无序流动等问题，更好地发挥市场对科技创新人才资源的优化配置作用，建立完善人才市场服务体系，形成促进人才合理流动的机制。要建立和完善人才流动的服务机构，真正把人才服务延伸到经济社会的各个领域，把人才开发、

[1] 梁伟年. 中国人才流动问题及对策研究 [D]. 武汉：华中科技大学，2005（05）：83-126.
[2] 姜从盛. 科技创新人才的培养与激励 [J]. 科技创业月刊，2004（03）：21-23.

培养、使用等各个环节有机结合起来，使人才资源得到优化配置和整体性开发，转化为直接生产力。要运用分配杠杆调节人才供求关系，自觉运用价值规律来调节人才供求关系，吸引和留住所需人才，引导人才资源自律流动。要使人才流动中的交流关系和市场实行法制化，建立一套符合市场规律的法律体系，强化人才市场和人才流动的立法和执法工作。[1]

经济的转型升级决定了科技创新人才的管理服务模式。舟山正在进入海洋经济发展的新时代，"以海兴市，全面跨越"，为舟山海洋经济发展理清了发展战略思路。推进浙江舟山群岛新区建设，是一项极具开创性的工作，要充分认识推进新区建设的艰巨性和复杂性。海洋事业是科学技术密集型和人才密集型事业，海洋人力资源是发展海洋事业的第一资源和根本保障。要实现浙江舟山群岛新区的跨越式发展，建设海上浙江，必须大力培育培养科技创新人才。我们相信，在国家海洋战略的背景下，通过舟山市和众多合作方的共同努力，科技创新人才一定会茁壮成长并形成规模，舟山群岛新区建设一定会开创更加美好的未来。

四、平台建设是科技创新的必要前提

创新力是一个国家发展力水平的重要标志之一，创新是一个国家兴旺发达的不竭动力。海洋经济的高科技发展趋势表明：掌握海洋高科技，就掌握了海洋经济发展的方向和未来，科技创新是海洋经济可持续发展的不竭动力。科技创新平台作为支撑全社会创新活动的重要载体和核心力量，在海洋科技与经济发展中发挥着重要的作用。

海洋科技创新服务平台网络，是促进海洋科技创新的重要基础。近年来，科技类应用系统不断投入使用，对于促进海洋科技平台网络创新、提高科技管理效率方面起到了巨大的推动作用。科技创新平台作为支撑全社会创新活动的重要载体和核心力量，在区域科技与经济发展中发挥着重要的作用。面对激烈的国际科技与经济竞争，世界主要发达国家都已将建设一流的科技创新平台，作为支撑创新活动的优先选择和实现跨越式发展的战略举措。德国科技基础条件平台之一的马普学会、印度的产品自主创新平台、爱尔兰的自主创新服务平台等，都是各国科技创新平台实践的不同形式。2002 年，我国科技部就长期困扰科技界的科技基础条件薄弱问题提出了建设"科技大平台"的设想；2004 年出台的《2004—2010 年国家科技基础条件平台建设纲要》，提出了国家科技基础条件平台建设的目标、任务和重点；2006 年发布的《国家中长期

---

[1] 苏如娟.完善人才流动机制,促进人才合理流动[J].重庆工业高等专科学校学报,2003（01）:117–119.

科学和技术发展规划纲要（2006—2020年）》再次强调了加强科技基础条件建设的重要性。随着这些规划和纲要的实施，大批重点实验室、工程研究中心、企业孵化器和科技园区等创新平台，以及各类科技公共服务平台都已进入了新的发展阶段，推进了海洋科技创新的进程。

目前，随着国家部分平台进入建设阶段，各省市也纷纷启动科技创新平台的规划与建设工作。但从实践来看，地方多沿袭国家科技基础条件平台的设计与管理，存在着盲目开发建设等弊端。

（一）舟山群岛新区科技创新平台建设取得的成效

1. 科技创新平台建设进一步推进

舟山市不断强化重大科技创新平台建设，进一步优化科技创新条件，为科技创新提供了有效保障。中国（舟山）海洋科学城科技创意研发园正在建设中，园区拆迁征地后，一期启动区块建设工程已全面展开，目前完成了总工程量的40%。并借鉴先进理念，对综合区块及核心区块建设进行了超前谋划；招商引智工作取得重要突破，完成了与微软公司、浙大网新、浙江盘石、华东勘测设计研究院等9家国内外知名企业和科研机构的签约，另有舟基集团海洋工程研究院、浙江海洋学院海洋生物国家工程中心等一批项目在积极推进之中，中国兵器工业集团、上海交通大学等一批高科技企业和大院名校也有意落户园区。园区累计利用市外资金10870万元，实际到位资金5070万元，已实现融资1500万元，并与省进出口银行初步达成了2.3亿元的融资意向。浙江省海洋开发研究院组织实施了海洋科技创新服务平台提升工程，新组建了定海临港石化储运与加工、普陀海洋新能源、岱山船舶设计与装备、嵊泗海洋生物技术等14个子平台，海洋公共实验室新增加的仪器设备价值515万元。浙江大学舟山海洋研究中心和摘箬山海洋科技示范岛建设顺利推进，已组建了海洋经济发展战略、海洋生物综合利用、船舶工程与机电设备、海洋工程设计等4个研究所和1个博士后科研工作站，已有教授4名、副教授4名、博士后6名，累计承担市级以上各级科技项目88项，完成技术（咨询）服务120余次。浙大摘箬山岛外海实试基地一期1.1万平方米的试验楼、综合楼建设工程已完成总工程量的40%，岛建配套项目"海岛可再生能源互补发电关键技术研究及工程示范"被列为科技部主题863项目，"海洋装备试验浙江省工程实验室"获得了省发改委批准。由浙江海洋学院建设的海洋设施养殖国家工程技术研究中心获得国家科技部批准，取得了重要突破。定海海洋科技创业中心被认定为省级科技企业孵化器。新港工业园区科技孵化器一期正式投入使用，孵化面积达24万平方米。

2. 科技创新服务体系进一步完善

截至 2010 年，舟山市拥有省级专业科技企业孵化器 2 家、省级高新技术企业研发中心 18 家、省级农业科技企业研发中心 9 家、省级以上区域科技创新服务中心 8 家。[1] 2010 年 6 月，以浙江省海洋开发研究院为主体承建单位的"浙江省海洋科技创新服务平台"建设项目，顺利通过由省科技厅组织的验收。平台以"整合、共享、服务、创新"为宗旨，整合了中国海洋大学、国家海洋局第二海洋研究所、宁波大学、浙江海洋学院等省内外涉海科研的有关科技力量，按照"政府搭建平台，平台服务企业，企业自主创新，创新推动升级"的总体要求，开展了应用技术创新、共性关键技术攻关、技术中试开发、技术引进和成果产业化应用、产品检验检疫、对外合作交流、技术与信息服务和人才培养等一系列科技创新服务；浙江省海洋开发研究院累计实施重大海洋科技项目 100 多项，集聚中高级研究人员 400 余名；2011 年 6 月，部省共建国家海洋科技国际创新园落户舟山。在今后一个时期内，科技部和浙江省将对拟定共同推进的项目给予重点支持，以加强园区国际海洋科技资源集聚能力，发挥科技创新对海洋产业的支撑和引领作用，推进浙江海洋经济发展示范区和舟山群岛新区建设。

3. 科技攻关和成果转化成效显著

舟山群岛新区以推进传统产业转型升级、建设海洋新兴产业、促进社会和谐为目标，以共性关键技术攻关、科技成果引进转化、高新技术产业化、民生科技工程为重点，实施了一批科技含量高、产业引导性强的重大科技项目，如船舶修造领域实施了国家国际合作项目"江海联运高效系列船舶开发与示范"，海洋生物领域实施了省厅市会商重大专项"以水产胶原蛋白肽为基料的医用食品研制及产业化"，海洋工程装备领域实施了省厅市会商重大专项"海上钻井平台辅助装备制造关键技术研究及产业化"，临港化工领域实施了国家支撑计划项目"储运油泥资源化利用关键技术与示范研究"，生物医药领域实施了省重大科技专项"国家一类新药改性钠基蒙脱石临床研究"等，攻克了一批制约经济社会发展的技术瓶颈，转化了一批高新技术成果，产生相关的经济效益，催生了一批优秀科技成果和自主知识产权。

4. 对外科技合作交流进一步拓展

全市以建设国际创新园和引进大院名校为重点，加大国内外科技资源的引进力度，促进海洋科技创新要素的集聚。

---

[1] 舟山市科技局. 2010 舟山科技工作十大亮点 [J]. 今日科技，2011（01）：20.

（1）海洋科技国际创新园落户舟山

2011年1月，国家科技部批复了《浙江省人民政府关于恳请并共建海洋科技国际创新园的函》，同意选址舟山共建国家海洋科技国际创新园；同年6月初，科技部对海洋科技国际创新园进行了授牌，并签署了部省共建合作协议。

（2）与大院名校的科技合作不断拓展

舟山市继续推进与中科院的"4321"工程，中科院舟山海洋研究中心正在积极筹建之中，2013年7月舟山市与中科院举办了合作推进会，来自中科院系统的40余位专家参加了相关对接活动，共达成技术合作意向19项；中科院海洋所和中科院宁波材料所也分别与我市举行了合作交流活动，院市双方已累计共建创新载体达9家，项目合作和成果转移转化30余项。另外，舟山市与浙江大学的合作不断加强，全年浙大专家与我市近70家单位进行了技术对接，达成科技合作意向58项；深化与大连海事大学的合作，大连海事大学30余位专家教授举办了航运大讲堂系列讲座，大连海事大学舟山航运发展研究院已签约落地；中国海洋大学舟山海洋研究院、上海交通大学舟山群岛研究院等共建载体正在洽谈落地之中；与浙江工业大学、武汉理工大学等大院名校也建立了市校合作关系。

（3）"产学研"合作层次不断提升

浙江兴业集团牵头建设了全国首个海洋类产业联盟"中国海洋产品制造产业技术创新战略联盟"，扬帆集团牵头建设了省级"船舶制造产业技术创新战略联盟"，海力申集团牵头申报组建了浙江省海洋生物产业技术创新国际战略联盟。

5. 创新型高新技术产业发展迅速

2010年，全市规模以上工业企业高新技术产业增加值为45.88亿元，比上年增长104.64%，高新技术产业增加值占工业增加值的比重为20.49%，比上年增长47.51%，两项增速均居全省第1位。2011年1—11月全市规模以上工业高新技术行业产值增长46.2%，高出全市规模以上工业平均增幅28个百分点。

舟山省级高新技术产业园区积极完善空间规划和基础设施建设，已累计引进企业和项目141家（个），格罗斯精密机械、黎明发动机零部件、弘禄汽车安全系统和裸视3D项目等一批规模较大、科技含量较高的高新产业项目相继落户园区。园区1-8月完成固定资产投入、工业总产值、利税，同比分别增长53.5%、25.1%和41.1%。高新产业基地建设成效显著，定海挤出成型设备及其基础件省级高新技术特色产业基地和普陀海洋生物与生化产品省级高新技术特色产业基地，已入驻成员企业200多家。

6. 企业的科技创新水平提升显著

要目前，全市共有高新技术企业 32 家，其中弘生集团有限公司被认定为省创新型示范企业，浙江欧华造船有限公司被认定为省创新型试点企业。全市已有省创新型示范企业 2 家、省创新型试点企业 6 家、市级和县（区）级创新型企业 26 家；新增省级科技型企业 12 家，共计 89 家；新增省级农业科技企业 9 家，共计 54 家；新培育省级高新技术研发中心 3 家，省级高新技术研发中心增至 18 家；新培育省级农业科技企业研发中心 4 家，省级农业科技企业研发中心增至 17 家。2010 年全市企业通过企业研发费用加计抵扣政策共获得税收优惠 2799 万元，高新技术企业获得所得税减免 10560 万元。2011 年全市企业根据市政府《关于加快工业企业科技创新的若干意见》享受财政科技创新奖励经费 1628 万元，其中市本级财政 1045 万元。企业创新投入和创新意识显著提升，2010 年全市规模以上企业技术开发费支出比上年增长 37.86%，企业技术开发费占主营业务收入的比例为 1.16%；2010 年全市共开发了 123 项省级新产品，全市规模以上工业企业新产品产值比上年增长 27.03%，工业新产品产值率为 26.52%，居全省第 1 位。

（二）舟山群岛新区科技创新平台网络的创新构想

要在现有海洋科技创新平台的基础上，利用现代技术手段，建成一个覆盖整个海洋（可以为整个海洋科技创新提供支撑与服务）、疏密相间（根据海洋科技与经济发展需要，科学确定平台布局密度）、错落有序（沿海发达地区海洋科技创新平台相对密集、沿海落后地区海洋科技创新平台相对松散），贯穿整个创新环节（从设计、检测、测试、标准化，到产业化整个环节），能够提供有效支撑（提供全方位服务）的海洋科技创新平台体系。通过政策引导、机制创新，实现科技创新平台的规范管理、有效使用和增值服务，提升海洋科技的自主创新能力。

1. 海洋科技创新平台网络的结构

舟山群岛新区海洋科技创新平台网络是系统性创新的一种基本制度安排，网络构架的主要联结机制是成员间的创新合作关系。基于创新产生、扩散和应用的过程，依据资源整合与优化重组的原则，海洋科技创新平台网络应以平台为支撑，贯穿从研发设计到检测、测试、标准化再到产业化的整个创新环节，功能齐全、开放高效的，能够有效支撑海洋科技创新活动的网络化系统（见图 3.17）。在该系统中，研发平台是创新活动的基础和源头，由海洋重点实验室、海洋中试基地、海洋工程研究中心组成；产业化平台是成果转化和产业化的关键，由企业化孵化器、海洋科技园区、海洋产业基地组成；公共服务平台为创新提供服务支持，由生产力促进中心、行业检测服务机构、技术转移交易机构组成。这3类平台在完成自身创新任务的同时，应能够有机结合，彼此促进，有效支撑海洋科技创新活动。

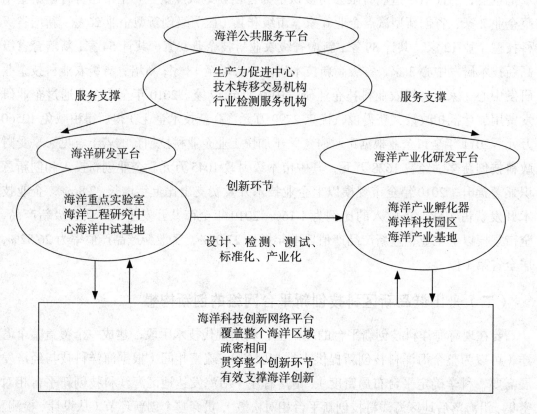

图 3.17　海洋科技创新平台网络

2. 海洋科技创新平台网络的功能

科技平台建没是政府发挥公共科技职能，支撑经济发展，推动科技进步，提高科技自身发展与创新能力的重要内容和手段。海洋科技创新平台本质上是一种集成创新的手段，平台的三大组成部分形成了一个有机网络，这一网络的结构决定了其整体功能。

（1）综合集成功能

综合集成功能是创新平台网络各参与主体利益的协调与整合，是促进各个功能结合成为创新网络共同体的过程。海洋科技创新平台网络的强凝聚力，将各类平台所拥有的创新要素进行传播、交合、衍变并合理利用，使创新要素的效用得以最大发挥；同时，还可以调节资源拥有者之间的利益冲突。

（2）优势互补功能

海洋科技创新平台网络内部的合作与互动是一个各方优势互补的过程，各方优势相互补充、相互合作，共同推动海洋科技创新网络平台的发展与建设。因此，在这一功能的作用下，平台将产生"正溢出"效应，即一个子平台的创新效率会随着其他子平台创新效率的提升而提升。

（3）技术互补功能

海洋科技创新平台网络的技术互补功能体现在子平台之间协同创新的过程中。平台网络在客观上创造了一个取长补短、相互沟通、相互学习的环境。各类平台通过频繁的交互作用，一方面有益于增进了解，达成共识，另一方面也创造了合作机会，增加了形成技术互补关系的可能性，降低了集成创新过程中的交易成本和管理成本。

（4）激励约束功能

人力资源是现代企业的战略性资源，也是企业发展的最关键因素，而激励约束功能是人力资源的重要内容。[1]激励约束功能是从各类平台开展合作交流方式的角度来说的，合作越多，关系越紧密，创新成本就越低。海洋科技创新平台网络集成了创新环节中的各种组织和机构，使各方能够通过交流与合作，减少信息传输的环节。在这一功能所推动的合作中会形成一种创新文化和一些有形的制度规则、共同的价值观等，从而激励或约束各子平台的创新行为，降低创新过程中的风险。激励约束功能可以进一步促进子平台之间形成稳定的技术互补关系。

（5）创新能力放大功能

海洋科技创新平台网络有利于放大各子平台原有的创新能力，产生强大的乘数效应。由于海洋科技创新平台网络中技术创新互补和激励约束作用的存在，使得平台网络具有创新能力放大功能，即在这两大互补功能的作用下，原本独立的不同子平台可以实现相互联结，通过协同作用转变为强大的发展动力，从而使创新效果加倍。创新是在技术和市场协调过程中发展起来的，海洋科技创新平台网络所具有的这一功能能够使人才、资金、信息等的流动更加顺畅，使海洋科技创新条件和环境更为优越。

通过以上分析可知，海洋科技创新平台网络的这些功能既相对独立又相互联系，形成一个完整的功能体系。它们之间的关系如图 3.18 所示。

[1] 胡光彩 . 中国高新技术企业 [J]. 维普资讯 ,2009（19）: 15-3.

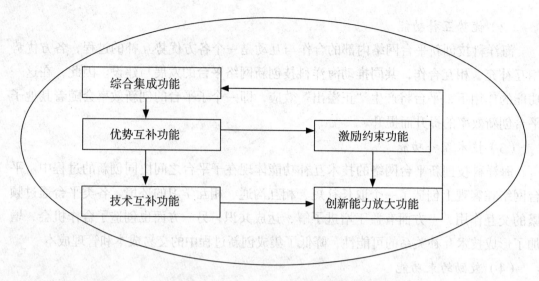

图 3.18 海洋科技创新平台网络功能关系

（三）舟山群岛新区科技创新平台网络的具体运行

科技创新平台网络对海洋科技创新资源的优化整合以及海洋科技自主创新能力的提升，具有重要的作用。它建立在充分考虑海洋科技发展需求和特色的基础上，调动高校、科研院所及企业参与平台建设与运行的积极性，整合海洋科技优势资源，为海洋科技发展提供有效支持。同时，合理规范平台运行机制，可保障平台的持续运行和创新，促进海洋创新的可持续发展。

1. 运行机制

（1）运行模式

加强与国家海洋局的合作，共建浙江省海洋科学院；加强与科技部的合作，共建舟山国家海洋科技创新园（简称科创园）。

作为舟山海洋科学城建设的核心区块，科创园建设是全市科技工作的重中之重，要积极谋划综合区块和核心区块的建设规划工作，并不断完善科创园的运行机制和规划。高校科技创新平台是高校与社会资源合作创新的新模式，它是由政府倡导，高校主导，企业、科研院所紧密合作，金融机构和科技中介组织积极参与的研发战略联盟。要重点依托高校，建立科技文献共享平台、科学数据共享平台、大学科技园、重点实验室；重点依托科研院所，建设资源共享平台；重点依托大型企业，建设工程技术中心、仪器设施共享平台、行业检测服务平台、专业技术服务中心。在政府引导下，整合企业、高校与科研院所的优势资源，共同建设中试基地、科技企业孵化器、生产力促进中心、网络环境共享平台、管理咨询平台和技术交易平台，共同推动海洋科技创新平台网络的建设与发展。

（2）利益机制

应以解决海洋科技创新平台网络最关心、最直接、最现实的利益问题为重点，统筹兼顾各方面利益，协调好不同利益主体的利益差别，尤其是弱势领域的利益需求，使建设、发展中利益受损的领域得到合理补偿，让发展带来的利益增量为多数领域所共享。

舟山群岛新区科技创新平台网络在发展的过程中首先面临的是资金问题。在科技创新平台网络建设的初期，政府的资金支持是发展的重要前提，要以政府的大力支持和科研经费作为启动资本。在平台的发展过程中，要以市场为导向，审时度势发展有偿服务项目，如工程化开发、科学研究等，实现自身的利益与发展，自己承担责任与义务。在创建研究基地、科技园区、网络工程研究中心等研究场所的同时，根据实际运行的情况，可以参照现代化企业的管理体系，健全人事、财务、资产、分配与考核等方面的管理制度，使有偿服务作为平台工作的重点和主要资金来源，以政府为主导、市场为导向、企业化管理制度为实际运行的方式，共同推动海洋科技创新平台网络的建设。

（3）决策机制

首先，应联合发改委、教育厅、经计委、环保厅、科技厅和财政厅等有关部门，建立厅际联席会议制度，根据海洋科技与产业发展的实际需求，科学确立舟山群岛新区科技创新平台网络体系的建设布局。在具体运行中，平台采取政府引导、市场化运作、企业化管理的运行方式。[1]政府主要通过参与董事会（理事会）、开展项目引导、组织专家团评估工作业绩等方式，间接引导平台的发展；平台体系由平台管理中心负责，通过有效整合海洋区域内部不同科技创新平台的资源，实现平台体系的顺畅运行；构成平台体系的各子平台，应按照企业化管理方式，对自身的发展与经营进行自主决策。同时，应成立专家咨询委员会，对平台体系建设与运行的具体内容和方案，提供建议或进行论证。

决策是发展的一个重要环节，在海洋科技创新网络平台发展的前期尤其需要注重决策的合理和优化。

（4）监督机制

政府作为平台的管理部门，应采用定期考核和不定期抽查的形式，对海洋科技创新平台进行动态监管，以及时掌握其运行情况。科学完善的规章制度和质量管理体系

[1] 孙庆，王宏起.地方科技创新平台体系及运行机制研究［J］.中国科技论坛，2010（03）：16-9.

是网络平台建设及高效运行的基础，加强监督管理是保证网络平台发展的有效手段。政府要强化监督，健全规章制度，提升企业执行力；在监督的过程中实行等级动态评估制度，按照不同的等级平台，分配不同的科技计划项目和平台建设项目；根据科学发展的需求，在培育新的海洋科技创新平台的同时，及时淘汰创新与服务功能低效的平台，以保障海洋科技创新平台网络的有效运行。

2. 运行策略

（1）创新制度，加强管理

在日益紧迫的国际海洋环境中，中国的海洋产业急需发展壮大，然而国内环境存在的诸多问题阻碍了海洋经济的发展，如自然条件、技术手段、经济环境、制度政策等，因此需要通过创新制度等政策手段来推动各方面的合理管理与建设。

创新平台要按照职责明确、评价科学、开放有序和管理规范的原则，建立健全保障平台建设与运行的绩效考核机制、共享监管机制和人才评价体制，形成科学的组织管理模式。平台的运行应遵循市场经济规律，以市场需求为导向，按照"谁拥有、谁服务、谁受益"的原则，制定合理的服务价格标准，承接科学研究、工程开发、技术服务等有偿服务项目，通过自主分配、自负盈亏、自我发展，来提高平台的利用效率。

要推进舟山海洋综合开发试验区和舟山海洋旅游综合改革试验区建设，创新体制机制，为全省海洋经济的持续、快速、健康发展积累经验。要完善综合协调、目标考核和工作推进机制，强化对海洋经济发展的重大决策、重大项目工程以及配套措施的督促落实。要加强海洋网络创新平台的管理，严格实施海洋的区划管理制度，强化海域、海岛、海岸使用审批管理，建立违法用海责任追究制，努力实现海洋综合管理法制化。

（2）强化监督，合理分配资源

舟山群岛新区是基于舟山群岛丰富的海洋资源，依据地域分工规律，综合考虑自然生态、社会经济、科技文化等因素所形成的复合功能区。舟山群岛新区建设要坚持以海洋生态文明为基本要求，以海陆统筹为基本途径，打造海洋优势产业、临海产业、涉海产业合理配置，经济、生态、社会协调发展的现代海洋特色经济区。舟山的海洋资源优势是新区建设的资源基础，海洋产业优势是蓝色经济区建设的产业基础。积极推进舟山群岛新区建设，必须立足于科学高效地开发海洋资源，充分发挥舟山海洋资源优势，进一步提升和巩固优势海洋产业，大力发展海洋高新技术产业，进而实现优势海洋产业、临海产业、涉海产业的合理配置。

要优化空间布局、资源配置和发展环境，建立和完善符合科技自身发展规律的海洋科技创新平台网络体系，通过引进相应的人才和技术，来提高科技园区的公共服务能力，增强海洋产业的竞争力和可持续发展能力，合理开发利用海洋生态环境资源。

（3）利用现有的资源，发展重点领域

舟山群岛新区海洋资源丰富，区域条件优越，其所处的浙江沿海和海岛地区北承长江三角洲地区，南接海峡西岸经济区，东濒太平洋，西连长江流域和内陆地区，区域内外交通联系便利，紧邻国际航运战略通道，具有深化国内外区域合作、加快开发开放的便利条件，利于发展海洋战略性新兴产业。该区域产业基础好，已形成较完备的海洋产业体系；科技实力强，拥有涉海科研院所和涉海院系 28 家，建有国家海洋研发中心 4 家，海洋科技创新平台 15 家，涉海科技企业 3100 余家，海洋科研人员 8300余人。舟山群岛新区的海洋科研机构经费收入居全国第 4 位，海洋本专科专业点数居第 2 位，区域海洋科教体系基本建成。现有的有利资源为海洋科技平台网络发展提供了良好的基础。在这样的前提下，舟山应重点发展港口与海岸带工程、港航物流工程、海洋装备工程、海洋渔业工程、海洋生物资源利用工程等海洋产业。

（四）舟山群岛新区科技创新平台网络化发展路径

海洋科技创新平台网络化发展既涉及平台自身建设及其功能的增强，又涉及各类子平台之间有效和密切的交流与合作；既涉及市场作用的充分发挥，也涉及政府宏观协调手段的有效行使。从上述对海洋科技创新平台网络结构与功能的剖析中可以看出，促进子平台之间的协同与互动，在科技创新平台网络形成和发展的过程中极为重要。现有的关于各类子平台建设和发展方面的研究已经很多，本书侧重讨论各类平台之间合作与互动关系的形成。

海洋科技创新平台网络化发展过程是指通过整体规划和设计，以整合资源为主线，以资源共享为核心，对各类子平台进行战略重组与优化，使之形成稳定、密切的合作与互动关系，从而吸引更多组织和机构加入，使平台规模得以扩展，形成结构健全、功能完备的海洋科技创新平台网络。海洋科技创新平台网络形成的标志是组织数量增加、组织关系丰富、组织边界渗透、合作网络发达以及网络结构合理。在此基础上，通过知识的流动，逐步融入区域创新网络。如图 3.19 所示，从"节点"至形成"网络"环节是子平台之间稳定合作关系形成的环节，应由政府、高校、科研院所或企业发挥主导作用；从"平台网络"至"区域创新网络"环节，应由市场发挥主导作用。

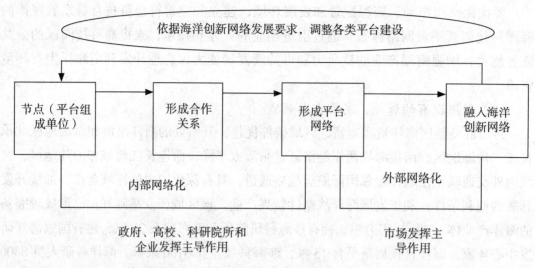

图 3.19　海洋科技创新平台网络化发展路线

1. 基于政府主导的发展路径

海洋科技创新平台网络具有战略性、基础性和公益性的特点，是海洋科技创新体系的公共服务平台，也必然是高新区和科技园等政府科技工作的重要内容。在海洋科技创新平台网络化建设过程中充分发挥政府的主导作用是毋庸置疑的。

（1）科学规划

为了有效推动海洋科技创新平台网络化发展，政府应将平台网络发展纳入地方的中长期科技发展规划中，并制定科学有效的平台发展战略，实现海洋重点实验室、工程研究中心、科技园区等各类科技创新子平台的合理布局和协调发展，进一步发展海洋特色产业。

政府应通过制定和完善有关科技及产业化的财政、税收、土地、信贷等方面的优惠政策，进一步加大对以基础研究、共性技术和关键技术研究为主的各类工程研究中心、中试基地等的科技投入力度，并对从事技术开发、技术转让、技术培训、技术咨询、技术服务的各类科技公共服务平台所取得的科技性服务收入免征所得税。

（2）建立和完善区域科技公共服务平台

以政府为主导建设的公共服务平台主要是为研发平台和产业化平台的发展提供科技信息和服务支撑，包括各类信息资源共享与科技咨询，如科技文献共享、科技数据共享、仪器设施共享、自然资源共享、技术转移与行业检测服务等。公共服务平台是促进海洋科技资源优化配置，提高海洋科技创新能力，实现海洋科技可持续发展的重要基础。因此，政府应充分利用计算机网络实现科技资源和科技基础设施的有效集成，

142

提升信息资源的共享程度，与其他省市开展广泛的科技交流与合作，建立跨省市的平台协作网络，实现大协作、大联合，并通过引导和组织实施跨区域重大研发平台和产业化平台建设的工程项目，在部分地区实现海洋科技创新平台网络的联动发展。

2. 基于政产学研的发展路径

在知识成为资本的条件下，知识生产方式的变化使创新机制发生了改变，传统的单向线性创新已经演变为互动的非线性创新，而区域创新的绩效越来越取决于区域内大学、产业与政府间的互动程度及知识在各机构之间的流动和扩散，大学则逐渐成为区域创新的组织者和核心。大学、产业与政府的新型关系对于提升区域竞争力是最为关键的，对推进我国自主创新具有重要的现实意义。[1] 由于政府、高校、科学院所和企业都拥有自己的科技创新资源、优势和能力，因此在激烈的科技竞争环境中，加强政产学研究合作，发挥综合优势，有利于海洋科技创新平台的网络化发展。政产学研合作这种外部交互形式，是科技创新平台网络化建设和发展的必由之路。

要通过科技联盟、委托开发、科技转让和共建实体（科技园区、产业基地）等多种形式共建研发平台，集成各方资源，以利益为纽带，以资源整合为基础，大力发展重点实验室和工程中心等创新平台，实现科技资源和智力资本等要素与科技创新平台网络发展的有机结合。

要推进政产学从以科技要素为基础的单一合作，转向以人才和资本为基础的多要素、多样化合作。依据"风险共担、利益共享"的原则，通过委托研发、组建联合实验室、成立合资公司、联合培养人才等方式，鼓励各类平台之间进行广泛的交流与合作。在加快舟山群岛新区建设过程中，必须积极创造良好的条件，引进名校、科研所和知名企业，建立和培养国际级、省级重点实验室，设立高科技创新服务中心和中介服务机构，构建各类创新载体，为技术创新提供有力的技术支持。要充分发挥高新技术企业的优势和力量，整合科技资源，探索创新公共资源管理方式和组织模式，打造具有舟山特色和竞争力强的高新技术产业群，使之真正成为促进技术进步和增强自主创新能力的重要载体，成为引领和带动全市企业开展创新活动，提高创新水平和能力，参与国内外市场竞争的示范性平台。要引导企业以创新和开放合作的理念，实行"走出去"战略，加强与高校、科研所的交流与合作，汲取国内外有关构建海洋经济平台建设的有利经验，共同建设多种形式的中介平台和研发机构。

要通过政产学研合作加快大学科技园等科技成果转化及产业化平台建设，提升海洋科技资源集成、海洋科技成果转化和海洋产业化的发展速度。要建立政产学研合作

---

[1] 刘志铭，殷保达. 大学—产业—政府关系与创新模式的变革 [J]. 当代经济研究，2007（10）: 26.

的双边或多边协作机制，使各方科技力量互相关联、优势互补，实现科技人才在平台内部的合理流动，形成海洋科技创新平台网络化发展的综合优势。

3. 基于企业主导的发展路径

基于企业主导的发展路径是指在政府示范引导下，充分发挥大中型企业在平台建设中的主导作用，尤其是发挥大型高新技术企业和产业优势企业的作用，利用这些企业的优势创新资源，面向海洋科技创新的需要，大力发展重点实验室、工程技术研究中心、中试基地和孵化器等行业创新创业平台。当平台有效运行起来后，政府应适时退出，转而提供制度和政策激励，不断优化海洋科技创新平台的网络结构，提升企业的自主创新能力。

应明确企业在海洋科技创新平台网络发展中的重要作用，注重鼓励与提高企业参与创新平台的积极性。可以支持有条件的企业独立创建平台，也可以鼓励企业结成联盟发展创新平台。通过持股、技术成果参与分配、技术作价入股等方式，明确企业应有的股权，保证企业的合法权益，充分发挥创新资源的经济价值。

要建立各参与企业的良好合作关系和信任机制。一方面可以通过契约、产权规则和约束机制等正式的制度安排，规范并监督企业的参与行为，增强企业参与平台建设的意愿，提升企业参与合作创新的效益。另一方面，要建立有效的进入及退出机制，允许企业按相关制度（如让出部分股权）退出平台建设，保证企业的退出不影响网络化平台的发展。要利用海洋区域内政府、企业、高校、科研院所和中介机构等相关主体的社会网络关系及其产生的信任等非正式控制方式，推进各类平台与企业之间稳定紧密的联动机制。

（五）舟山群岛新区科技创新平台网络的配套优化

舟山群岛新区的建设需要依靠科技创新能力的提升，海洋事业与海洋经济发展需要一个完善的区域科技创新平台体系，这不仅要以市场为导向，更要以政府为主导，运用公共行政手段构建适合舟山群岛新区科技创新发展需求的良性化投融资平台、创新主体交流平台、法律政策平台、政企协作平台和海洋人才培育平台。

1. 建构科技创新的良性化投融资平台

投融资平台的设立是地方政府为掌握的大量公共资源进行市场化分配服务的。[1]

---

[1] 张秋冬. 地方政府投融资平台的运作机理、存在问题及法律治理 [J]. 上海金融,2012（01）: 112-119.

资金投入是科技创新和科技进步的物质基础，是科技持续发展的前提和保障。政府要积极引进创新资金，为海洋产业的科技创新发展提供一个良性化的资金平台。舟山各级政府应重视自身在经济社会中的服务职能，加大政府的投入，提高技术储备和供应能力，促进科技成果转化。在企业无力进行资金投入的科技创新领域，应与企业形成合作之势，加强和促进企业的研究开发能力。政府应重视中小企业的创新，尤其是各传统海洋产业，为这些中小企业提供更多的资金支持和技术创新服务。在过去几年里，舟山科技创新多以政府投入为主，而企业作为科技创新的主体，其主体意识有待提升。因此，在加大政府创新资金投入的情况下也要不断提高企业对其自身在科技创新中主体地位的认识，加强企业竞争与合作的意识。要鼓励各类企业努力进行招商引资，拓展企业的规模，更好地进行科技创新。同时，政府也要为海洋科技企业拓宽融资渠道，积极建立和引进一批科技融资担保机构，促进风险投资业的发展，鼓励银行加大对科技企业和重点项目的信贷资金投放力度，积极推荐和支持高新技术企业和成长性好的科技型中小企业上市融资。此外，政府还可以通过鼓励商业银行向风险投资机构提供资金，间接地促进企业的科技创新。

2. 建构科技创新的创新主体交流平台

技术和知识的交流是加快科技创新的重要基础，舟山各级政府应推进网络化服务，为各创新主体提供一个大容量、高效率的交流平台。建立一个网络化的资源共享平台，可实现各种知识和技术在创新主体之间的流动和运用，使科技资源得到有效利用。创新主体需要这样一个资源共享和技术交流的平台，在这个平台中寻求自己所需要的资源，降低创新成本，减少创新风险，促进科学技术的成果化。针对舟山群岛的实际发展水平来说，海洋高新技术产业在海洋产业中的比重偏低，科技发展对海洋经济的引领和推动作用不足，从而使海洋技术的发展显得尤为重要。所以，舟山科技创新服务平台需要以满足信息和资源的交流为基本出发点，发挥其公共服务的职能，为创新主体提供一个互相交流的桥梁，强化各区域、各科技创新主体的分工协作和资源共享，提高资源的有效利用率，拓宽交流渠道，使信息流、技术流、资金流在一个共通的平台上汇集，促进海洋高技术企业、海洋科研院所、大院名校等交流合作，共同推动舟山新区企业的科技创新与成果的转化。通过主体交流平台，可有效推进海洋高端技术、船舶制造新技术、海水淡化和海洋勘探技术等高新技术的突破和发展，对于加快建成一批海洋工程装备和高端船舶制造基地、海水淡化技术装备和综合利用基地、海洋高技术产业基地、海洋清洁能源基地及海洋勘探开发基地具有重要意义。

3. 建构科技创新良好的法律政策平台

科技创新是知识经济时代经济增长的主要驱动力,而政策的支持和法律的保障是实现科技创新的必备条件。科技自主创新的优先发展战略地位需要法律加以确认,技术创新活动引起的社会关系需要法律加以调整。[1] 舟山新区的快速发展需要政府为科技创新构建一个良好的法律政策平台,制定和出台配套的新法规、新政策,支持、引导、规范和保护科技创新活动与成果。政策法规的支持力度和法律体系的完善程度对一个地区的科技创新能力有着重要影响,往往也会反映在科技对社会发展的作用大小上。我国虽然制定了《科学技术进步法》,但还没有科技创新法律,而《浙江省高新技术促进条例》《中共舟山市委 舟山市人民政府关于进一步加快科学技术进步的若干政策意见》《舟山市科学技术奖励条例》《舟山市人民政府关于加快推进工业企业科技创新的若干意见》等多个鼓励科技创新的地方性政策措施,由于立法层次不高,执法力度不到位,发挥的作用十分有限,且缺乏全局性指导意义。所以,为了加快舟山群岛新区的建设,构建科技创新良好的法律政策平台势在必行。舟山在完善科技创新法律政策平台的过程中,应不断完善关于鼓励技术开发、推动科技发展、提升科研能力、保障科技创新投入、加快科技成果转化等相关的政策法规,同时加大执法力度,实现政策的落实,发挥其政策法规的保障性作用。

4. 建构科技创新的政府企业协作平台

舟山群岛新区的建设与发展需要各创新主体科技创新能力的提升,各级政府应积极推动技术开发,加强知识产权保护,引导、扶持、保护企业的科技创新活动,与企业形成一个协作平台。从新加坡的经验来看,其研究与发展开支占国内生产总值的比重已经超过 2%。新加坡科技研究局将研究与发展拨款的一半用作发展科技和提升新加坡的科研能力,30% 的拨款用作推动工业界的研究与开发,剩余的 20% 用作培养人力资源以应付需求。而且,新加坡的研究与发展工作都是由政府(包括公共研究机构)、私人企业和大学三类机构共同承担的,其中私人企业扮演了最为重要的角色。为鼓励私营企业发展科研事业,新加坡科技研究局出台了与私营公司分担科研成本和共负科研风险的科研资助计划和激励计划,这对我们是有借鉴意义的。在舟山新区科技创新体系中,政府不仅要鼓励各创新主体积极提升科技创新能力,强化企业的创新主体地位和群体实力,还要进一步建立政府与企业的风险共担机制,依靠税收优惠、政府采购、专利保护、成果转化等方式化解企业创新风险,形成政府与企业之间的合作协助状态,大力发展海洋传统产业,实现临港工业、港口物流、海洋旅游和现代渔业为主导的海

---

[1] 朱志远,尤建新.建立区域科技自主创新体系的法律政策途径 [J]. 宁波经济,2006(07):38-39.

洋经济产业从量的提升转变为质的飞跃，同时培育海洋新兴产业，聚力发展海洋工程装备和高端船舶、海水淡化和综合利用、海洋医药和生物制品、海洋清洁能源、海洋勘探开发服务、港航物流服务等海洋产业。在建设舟山科技创新服务平台中，政府要不断完善政府企业的协作机制，鼓励环保技术和设备的推广与使用，实行必要的补贴与减免税政策。要加大对知识产权的保护力度，协助企业科技成果的转化与专利申请，构建一批科技创新服务中心、公共实验室、行业技术中心等科技服务机构，以企业为服务对象，实现政府对企业科技创新的扶持与保护。

5. 建构科技创新的海洋人才培育平台

加快海洋科技创新，加快海洋教育事业发展，加大涉海人才队伍建设，提升科技人才水平，这将对发展海洋经济起到十分重要的支撑和引领作用。[1]在舟山群岛新区建设过程中，政府应准确把握新时期海洋事业发展的阶段性特征，紧紧围绕浙江海洋经济发展示范区和舟山群岛新区两大国家战略的实施，繁荣海洋教育和文化事业，大力提升涉海院校的综合发展水平以及各类涉海高职专业的教学水平。要发展"产学研"相结合的教育模式，加大教育投入，改革传统教育方式，转变教育观念，注重人才的实践操作能力。要进一步增强涉海类科研、教育力量，着力培养海洋科技领军人才，形成一支以高技能人才为龙头，中级工为骨干，初级工为基础，结构比例合理的海洋人才队伍。要进一步拓宽引才育才渠道，敢于走出国门，加强与国外先进国家的交流与合作，在更大的范围、更宽的平台，培养高层次人才，引进世界前沿的高新科技和高科技人才。要鼓励涉海类学科教师出国进修，培养一批能与国际竞争的新型海洋型高端教学人才。同时，依托产业优势，努力打造国内外海洋人才向往和集聚的氛围，消除妨碍人才交流合作的制度壁垒，努力打造自由、公平、合理的人才管理制度。在发展和引进先进海洋人才的同时，必须提升人才发展环境，建设人才住房保障体系，满足人才对医疗、教育等公共环境的需求。此外，政府应营造良好环境，鼓励人才流动，不断完善有利于激励海洋高技术成果转化的人才评价体系，鼓励科技人才采取技术入股等方式与企业开展合作，提高科技人员进行科技创新的积极性，为企业和社会带来新鲜的活力。

科技创新是一个国家、一个民族、一个城市，乃至一个企业蓬勃发展的不竭动力。积极推进海洋科技创新平台建设是提升海洋科技创新能力、完善科技基础条件的迫切需求。科技创新就是舟山群岛新区建设的动力之源。舟山市政府必须在舟山群岛新区科技创新体系中准确定位，主动建构和完善舟山科技创新服务平台，进一步加强与各

[1] 张善坤.扬帆起锚乘风破浪——解读浙江省委、省政府关于加快发展海洋经济的若干意见[J].今日浙江，2011（07）：30-31.

国际和区域组织在海洋科技方面的合作，实现资源的交流共享与高效配置，为海洋科技创新提供强有力的基础保障，提高舟山群岛新区的核心竞争能力。

海洋科技创新是一种持续的社会交互过程，它的实现需要良好的网络环境。海洋科技创新平台所体现的创新能力本质上是一种基于平台网络的集成创新优势，它将直接推动并加速海洋科技与海洋经济的发展。海洋科技创新平台网络的形成是一项长期、繁杂、艰巨的系统工程，不可能一蹴而就，需要从海洋社会经济可持续发展的战略高度进行科学规划、设计、建设。要根据海洋社会、经济、科技发展的特色和需要，充分发挥政府、高校、科研院所和企业等各方的优势，选择适宜且有效的发展路径。在科技创新平台网络化发展过程中，各级海洋科技管理部门应充分发挥科技政策和科技计划的导向作用，对平台网络结构的完善、功能的发挥、节点之间的交流与互动等给予有效支持。

五、构建海洋科技创新的投融资机制

科技创新需要政府财税政策的支持。财政政策是国家实施宏观调节控制的主要工具，具有引导性、规范性、程序性等特点，是促进舟山群岛新区科技创新的重要保障。完善海洋财政体制、整合现有经济扶持政策措施、发挥财政政策引导效应，加大对海洋科技基础设施的投入，将为海洋科技创新提供强有力的财力保障。浙江舟山群岛新区建设要多渠道、多元化、多层次加大对海洋科技的投入，形成推进海洋经济发展的合力。通过政府财政资金的合理配置和引导，建立以政府投入为引导，社会、企业、民间及外资等参与的海洋科技投入体系，引导社会资本更多地投向海洋科技创新，加快提升全市海洋科技创新水平，确保浙江舟山群岛新区又好又快发展。浙江舟山群岛新区建设应抓住国家海洋战略机遇，推行财政制度和机制创新，为科技创新提供资金支持和政策激励。

（一）舟山群岛新区科技创新面临的瓶颈

目前，浙江舟山群岛新区科技创新的扶持资金管理分属多个部门，而部门之间又相互分割，没有形成资金合力；海洋科技自主创新力量较弱，各类创新亟待融合；扶持政策之间衔接不够，海洋科技政策亟待完善。

1. 创新资金尚未形成合力

（1）部门之间协调不足

由于目前对于科技创新的支持体现在各个项目上，而各个项目的科研经费涉及的部门又多，科研经费管理部门间缺乏系统的配合、协调和沟通，科研项目的预算信息、进展信息和财务开支信息在各部门之间未能做到及时、全面共享，最终导致财政资金的重复配置和浪费。

（2）扶持资金多头管理

当前，舟山市政府管理科研经费的部门主要有发改委、科委、科技局等，而社会层面有各种基金会和社会团体。由于这些管理主体设立支持科技创新的专项资金、基金种类繁多，有科技型中小企业技术创新基金、科技创新专项资金、海洋科技创新基金等，同时这些资金分属不同的部门，管理分散，没有形成资金合力，从而影响了扶持力度。[1]

（3）缺乏监督评价体系

现阶段科技创新政策的执行，不但缺乏明确的检验与评价标准、专门的评价反馈渠道和强有力的从上到下的监督机制，而且缺乏一系列有严格约束力的制度。[2]多数情况下科研项目审计都是结题后才会在国家或项目归口单位要求下进行，因此丧失了及时发现问题、解决问题的先机。

2. 自主创新力量十分薄弱

自主创新力量是一个地方经济增长的决定性因素，是推动经济增长方式转变的根本途径，是促进产业结构优化升级的主要动力。但舟山市在自主创新方面与其他地市或同类产业相比水平偏低。

（1）产品创新的力度不足

以舟山市工业新产品为例，如图 3.20 所示，从 2006 年到 2011 年，本市工业新产品的产值率从 7.06% 到 25.52%，虽然创新能力有所提高，但始终呈现不高状态（尤其是 2009 年至今）。数据表明，今后还需继续加大企业的科研投入力度，提高企业的研发水平，顺应市场的需要不断开发新产品，以提高竞争能力和经济效益，求得企业的生存与发展。

---

[1] 王利江, 傅延怿. 滨海新区科技创新的财税政策建议 [J]. 天津经济, 2007,（3）:64–67.

[2] 鲁贵宝, 曾繁华. 我国建设创新型国家的科技创新政策研究综述 [J]. 科技进步与对策, 2007（8）: 1–4.

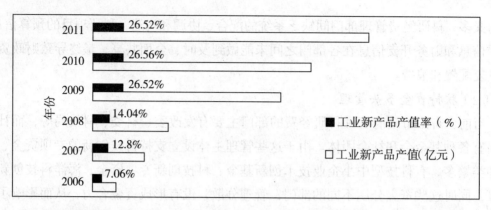

图 3.20　2006—2011 年舟山市工业新产品产值情况。数据来源：舟山市统计年鉴。

（2）重点产业的核心技术较弱

舟山市一些重点产业的核心技术与国外先进水平相比仍有较大差距。据 2008 年政协第五届舟山市委员会常务委员会第七次会议审议通过的文件显示，一个成型的船舶修造基地，其生产地配套产品通常达到 30%（日本本土设备装船率超过 98%，韩国也达到 90%），而目前本市船舶配件的本土化配置率仅为 10%，大型船舶修造企业的本土化配套率更低。

目前，舟山市多数企业技术开发与技术创新能力不足，缺乏参与国际竞争的能力，同时存在研发和自主创新能力薄弱，引进技术消化吸收不够以及市场营销和自主品牌不足的问题。

（3）发明专利授权的指数很低

如图 3.21 所示，2010 年舟山市发明专利授权总量 33 项，居各市第 11 位，每万人口发明专利授权量 0.29 项，居各市第 9 位。这一指标表明，舟山市政府、企业及个人自主创新能力较之于其他各市明显不足，极度削弱了舟山市科技的综合实力。

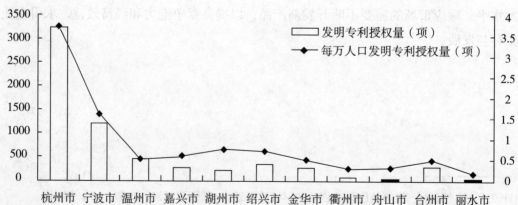

图 3.21　2010 年浙江省各地级市发明专利授权情况。数据来源：2010 年度设区市科技进步统计监测评价报告。

3. 扶持体系机制不够完善

舟山群岛新区科技创新的发展离不开政府的扶持。当前，科技项目的扶持体系主要在政策衔接、科技投入以及专利保护度等方面存在不足，亟待完善。

（1）扶持政策之间衔接不够

舟山市政府在扶持中小企业发展的同时，也在一定程度上限制了大企业进步。例如，舟山市财政局发布的《关于2011年全市和市本级预算执行情况及2012年全市和市本级预算草案的报告》显示，2011年只对困难的中小企业作了时政支持，但并未对效益好的企业提供相关的支持政策。笔者认为，增强提供效益好的企业进行科技创新，有利于其做大做强。舟山市政府应当对此项财税政策进行适当调整，鼓励其增强服务功能。

（2）财政科技投入略显不足

虽然，舟山市政府的财政科技投入在"十一五"期间每年都年有所增长，但与浙江省其他地级市相比差距甚大。据统计，2010年市本级科技拨款占财政总支出的3.45%，居浙江省地级市排名第8位。

（3）科技专利的保护力度不强

由于大多数企业的技术创新易被仿造侵权，即使申请专利也防不胜防，且在寻求法律帮助时还要面临诉讼程序繁琐、诉讼费用高昂的问题，这在一定程度上也影响了企业自主创新的积极性，知识产权保护环境仍有待改善。为了加强专利保护力度，有必要将专利行政执法与司法保护有机衔接起来，扬长避短，发挥各自的优势，避免相互之间的冲突，才能充分保护专利权人的合法权益，推动发明创造的应用。[1]

（二）着力构建舟山群岛新区科技创新的财税政策机制

财税政策是促进舟山群岛新区科技创新的重要保障，科技创新离不开政府的保障和支持。应以改革为契机，推行财政制度和机制创新，为科技创新提供资金支持和政策激励。

1. 确保财政科技投入的稳定增长

"十二五"期间，舟山市政府财政科技投入的增幅应明显高于财政经常性收入的增幅，形成多元化、多渠道、高效率的科技投入体系。[2]要建立科技投入稳定增长的机制，年初预算编制和预算执行中的超收分配，都要体现法定增长的要求。市和县财

---

[1] 周晓冰，樊晓东.专利行政执法与司法程序的衔接[J].人民司法，2010，（15）：44-48.

[2] 王红涛，促进科技创新的财税政策之思考[J].当代经济管理，2010，（3）：86-88.

政部门应将科技投入作为预算保障的重点，可根据实际情况设立科技创新专项资金，[1]充分发挥财政科技经费的引导作用。

2. 完善科技创新资金的整合机制

要建立多元化的科技创新资金的整合机制。舟山市政府要加大重点领域与重点项目的财政投入，支持高新技术产业化和先进技术提升传统产业项目，并且积极引入外资、内资和民资，共同参与重要科技项目的开发建设；银行等金融机构要运用灵活的信贷政策，支持企业开展战略性关键技术和重大装备的研究开发。政府应通过整合专项资金，支持培育发展新兴产业，加快提升传统优势产业；[2]应成立舟山市科技创新资金管理综合协调机构，统一协调各部门的科技经费，优化资源配置，提高科技投入资金的使用效率。要建立资金使用绩效评价制度，加强对科技创新资金使用情况的监督。

3. 进一步优化财政科技投入结构

政府的财政科技投入要为科技创新营造良好的氛围，加大对科技基础平台建设的支持力度，重点加大对实验室和工程技术中心的投入；加强科技信息资源的开发应用和大型科技设施建设；积极推进学术技术带头人和技术创新人才的培养引进。要加大对海洋科技投入的支持力度；要加大对海洋装备、海水淡化、海洋生物医药、港航金融和信息服务、海洋新能源、海洋旅游等海洋产业领域的投入。要加大对科学普及投入的支持力度，建成科普活服务中心，提高全社会科技意识和公众科学素质，促进舟山群岛新区协调可持续发展。要健全政府非税收入征管机制和流程，进一步规范财政票据管理，继续推进非税收入信息化建设，加强非税收入分析预测工作，强化非税收入收缴管理和预算管理。[3]

4. 先行先试海洋科技创新服务体系

要引进和培育国际领先的海洋工程企业，推进一批重大海洋工程项目，开发一批主攻深海、具有世界水平的海工装备系列产品，努力打造集制造、配套、设计、修理于一体的海洋工业产业体系，加快船舶工业转型发展，推进船舶企业联合重组，努力

---

[1] 郭微．北京市企业自主创新财税激励机制研究，广州广播电视大学学报，2012（2）：100-112.

[2] 舟山市财政局．关于 2011 年全市和市本级预算执行情况及 2012 年全市和市本级预算草案的报告（摘要）[R]. 舟山市财政预决算，2012-03-01.

[3] 舟山市财政局．关于 2011 年全市和市本级预算执行情况及 2012 年全市和市本级预算草案的报告（摘要）[R]. 舟山市财政预决算，2012-03-01.

在高新绿色船舶、高端船用设备、海洋先进装备的研发和制造上形成突破。

要推进国家旅游综合改革试点城市建设，推进旅游与文化、商贸融合发展，积极开发海洋旅游新业态、新产品，创新旅游营销方式，提高旅游产品质量和国际化水平，努力打造国际知名佛教旅游胜地和国际一流休闲度假群岛。

5. 扶持科技型涉海企业快速发展

鼓励银行业金融机构加大对海洋经济重点领域、重点项目、重点企业的信贷资金投放力度；搭建银企合作平台，引导银行业金融机构采取项目贷款、银团贷款等多种方式，优先满足创新型海洋企业、临港先进制造企业、港口物流企业等的资金需求。

浙江舟山群岛新区是首个以海洋经济为主题的国家级新区。探索海洋经济发展的路子，需要大量的海洋人才[1]。要鼓励科技型涉海企业积极引进相关人才，并对其在本市安家落户、社会保障、出入境管理、子女入学等方面提供优惠政策和便利服务，着力完善外来就业人员工作和生活的环境。

6. 创新鼓励风险投资的财税政策

风险投资的发展需要政府的政策支持，舟山市政府应给科技风险投资提供必要的优惠政策。例如，对风险投资全额返还所得税、风险投资免征或减征所得税、风险投资贷款实行贴息、发行科技开发债券、设立科技开发基金等，以促进风险投资的发展。

此外，可建立企业技术开发准备金制度，增强对企业自主研发的科技项目的税收优惠，允许国家有关部门认定的科技创新项目提取一定比例的风险准备金，以弥补科技开发可能造成的损失。例如，可以按照收入总额的3%提取技术开发准备金，在计征所得税时予以抵扣，这相当于政府提供税收信贷，可对企业加快技术进步起到促进作用。[2]

7. 着力发挥政府采购的政策性功能

应积极发挥政府采购的政策性功能，建立激励自主创新的政府首购和订购制度。对舟山市自主创新型的企业、科研机构生产或开发的试制品和首次投向市场的产品，并符合政府采购需求条件的，以及具有自主知识产权且具有较大市场潜力的重要高新技术装备和产品，经有关部门认可后，由采购人进行首购和订购。对需要研究开发的重大创新型产品或技术，舟山市政府应通过采购招标方式，面向全社会确定研究开发

[1] 陈文斌，金雨，崔旺来.舟山群岛新区科技创新投融资环境的优化分析[J].科技资讯，2011：229-230.
[2] 王利江，傅延怿.滨海新区科技创新的财税政策建议[J].天津经济，2007，（3）：64-67.

机构，签订政府订购合同，并且建立考核验收和成果推广机制。

六、环境创新是促进科技创新的抓手

舟山市已明确提出科技兴市、科技兴海，建设海岛型花园城市的发展目标。要实现这一目标，就必须有一个良好的创新环境。良好的创新环境是构建舟山群岛新区创新体系，提高自主创新能力，建设海岛型花园城市的前提和基础。从国内外发展的实践来看，凡是创新能力强、综合竞争力强的国家或地区，都有良好的科技创新环境作支撑。因此，不断优化舟山市科技创新环境，对进一步提升全市自主创新能力，推进浙江舟山群岛新区建设意义重大。

（一）舟山群岛新区科技创新环境的现状考究

总体而言，舟山市委、市政府对科技创新工作非常重视，明确提出了"科技兴海"的发展战略。"十一五"以来，全市科技事业发展迅速，创新能力不断提高，创新成果不断涌现。2010年全市规模以上工业高新技术行业工业总产值同比增长 36.4%，高出全市规模以上工业平均增幅 9.3 个百分点，对全市规模以上工业总产值增长的贡献率达 18.1%，占全市工业总产值的比重上升到 14.5%，比 2009 年提高 1 个百分点；专利申请量达到 597 件，其中发明专利申请 193 件，技术市场交易额增长 184.01%。全市的科技创新环境不断优化，无论是在体制机制、政策法规、投融资，还是在中介、市场及创新文化环境等方面，都有显著改善和提升，为自主创新能力的发展奠定了较好的基础。

1. 体制机制环境

目前，舟山市政府正努力建设服务型政府、效能政府，通过采取机构改革、科技管理改革、提高公务人员办事效率等办法，努力为科技创新提供较好的政府服务环境及制度保障。在科研院所改制方面，市政府通过建设合理的所有制结构体制，放宽市场准入，引入市场竞争，部分科技企业建立了现代企业制度，增强了发展活力，成为自主创新的主体；同时加强营造非公有经济发展的良好环境，积极引导企业的科技创新，使之成为自主创新的主体。

2. 科技基础环境

人是科技创新的主体，是创新活动的直接参与者和推动者，人力投入的多少及其科学素质和素养的高低，直接决定着科技创新活动的程度。2010 年底，全市共有科技活动人员 6042 人，其中科技活动科学家和工程师 2099 人，R&D 活动人员 3296 人，R&D 活动科学家与工程师 709 人。在科研资源方面，全市有浙江省海洋开发研究院、浙江省海洋水产研究所、浙江大学舟山群岛新区海洋研究中心、浙江海洋学院科学研究所、舟山群岛新区海洋与海岛研究中心、岱山县百川海洋科学研究所等海洋科学研究机构；有国家级工程技术研究中心 1 个（国家海洋设施养殖工程技术研究中心），高新技术企业 32 家，省级创新型试点、示范企业 7 家，省级科技型企业 89 家，省级高新技术研发中心 21 家，省级农业科技企业研发中心 17 家。同时，科技合作取得重大进展，舟山市已与浙江大学、中国科学院等建立了全面战略合作关系，引进大院名校共建创新载体 43 家，为舟山群岛新区科技创新奠定了良好的基础。

3. 政策法规环境

政策法规环境主要是指税收减免政策、知识产权保护政策及法规等。对企业来说，税收减免政策、科技奖励扶持政策以及知识产权保护政策等，都能对其起到促进作用。舟山市促进科技进步方面的优惠政策也存在以下问题：一是缺乏系统性且门槛较高，实际享受到政策优惠的企业并不多，弱化了优惠政策对科技产业化的引导作用；二是缺乏明确的目标和针对性，缺乏一个明确的鼓励发展方向，对工业企业自行开展的科研活动没有相应的优惠政策；三是缺乏灵活性，对科技人员的优惠政策只局限于省部级以上的奖励或国务院政府津贴等。

科技奖励扶持政策可以促进中小企业的专业人员进行科技创新，从而能提高中小企业的发展能力。有效的知识产权保护政策关系着企业的科技人才能为自身企业奉献多少，保护知识产权也就意味着保护中小企业的发展空间。虽然近年来舟山市出台了一系列促进和保护知识产权的政策性文件和法律法规，但知识产权保护的政策导向性仍然不够强，而且相关政策、法规之间彼此缺乏有机联系，知识产权保护的信息化建设也有待加强。

为了促进舟山群岛新区的科技创新活动，鼓励自主创新，推动科技发展，舟山市政府在落实省委、省政府有关加强科技创新活动文件的同时，也相继出台了一系列办法意见，例如：2012 年发布了《舟山群岛新区群岛新区人才需求白皮书》、《"十二五"舟山群岛新区加快海洋科技创新行动计划》；2010 年出台了《关于进一步加强提高技能人才队伍建设的意见》和《舟山群岛新区市人才引进实施办法（试行）》、《关于加快中国（舟山群岛新区）海洋科学城科技创意研发园建设的若干意见》；2009 年出台了《舟山群岛新区市人民政府关于加快推进工业企业科技创新的若干意见》等。这些政策的出台对改善舟山群岛新区科技创新环境，促进科技创新快速发展提供了良好的政策法规环境。

舟山市还出台了《舟山市自主创新能力提升计划》、《关于实施技术创新工程的决定》、《关于进一步加快科学技术进步的若干政策意见》和《关于加快中国（舟山）海洋科学城科技创新研发园区建设的若干意见》等一系列政策性文件，加大了对当地科技创新发展的政策支持。舟山市科技投入强度逐步增强，高科技企业的投融资渠道也得到拓宽，设立了"科技型中小企业技术创新基金"。此外，舟山市积极提高科技工作显示度，加大科技宣传力度，组织开展科技活动周。

2011年7月，省统计厅和省科技厅发布了全省设区市科技进步统计监测评价报告，在所有18项监测指标中，舟山市有10项指标的发展速度进入全省前3位，其中6项指标的发展速度居全省首位。我市科技进步水平居全省各市第6位，相对于上年变化情况的综合评价居全省各市第2位，被国家科技部评为全国科技进步考核先进市。

4. 投资融资环境

科技经费是科技创新活动的必要条件和基础保障，它直接制约着科技活动的开展，对科技活动的产出有着重要作用。2011年，舟山市本级财政科技投入比上年增长10.5%；其中市海洋科技创新专项经费，比上年增长100%。2010年，全市科技经费投入占生产总值的比例达到了2.11%，比上年提高了0.35个百分点；R&D经费投入占GDP的比例为1.22%，比上年提高了0.26个百分点，增幅明显（见表3-3）。

表3-3　舟山市科技活动投入情况

		2005年	2006年	2007年	2008年	2009年	2010年
人力投入	万人科技活动人员数（人/万人）	26.84	28.99	34.93	37.55	41.34	53.88
	企业科技人员占全社会科技人员数比重(%)	86.32	92.29	89.96	92.02	91.23	90.56
财力投入	R&D经费支出与GDP比例(%)	0.76	0.87	0.89	0.88	0.97	1.22
	本级财政科技拨款占本级财政支出比重(%)	4.18	4.01	4.27	3.80	3.67	3.45
	规模以上企业R&D经费支出占主营业务收入比重(%)	1.06	1.31	1.13	1.11	0.71	1.16

数据来源：浙江省2005—2010年度设区市科技进步统计监测评价报告。

5. 中介服务环境

中介服务体系包括专业的科技中介服务机构、风险投资评估机构、会计事务所和律师事务所等。目前舟山市的社会服务机构尤其是科技中介服务机构大多业务规模小，服务内容单一，市场开拓能力差，究其原因主要还是缺乏专业人员。为科技创新类投融资提供中介服务需要具有技术、金融、营销、法律等专业知识的复合型人才，而舟山市大部分从业人员的知识背景比较单一，缺乏相关的从业经验和技能。受从业人员的素质所限，多数社会服务机构只能提供一些极为简单的信息咨询、市场调研和公共关系服务等，服务面狭窄，专业化程度低。科技创新投融资环境离不开科技中介服务机构，而科技中介服务机构离不开优秀专业人员。舟山群岛新区较为成功的科技中介服务机构要数浙大舟山群岛新区海洋研究中心。2011 年浙大舟山群岛新区海洋研究中心顺利构建了 4 个研究所，并都已开始正常工作。研究中心引进的人才有 50 人，已实施 88 项科技项目。2011 年，舟山群岛新区已有 6 家市级以上各类科技企业孵化器，其中 3 家是省级企业孵化器。根据有关资料显示，2009 年舟山市从业人员中大专及以上学历人数达 59085 人，比 2005 年增长了 73.74%；专业技术人员达 42468 人，比 2005 年增加 11159 人，年均增长 7.77%。

在现代科技创新活动中，科技中介服务机构起着重要的作用，它为科技创新主体提供社会化、专业化服务，使人才、成果、资金、市场等创新资源得到合理配置，从而促使各类科技创新活动的顺利进行。近年来，舟山市委市政府在国家和浙江省出台的相关政策法规的基础上，陆续出台了一些优惠政策，以助推科技中介服务业的发展，如建立浙江省海洋科技创新服务平台等一批海洋创新创业的公共服务平台，为海洋科技的创新发展、推广应用起了重要的作用。浙江省舟山普陀海洋高科技创业中心已成为市、区科技成果转化和技术创新的重要基地，其为国内外科研机构、高科技人才提供启动资金、申报项目等多方面的服务和优惠政策，将对舟山群岛新区的科技发展作出重要贡献。虽然目前还存在着类似发展不太平衡、缺乏高层次的中介服务机构这样的不足，但中介机构是舟山群岛新区科技创新产业链中重要的组成部分，对科技成果的转化、推广及应用起着重要作用。因此，舟山中介院务环境还有待改善。

6. 市场生态环境

21 世纪是海洋世纪，舟山市在构筑较完善的海洋市场体系、灵活的海洋市场机制和营造公平竞争、健康有序的海洋市场环境方面下了很大功夫，各类海洋要素市场基本健全，海洋市场机制基本建立，公平、公正的海洋市场环境基本形成。为了促进海洋科技成果转化，舟山群岛新区正以实际行动推动海洋科技成果进入实际应用。在保护知识产权方面，舟山市政府正加大执法力度，依法保护知识产权，尽快形成一套知识产权保护体系，使科技创新成果不受侵犯，保护产权人的正当权益。舟山市积极优化和完善科技发展的宏观环境，努力营造一个鼓励创新、重视知识产权的良好氛围，充分调动科技创新人才开展技术创新的积极性和主动性。

（二）舟山群岛新区科技创新环境存在的问题

"十一五"以来，舟山科技力量迅速增加。科技政策的出台、财政资金的投入、人才队伍的壮大，使舟山市的科技创新环境得到了很大改善。但从舟山群岛新区社会经济发展的需求及与周边发达城市相比，科技创新环境建设方面存在的问题也是较突出的。

1. 海洋科技创新体制机制不够完善

目前，舟山群岛新区企业作为自主创新的主体地位尚未确立，且企业的科研开发能力还需要进一步提高。新区企业自行开办科研机构的还不多，有很多企业在科技研发、科技投入等方面积极性不高，企业科技活动数量和规模都较小，一些企业的创新意识、创新动力及创新能力明显不足。特别是涉海企业的科研开发能力还需要进一步提高。2010 年，舟山群岛新区市企业技术开发费占主营业务收入比例仅为 1.16%（见表 3-3），以市场为导向、以企业为主体、产学研相结合的自主创新体系还未真正建立起来。

企业是科技创新活动中的主体，其中大中型工业企业更是技术创新的中坚力量。一个国家的 R&D 能力基本上能在企业的 R&D 能力上面表现出来。企业的 R&D 水平体现企业在市场上的竞争能力，国际许多著名的大企业都把 R&D 视作企业的生命之源。在发达国家，企业早已是 R&D 经费来源和 R&D 经费执行的主体，企业还是科学家和工程师就业的主要部门。在这三个方面，舟山市内企业与发达国家企业还有较大差距。[1] 由图 3.22 能看出，2010 年，浙江舟山群岛新区企业技术开发费占企业主营业务收入的比例为 1.16%，在浙江省 11 个地级市中排第 8 位，而发达国家高新技术企业的这一比例高达 10%，有些甚至达到 20%。发达国家的创新经验表明，企业 R&D 经费投入只有达到其销售收入的 5% 以上，才有较强的竞争力。较低的科研投入水平反映出舟山大部分企业仍然未能具备足够的创新意识，如图 3.22 所示，浙江省 11 个地级市中舟山群岛新区的科研投入水平处于落后的位置，在企业主营业务收入中，舟山群岛新区的收入情况是最差的。

长期以来，"科技促进经济社会发展"指标一直是制约舟山科技进步总体水平提升的"短板"。舟山经济发展过分地追求地区纯粹的 GDP 增长，综合能耗产出率低下，忽视了效益水平对于经济发展的重要性以及绿色 GDP 的可持续增长。同时，社会生活信息化水平也偏低，服务科技、经济与民生的有效社会信息网络平台尚未完全建立起来。这些因素都严重影响了科技对促进舟山社会经济发展所起贡献作用的广度与深度。

---

[1] 金永红. 我国企业 R&D 投入不足原因与对策研究 [J]. 科技与经济，2008（2）：7-9.

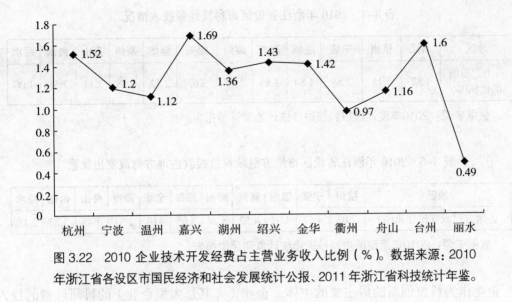

图 3.22 2010 企业技术开发经费占主营业务收入比例（%）。数据来源：2010 年浙江省各设区市国民经济和社会发展统计公报、2011 年浙江省科技统计年鉴。

2. 海洋科技创新投入相对不够充足

资金缺乏是阻碍舟山企业开展科技创新活动的一个重要因素。一方面是企业受制于自身规模小、资金不够雄厚，另一方面是目前银行和社会向中小企业贷款门槛过高，造成中小企业融资困难，同时政府缺乏对企业进行科技创新的资金支持。近年来，舟山市科技研究经费的投入与浙江其他 10 个地区比较，R&D 经费占当地 GDP 的比重偏低，属于中下水平。因而，许多企业由于资金上的困难不得不放弃了技术创新研究。

舟山群岛新区的设立，为舟山及周边带来了广大的海洋科技市场，而舟山市目前的年海洋科技成果还不能满足新区的建设需要。与浙江省其他沿海地区相比，舟山市科技投入明显不足，以企业、政府、银行、社会、风险投资等为主体的多元投融资体系尚未形成。从财政投入看，虽然舟山市政府科技投入逐年增加，但与上海、深圳、大连、南京、青岛、宁波等沿海城市相比，无论是从总量上看，还是从占 GDP 比重上看，科技投入明显偏低。从企业投入上看，也存在科技经费投入强度偏低、投入不足的问题。2010 年，浙江省研究与开发经费占 GDP 比重为 1.82%，舟山市这一指标在 2010 年为 2.11%，浙江省内最高的杭州为 5.15 %（见表 3–4）。而就各市县地方财政的科技拨款数据及占地方财政支出的比重来看，2010 年舟山市在地方财政对科技的拨款都处于省内的末尾，这严重制约了舟山群岛新区科技的发展速度和发展程度（见表 3–5）。从风险投资上看，现有风险投资还不足，且缺少退出机制，有些风险投资并没能真正发挥风险效应。

表3-4 2010年浙江省设区市科技经费投入情况

地区	浙江	杭州	宁波	温州	嘉兴	湖州	绍兴	金华	衢州	舟山	台州	丽水
占生产总值的比例(%)	1.82	5.15	2.88	1.84	3.85	2.99	3.63	2.42	1.58	2.11	2.58	1.00

数据来源：2010年度设区市科技进步统计监测评价报告。

表3-5 2010年浙江省设区市地方财政科技拨款占地方财政支出比重

地区	杭州	宁波	温州	嘉兴	湖州	绍兴	金华	衢州	舟山	台州	丽水
占地方财政支出比重(%)	7.03	4.67	4.03	4.53	5.24	5.68	4.01	2.31	3.45	3.23	2.16

数据来源：2010年度设区市科技进步统计监测评价报告。

企业作为科技创新的最主要的主体，企业（尤其是大型企业）的科研经费的投入的多少，在很大程度上决定了一个地区一个阶段内科技创新的发展情况。从表3-6可以看出，2010年舟山市企业技术开发经费占主营业务收入的比例仅为1.16%，与浙江省其他沿海较发达地区相比仍显不足，可见舟山市企业对科技创新促进自身快速发展的重要意义认识还不充分。

表3-6 2010年各浙江省设区市企业技术开发经费占业务收入比例

地区	杭州	宁波	温州	嘉兴	湖州	绍兴	金华	衢州	舟山	台州	丽水
企业技术开发经费占主营业务收入比例(%)	1.52	1.20	1.12	1.69	1.36	1.43	1.42	0.97	1.16	1.60	0.49

数据来源：浙江省2010年度设区市科技进步统计监测评价报告。

除了企业和政府财政投入之外，其他方面如个人、社会、银行、风险投资等对于科技创新研发的投入也相当不足。由于没有形成一套对科技创新的多元化的投资体系，这也就造成了科研经费无法实现最大化的投入，同时也降低了科技创新的社会认知度和参与度。

3. 海洋科技创新资源缺乏有效整合

随着经济的快速发展和信息化程度的不断提高，舟山市科技资源共享体系的建立和健全显得尤为重要。这是能否增强舟山群岛新区自主创新能力、建设好新区的关键环节。从中介服务来看，舟山市中介机构近年来发展迅速，但整体质量水平并不是很高，且各类机构发展不平衡,有些机构无法开展业务,名存实亡。再有,科技资源缺乏整合,产学研结合不紧密,虽然创新成果较多,但科研成果转化率却不高,全市科技成果转化率不足20%,与发达地区相比差距相当大。

虽然舟山市出台了一些政策,但总体上缺乏推动科技成果转化的长效机制。舟山市政府、企业与科研院所之间只是在局部领域实现了某种低层次的合作,科技成果的转化也是由各校及科研人员自主进行,科研人员在科技成果转化中难度大、收益小、责权不清,协同效应差。尽管在"十一五"期间,舟山市新增高新技术企业32家、省级高新技术研发中心13家,累计实施省级以上科技项目400多项,专利申请量和授权量分别达到1845件和1195件。2011年,"中国科学院与浙江舟山群岛新区院地合作"在舟山群岛新区成功举行,达成19项技术合作意向。截至2012年初,舟山群岛新区和中科院的科技创新平台已经有9个,其一期合作交流完成了30多项成果。但是,科技成果转化率相比其他城市仍然较低,真正能形成产业化的成果只有10%左右,产生规模经济效益的不足5%。

4. 海洋科技创新政策优惠力度不够

虽然舟山市为了改变新区企业规模有限、科技含量不高、人才缺乏等问题,已经出台了一系列促进新区科技(尤其是海洋高新技术)发展的政策,但与其他先进地区相比,科技创新政策的优惠度还不够,并且现有科技政策并没有真正落实下去。如2010年颁布的《关于进一步加强提高技能人才队伍建设的意见》、《舟山群岛新区市人才引进实施办法(试行)》由于没有实施细则,实际上一些奖励、税收优惠、财政补贴政策都没能落实到位。再有,在落实政策时,相关职能部门互相牵制,缺少有机配合和协作,使政策难以执行。

人才,特别是企业家型人才,是高新技术产业发展的最关键因素。一流的人才才能造就一流的企业。浙江舟山群岛新区是首个以海洋经济为主题的国家级新区,探索海洋经济发展的路子需要大量的海洋人才,而舟山群岛新区的高校很少,海洋人才极度缺乏。同时,相应优惠政策的缺乏也容易造成人才的流失,这对吸引科技创新的投融资不利。此外,关于人才流动、科技成果转化、创新基地建设、促进科技多元化投资等都缺乏相关的配套政策,还需进一步完善。所以,更要在支持科技创新和对留住科技创新所需人才的政策法规的制定上进行完善,提供如技术、人力资本的入股比例限制、科技创业企业的税收优惠,对毕业生留新区工作的优惠政策等。

5. 海洋科技创新成果转化率比较低

2011年,舟山群岛新区申请专利1504项,是浙江省内申请量最少的一个城市,专利授权量（618 项）也是最少的（见图 3.23）。其中发明专利申请量为 442 项，授权量为 59 项，虽然相比上年有所增加，但是增幅不大，跟全省其他 11 个地级市相比，舟山群岛新区的自主知识产权远远不够。可见，舟山群岛新区的竞争力远远不足，缺少自主知识产权以及缺少转化科技成果的投融资平台。无疑，提高科技成果转化率是如今舟山群岛新区迫切需要解决的问题。提高发明专利申请量是提高科技成果质量的前提，不仅要有质量，还要有数量。发展科技、促进科技创新的根本目的是为了发展社会经济，科技发展只是途径，经济发展才是结果。只有将科技成果有效地转化为生产力，才能促进舟山群岛新区的经济发展。

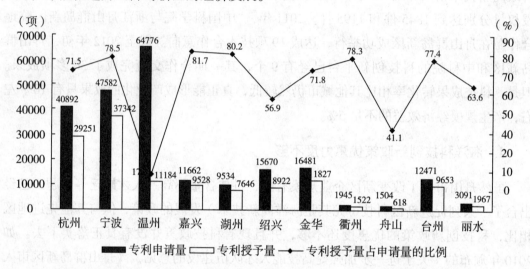

图 3.23　2011 年浙江各地级市专利申请量和授予量情况。数据来源：2011 浙江省各设区市国民经济和社会发展统计公报。

在科技成果方面，舟山群岛新区更是远远落后于浙江省其他兄弟市区，2010 年仅有 579 项专利申请和 396 项专利授予，远远落后于其他市县（见表 3.7）。与 2009 年相比，舟山群岛新区市的专利申请与授予数增加也不多。这说明在现阶段舟山群岛新区的科技数量和质量还需要从根本上进一步提高。

表 3.7　2010 年浙江省设区市专利申请量和授予量情况

地区	杭州	宁波	温州	嘉兴	湖州	绍兴	金华	衢州	舟山	台州	丽水
专利申请量	29732	26414	11391	9271	7222	12294	10255	1571	579	10436	1568
专利授予量	26483	25976	10554	9283	6630	11670	10140	1395	376	10558	1573

数据来源：浙江省知识产权局。

注：专利申请数据已扣除2010年国家知识产权局通报的非正常专利申请41件。

从中介服务来看，这些年舟山市的中介科技服务机构的增长有了明显的进步，但这些机构种类、层次和整体质量水平都还存在缺陷，这极大地阻碍了科技成果的转换。另外，产学研的结合不紧密，也促使科研成果的转化不高。表3-8显示，虽然舟山市高新技术产业增加值占工业增加值的比重的增加速度很快，但掩盖不了一个事实，那就是舟山市的高新技术产业基础薄弱。这对建设舟山群岛新区、促进舟山群岛新区经济社会的发展将产生不利影响。

表3-8　2010年浙江省设区市高新技术产业增加值情况

地区	杭州	宁波	温州	嘉兴	湖州	绍兴	金华	衢州	舟山	台州	丽水
占工业增加值的比重(%)	27.05	22.81	29.53	19.33	24.70	19.54	24.66	35.51	20.49	28.40	7.93

数据来源：浙江省2010年度设区市科技进步统计监测评价报告。

6. 海洋科技自主创新人才相对匮乏

科技以人才为本。没有科技人才，自主创新便无从谈起。作为科技创新的直接参与者，人才尤其是优秀的高科技人才是直接促进某一地区科技创新的主要因素。近年来，在科技、教育的快速发展和政策支持的大背景下，舟山市科技人才不断增加，但与经济的快速发展还不适应，一些领域的科技人员明显不足，特别是高层次人才、领军人才及复合型人才最为缺乏。2010年，舟山市科技活动人口只有0.60万人，R&D活动人员也只有0.40万人（见表3-9），都排有浙江省各市区的末尾。

表3-9　2010年浙江省设区市科技活动人员和R&D活动人员情况

项目 ＼ 地区	杭州	宁波	温州	嘉兴	湖州	绍兴	金华	衢州	舟山群岛新区	台州	丽水
科技活动人员（万人）	15.01	9.40	4.54	4.79	1.65	4.67	2.77	0.73	0.60	4.43	0.56
R&D活动人员（万人）	8.17	5.99	2.53	2.57	0.92	2.47	1.65	0.35	0.40	2.38	0.30
每万人口科技活动人员数（人）	172.55	123.59	49.68	106.40	57.18	95.08	51.62	34.45	53.88	74.14	26.43

数据来源：浙江省2010年度设区市科技进步统计监测评价报告。

7. 海洋科技创新文化环境尚需完善

科技创新环境因素是影响科技进步水平的重要指标，区域的科技进步水平和该区域的科技进步环境紧密相关。[1]一个城市的科技创新水平集中反映在城市生活质量、金融控制力和信息设施水平等方面。舟山在这三项指标上差距明显，说明舟山的科技创新环境还不是很理想，有待进一步加强和改善。

如果把创新成果比喻成果实的话，那么创新文化环境就是土壤。只有保持土壤有足够的营养，才能保证果实的丰硕；只有拥有良好的创新文化环境，才能结出科技创新成果的丰硕果实。从总体上说，舟山群岛新区尊重创造、尊重人才、激励创新、宽容失败的创新文化还没有形成，特别是在对待冒险、失败问题上，全社会尚未形成鼓励冒险、宽容失败的氛围。科研攻关只能成功、不许失败，一旦失败，不论是在科研经费投入、科技成果评价及考核方面，还是对科技人员创新能力评判方面，都会受到影响。这种文化氛围，在一定程度上抑制了科研人员的创新热情。此外，舟山市在科学技术普及方面也做得还不够，人均科普活动经费在浙江省各市区中排在第七位。

（三）舟山群岛新区科技创新环境问题的成因

引发科技创新环境问题的原因是错综复杂和多方面的，既有外部原因，又有内部引发的原因；既有现实原因，又有历史原因。但究其主要原因，都与创新意识、创新体系体制、发展方向密切相关。现着重从这三方面进行分析。

1. 思想受束缚是制约科技创新的潜在因素

从科学技术和社会发展的历史来看，任何创新都是以群体为基础，以个体为突破，创新必然带有创造者的个性特征。受我国传统思想的影响，崇尚权威的观念禁锢了人们的头脑，窒息了人的活力，阻碍了学术思想的繁荣，使人们不敢质疑"权威"。由于受这种思想的制约，人们在思考问题时都沿着"权威"的脉络去思考，缺少对现有结论的挑战和质疑。即使有研究探索的欲望，也可能是花费了大量的时间和精力研究某项问题，但最终却使自己的思考向权威靠拢，仍然停留在对已有成果的理解和模仿上，达不到创新的目的。创新在于打破常规，要从实际情况和社会发展需要出发，提出问题、研究问题，不因权威或者常规或者现有结论的挑战和质疑，而使自己的思想向"权威"靠拢。对现有观点的模仿不仅不能达到创新的目的，还会从根本上阻碍创新思想的繁衍。

舟山市海洋产业和高新技术产业都是通过创造市场收益来推动经济发展的，而科

---

[1] 景光仪，陈井安. 我国区域科技进步环境差异分析 [J]. 中国科技论坛，2006（06）：66-69.

技创新则又是收益取得的重要支撑。这就要求政府和企业把眼光放得长远，注重综合效益。只注重经济利益的价值取向将使舟山市重走许多发达地区以破坏生态环境为代价换取经济快速发展的弯路，并会严重损害企业的信用。除此之外，舟山尚未形成合理的消费环境和积极主动的舆论环境，这也限制了科技创新能力的成长速度。

2. 制度不完善是制约科技创新的外在因素

首先，以人为本的知识产权保护制度不完善。知识产权体制的不完善，导致无法控制人才外流，体现了舟山长期以来对拥有知识的高技术人才待遇的忽视。这在很大程度上制约了舟山各类科研单位和企业研发活动的积极性，并造成了技术外流的严重现象。这就要求在进行知识产权保护时要"以人为本"。

其次，科研院所和高校科研长期脱离区域产业实际，"产、学、研"严重脱节。这不仅是舟山市的现象，也是全国的一种普遍现象。舟山市的科研院所和高校承担了不少科研项目，但是这些科研单位往往追求项目的先进性，很少考虑市场的需求和实现程度。产、学、研脱节使科技人员很少从企业的实际所需进行科研攻关，这阻碍了科技对经济增长的促进作用。

最后，舟山的大多数企业尚未成为科技创新的主体，企业创新投入总量偏小。除此之外，舟山的企业大多是中小型企业，它们更多地关注于短期利润，对于自己独立的研发机构的建立及资金投入都很有限，使得研发能力较弱，企业离真正实现技术创新主体地位还有一定距离。目前，舟山市众多中小企业尽管拥有自己的科技研发人员，但基本上没有自己的科技研发机构，并且没有建立自身的产品开发部门，没有真正掌握产品的核心技术。同时，不完善的管理体系、模糊的产权所有以及不健全的风险机制和科技创新专利保护机制，都大大影响了企业的创新发展。事实上，舟山许多企业都曾遭遇过产品侵权问题。此外，科技创新的各个部分缺乏有效的联系，没有形成良性运行的系统；科研开发项目脱离市场实际需求，获得的科技成果与企业技术突破的需求不能实现最佳的供给；而舟山技术创新的中介机构和服务体系发展滞后，尚不能有效地为企业与创新研发机构之间牵线搭桥。

3. 发展不平衡是制约科技创新的内在因素

舟山群岛新区是一个群岛城市，地区间的发展严重不平衡。发展的方向不同就造成了不同地区的科技活动相差很大。就定海区而言，当地企业创新意识比较强，对科技创新活动比较支持，对于创新又舍得投入，又有浙江海洋学院和浙江国际海运学院这两所高校的技术支持，在科技创新活动方面走在比较前面，而嵊泗县在这方面就比较薄弱。在创新成果方向方面，舟山市目前还没有形成鲜明的海洋意识，创新活动还

没有真正地面向海洋。由于舟山海洋资源丰富，随着浙江舟山群岛新区的建立，舟山未来的发展必将以海洋经济为主题，当下舟山市海洋科技发展速度的缓慢也必然将对舟山群岛新区海洋经济的发展产生制约。

（四）舟山群岛新区科技创新环境优化的路径

海洋科技环境，属于一种软环境，同投入、技术一起共同推动海洋经济增长，是海洋经济增长的内生变量，在促进科技进入海洋中起着重要作用。当前，要把建设好海洋科技投融资环境作为努力方向，不断提升原始创新、集成创新和引进消化吸收再创新能力，积极推动协同创新，创造参与国际海洋科技合作与竞争新优势。要围绕海洋产业升级、海洋资源开发和海洋环境保护，瞄准基础科学前沿，充分吸纳全球科技成果和智力资源，促进我国海洋科学领域和关键核心技术的突破与发展。要发现、培养和集聚高层次海洋人才，造就一批站在科学前沿、具有创新思维和能力的拔尖人才，促进中外人才交流。创新投融资机制能有效地鼓励和引导社会投资，对优化投资的结构、加强经济的发展活力和加快经济发展方式转变具有重要的意义。为进一步推进舟山群岛新区的经济社会又好又快发展，必须建设良好的投融资环境，为新区健康、稳定的发展奠定坚实基础，在新的起点上提高舟山群岛新区科技创新能力。针对舟山市科技创新环境存在的问题和成因进行分析，借鉴沿海发达国家和其他新区的经验，我们认为应从以下几个方面来进一步优化舟山群岛新区的科技创新环境。

1. 深化科技管理体制改革，促使企业成为创新主体

要推进政府职能转变，特别是海洋科技管理体制改革，对海洋科技资源进行整合，搭建海洋科技信息公共服务平台，对海洋科技项目申请、海洋科技项目评估、海洋科技项目管理、海洋科技成果奖励等方面进行改革并加大工作力度，不断提高政府海洋科技服务水平和管理效能。目前，舟山市科技对海洋经济发展的支撑能力较弱，其中的一个重要原因在于缺乏良好的科技创新体制和外部环境，因而难以有效整合区域内的各种资源，激发创新主体的积极性。因此，必须进一步强化政府在科技创新中的引导和调控作用，为科技创新提供有力的政策支持和环境保护，完善政府的创新主导角色。

（1）政府应是科技创新平台与制度的建设者

建设科技创新平台需要将高等学校、中介组织和科研开发机构联系起来，加强它们之间的合作，这需要政府在中间发挥桥梁作用。尤其是舟山作为海岛，政府部门更应对海洋科技创新平台进行制度设计和安排，以面向地区需求为导向，打造高层次海洋科技研究平台，实现舟山已有海洋科技资源的优化配置，并实现科学方法的制度化，

为科学试验研究提供平台，同时也为科学成果交流和研究方法的发展和革新提供条件。同时，政府相关部门要着力完善海洋科技创新能力的评价标准，依据科学性、可操作性的原则，从研究开发水平、科技支撑发展和科研成果的应用三个方面来评估科技创新水平。

（2）政府应是良好创新环境与理念的构建者

政府应创新市场管理模式，根据目前情况有针对性地制定政策来改善科技创新的发展环境，通过营建积极开展科技创新活动、提升科技创新能力的整体氛围，提高企业、科研单位的科研活动效率。此外，政府要加强对科技创新的服务力度，做好组织协调工作，除了要升级交通、通讯等一些基础设施，还需不断提升推动科技创新的"软件"，培养求知、求新的文化理念，引导全社会尊重人才、爱惜人才。

（3）政府应是科研机构改革的倡导者

政府要为科研机构的分类和改革创造良好的内外部条件，为其提供必要的优惠措施，促进海洋科研院所的市场化及企业化。凡是有市场竞争力能企业化的海洋科研机构都要转制成企业，使之成为产权明晰能自主经营和自负盈亏的企业。

（4）政府应是企业转型的推进者

政府要加快推进市内企业向现代化企业转型，通过制度创新努力培育企业，使之成为自主创新的主体。鼓励企业加大海洋科技的投入力度，并通过设立海洋科技研发中心或通过产学研联合方式开发具有自主知识产权的产品和技术，培育自己的品牌。

（5）政府应是机制创新的主导者

政府应建立健全海洋市场机制、激励机制、竞争机制、用人机制等海洋科技创新机制，建设完善以市场为导向，以企业为主体，产学研相结合的自主创新体系，运用加大资金投入、设立优惠政策等方法，推进科技创新工作的开展。政府相关部门要通过点对点走访、举办创新讲座等形式，加强宣传各类优惠政策。此外，要通过设立海洋经济科研、船舶工业和水产品精深加工等财政专项资金，并向上争取技术创新专项、高技术产业、高新技术贴息等资金补助，全方位扶持中小企业进行创新研究。要设立多种科技奖项，制定鼓励科技创新的地方性政策措施，对取得科研成果的个人和企业进行表彰，对自主研发具有自主知识产权的科技项目和科技成果转化实现较大经济收益的科研项目予以奖励。

要开展知识产权保护工作，对未经授权使用他人专利，侵犯他人专利权的行为，进行重点检查与集中整治，对一些重点地区、重点行业以及重点环节依照法定职能进行联合执法。要全方位开展知识产权宣传工作，积极到企业、高校、社区举办保护知识产权宣讲会，在全社会范围内形成保护知识产权、重视知识产权的良好社会氛围。

2. 制定科技创新优惠政策，优化创新政策法规环境

政策支持对舟山群岛新区的科技创新发展，有着至关重要的作用。首先，要对舟山市目前现有的科技政策规章进行有效整合，能实施的则继续实施，不能用的就废止。其次，要加大科技创新政策的出台，尤其是海洋科技创新政策，完善政策法规体系。最后，必须建立一套支撑政策执行的体系，保障相关科技政策的顺利落实执行。

（1）完善相关法律法规和政策措施

落实科技规划纲要配套政策，发挥政府在科技投入中的引导作用，进一步落实和完善促进全社会研发经费逐步增长的相关政策措施，加快形成多元化、多层次、多渠道的科技投入体系。

要完善和落实促进科技成果转化应用的政策措施，实施技术转让所得税优惠政策，用好国家科技成果转化引导基金，加大对新技术、新工艺、新产品应用推广的支持力度，研究采取以奖代补、贷款贴息、创业投资引导等多种形式，完善和落实促进新技术、新工艺、新产品应用的需求引导政策，支持企业承接和采用新技术，开展新技术、新工艺、新产品的工程化研究应用，完善落实科技人员成果转化的股权、期权激励和奖励等收益分配政策。

要促进科技和金融的结合，创新金融服务科技的方式和途径，综合运用买方信贷、卖方信贷、融资租赁等金融工具，引导银行等金融机构加大对科技型中小企业的信贷支持，推广知识产权和股权质押贷款；加大多层次资本市场对科技型企业的支持力度，扩大非上市股份公司代办股份转让系统试点；培育和发展创业投资，完善创业投资退出渠道，支持地方规范设立创业投资引导基金，引导民间资本参与自主创新；积极开发适合科技创新的保险产品，加快培育和完善科技保险市场。

要加强知识产权的创造、运用、保护和管理，以实现"十二五"期末每万人发明专利拥有量达到3.3件的目标。要建立国家重大关键技术领域专利态势分析和预警机制，完善知识产权保护措施，健全知识产权维权援助机制；完善科技成果转化为技术标准的政策措施，加强技术标准的研究制定。

（2）全力推动政策实行

政府各个部门（科技部门、财政部门、工商部门等）需通力合作，加强相互之间的协调，全力推动政策的实行。在海洋科技创新方面，需探索新的管理运行机制，海洋科技主管部门要集中精力于规划政策的制定及执行监督。在市场方面，要出台政策以保护科技创新者与企业之间的共同利益，维护社会科技市场的次序；要出台相关的法律，加强对科技产权的保护；还可以出台一系列有利于海洋科技发展的政策优惠，如减免税收、土地转让等。要认真落实科学技术进步法及相关法律法规，推动促进科技成果转化法的修订工作，加大对科技创新活动和科技创新成果的法律保护力度，依法惩治侵犯知识产权和科技成果的违法犯罪行为，为科技创新营造良好的法治环境。

3. 拓宽科技创新融资渠道，形成多元化投融资体系

科技研究经费是科技创新的重要支撑与保障，资金投入的不足，已严重阻碍了舟山科技创新能力的提升。对于舟山许多的中小型企业来说，科研创新过程中伴随的高风险和研究前期的高投入导致目前舟山中小企业普遍缺乏创新热情。政府应该运用财政补助、税收返还和政府采购等方式来推动企业进行科技创新。

（1）加强财政政策对科技发展的扶持

舟山有着一定数量的中小企业，如能全方位激发这些中小企业的科技创新潜力，必将提升整个舟山市的科技创新能力。要加强财政对中小企业创新的支持，可以通过设立科技创新专项资金，成立创新基金支持，通过银行、信用社的资金渠道支持等多种方式为科技创新提供财政保障。针对海洋科技的发展，要加大国家财政对海洋科技的投入力度，并制定相关政策，引导企事业单位、社会团体和个人积极参与对海洋科技经费的投入，形成多层次、多渠道的海洋科技投融资体系，扩大海洋科技经费投入规模。[1]政府要加大对科技创新的财政投入力度，加强对海洋科技创新研发的扶持力度，建立舟山群岛新区"科技兴海"和海洋高科技创新的专项研发经费，用于新区优势产业中的海洋科技、一些重大的海洋科研项目、重大海洋工程的开发、研究和建设。同时，政府自身要逐渐淡化作为科技创新投资的主体地位，突出引导作用，引导企业和其他社会主体、社会个人对科技创新的投入，充分运用当代资本市场，形成以政府财政扶持为引导、企业自筹为主体、金融和外资及社会筹资为补充的多渠道、多层次的海洋科技投入体系，运用经济的、行政的和政策的手段，引导和鼓励企业加大技术创新投入，促使企业逐渐成为技术创新投入的主体，改变科技投入过少的现状，实现企业的科技转型。

（2）完善科技投融资体系建设

要加大开发新型科技金融产品的力度，拓宽创新型企业的融资渠道，可以通过设立创新开发基金，加大社会资金流入创新型企业，不断完善"企业投入为主，政府、社会投入为辅"的科技投融资体系。要加强社会各界对科技创新的支持力度，如银行可以设立针对海洋科技创新的专项贷款，风险投资公司可以加强对海洋科技创新企业进行风险投资，扶持有发展前景的海洋科技企业上市融资，而个人也可以加强对海洋科技创新的认识，通过股票、债券等各种方式对海洋科技创新进行投资。

---

[1] 李文荣.提升海洋科技支撑能力，加快发展海洋经济[J].港口经济，2010（01）：15-18.

同时，新区应降低企业税费负担，增强企业的赢利能力。企业对自主技术创新的投资是需要很多条件的，除了加强法制建设、保护知识产权有一些必要条件之外，是否拥有足够的资金对企业来说是至关重要的。新区政府应该建立稳定的研发投入增长机制，集中资金用于共享性、关键性和前沿性技术的研究开发，可以允许企业研发投入以较大比例直接抵扣税收；对社会力量资助科研机构和高校的研发经费，也应给予一定的税收优惠。新区可以通过调整税费，减轻企业的负担，从而使企业的赢利能力得到提高。企业不光需要加强法制的建设和知识产权的保护，也需要足够的资金来对自主技术创新进行投资。在减少了企业的税费之后，还要制定一些新的税收政策来增强企业的发展能力，可以出台一些针对小规模纳税人的税收政策和办法，加大某些所得税的优惠力度。要加强知识产权的管理和保护，重点是强化知识产权管理和保护的政策保障措施。应加强对知识产权的保护、运用和管理，制定相关政策，进一步完善知识产权制度和各类知识产权保护措施；加强知识产权保护的行政和司法协作机制，建立健全知识产权保护联动机制，定期开展联合执法行动；建立日常监督和重点检查相结合的机制，定期、不定期地组织知识产权行政机构、司法执法机关对各地区、各部门遵守知识产权法律法规的情况进行检查，坚决查处和制裁各种侵权行为；加强保护知识产权的宣传与培训，制造强大的舆论声势，营造尊重知识、保护创新的良好社会氛围。

（3）增加政府科技投入　引导企业 R&D 投入

舟山群岛新区政府的科技投入在 GDP 中的比例应逐步提高到与经济能力相应的水平上。政府的支持可以降低技术创新给企业经营带来的风险，从而增加盈利的可能性。特别是在企业实力不强的情况下，单个企业难以独立进行产业关键技术的创新和解决行业发展面临的共性技术难题，只有得到政府的支持才能有效地实施重大技术创新。[1]要形成一种"企业是主要投入，政府是辅助投入"的科技成果转化方式，提出政策措施和通过经济杠杆来激发和促进企业将经营的一部分收入拿出来投资在研究和开发利用项目上，满足市场的需求。要鼓励和支持企业开展产学研合作，引导企业不断加大 R&D 的投入，不断提高产学研合作的质量和投入的比重。企业应实施技术创新，不断提高自己的技术和管理水平，确保创新的成功。企业内部也要建立投资激励机制，促使多方面的 R&D 资金投入，发展科技创新。与此同时，政府还应督促企业合理利用 R&D 资金，避免浪费，提高使用效率。舟山群岛新区政府应有意识地加大对企业研发的资助力度，通过政府投资的引导与刺激，带动企业科技创新意识的强化，进而带动企业自主投资的增长。此外，还可以制定有利于高新技术创新的政府采购政策，通过

---

[1] 叶帆. 改善我国自主创新环境的相关对策 [J]. 发展，2006，（2）：27-29.

带有倾向性的政府采购来引导企业进行技术创新。

4. 加快海洋科技自主创新，进一步提高成果转化率

应以舟山市政府为主导，通过引导和调控，对舟山群岛新区现有的科技信息资源、科技创新人才、科研单位、科技创新设备以及企业的科技研发中心等科技资源进行有效整合，并且以这些资源为基础，完成对科技创新平台的构建，实现全市科技资源的共享。要充分发挥企业在科技进步中的主体作用，激发企业加大海洋科技创新投入的积极性，加快企业向海洋科技型企业转型。要通过培养科研体系与企业之间的利益共同体，来提高海洋科技研发能力。

（1）加速产学研的一体化进程

鼓励、支持和寻求舟山及沿海地区的大中型企业与海洋研究的高等学府、科研院所合作，共同开发高新科技产品，尤其是海洋高科技产品。可以通过创办海洋技术研发中心，充分利用企业集团雄厚的资金优势和市场优势，促使海洋科技成果转化为现实生产力，创造高水平、高效益的海洋科技产品，并使之产业化，以科技带动经济的快速增长[1]，推动企业以资金、设备为基础，通过联合运营、入股合作等多种方式，优化配置已有资源，营建产学研联合体，使产学研工作朝着纵深方向发展。要促进海洋科技创新人员、企业与市场需求之间的桥梁构建，使产学研真正地有机结合。要加强高校、科研院所和企业之间的交流，对高、精、尖的技术开展密切合作，跨领域联合研究重大科研项目，提升科技成果的转化速度，实现高新技术领域的产业化发展。要通过政策支持和规划指导，推动科研资金、高层次人才、核心技术等各要素的集中，增强科技创新能力。

（2）加强科技开放合作

要积极开展全方位、多层次、高水平的科技国际合作，加强舟山新区与国内外科研院所的科技交流合作，加大引进国际科技资源的力度，围绕国家战略需求参与国际大科学计划和大科学工程。要鼓励企业开展参股并购、联合研发、专利交叉许可等方面的国际合作，支持企业和科研机构到海外建立研发机构；吸引国际学术机构、跨国公司等来新区设立研发机构，搭建国内外大学、科研机构联合研究平台，吸引全球优秀科技人才来新区创新创业，为新区科技创新出谋划策。

（3）创建海洋公共服务平台

要积极创建海洋科研成果转化平台，以舟山海洋科技创新体系构建为目标加快推进海洋科技创新服务中心的建设，全力支持海洋科技建设项目的完成，建立健全海洋

[1] 孙鹏飞，刘杰等.海阳市海洋科技发展对策探讨[J].中国渔业经济，2010（01）：9-11.

科技创新体系，共享海洋科技资源。要快速发展海洋科技产业的中介机构，帮助科技创新人员与需求企业建立联系。要抓好国家海洋科技国际创新园建设，充分发挥浙江大学、浙江海洋学院等高校人才和科技资源优势，加强高校科研成果转化应用，鼓励有能力的科技创新平台、企业科技研发中心、海洋技术研发中心、海洋科技重点实验室等各类科技研发平台向全社会开放，充分发挥其公共服务的作用。要鼓励企业充分利用大学和科研院所的科技文献资源，实现网络共享。

5. 完善人才队伍建设机制，形成优良海洋人才队伍

舟山市要加大对海洋科技人才的培训力度，深入实施"海洋科技人才工程"，加强对发展海洋科技创新人才和关键技术领域领军人才的培养，加强涉海高校的人才培养力度，扩大海洋科技的人才规模，造就一批具有自主创新能力、具有战略眼光，适应促进舟山群岛新区发展海洋经济的高层次领军人才队伍。同时还应建立一套从青少年开始培养的教育模式，建立海洋科技人才后续储备基地，实现海洋科技人才的可持续性。必须对海洋科技人员的团队素养、学术风格，以及品德进行监察，完善人才使用机制。要面向浙江、中国，乃至世界，打破地区限制，通过兼职、咨询、政策支持、股权奖励、科研启动经费等多种形式，积极吸纳各个行业的海洋高技术人才来舟山群岛新区定居、创业、发展。要针对海岛地区目前人才队伍的实际，从优化人才结构和人才合理配置使用的目的出发，进一步完善人才流动的有关政策，为加快开发利用整体性海洋人才资源创造更加优化、宽松的社会环境。

6. 培育海洋科技创新文化，形成优良人文生活环境

一个地区的创新不仅来自企业和研究机构内在活力的增加，更来自良好的创新体制、机制和环境，包括基础设施的硬环境，金融、税收、贸易政策等方面的软环境和有利于高新技术企业创新发展的社会环境。在海洋经济高速发展的今天，科技创新对海洋经济的支撑作用日益凸显，而科技创新环境则是科技创新赖以生存和发展的物质环境和社会环境，它影响和制约着科技创新活动的质量和效益。舟山群岛新区科技创新环境优化不仅能为构建舟山市科技创新体系提供决策和依据，而且对深刻认识新区科技创新的特点及其发展的关键因素极其重要。因此，研究科技创新综合环境建设问题，对促进舟山市科技创新的发展及掌握海洋科技创新环境发展趋势都具有重要的意义。舟山市政府需加强对海洋科技创新工作的宣传，加深新区人民的海洋科技创新意识，培养新区人民的海洋科技创新荣誉感。

（1）树立"以人为本"的理念

技术创新要以人为本，人是创新活动中最活跃和最关键的因素。要改变过去"重

物轻人"的观念，切实做到以人为本，把发现人才、培养人才、吸引人才和稳定人才，让人才的创造性得到最大程度的激发。

（2）树立全民创新意识

构筑创新文化，需要大力增强全社会的创新意识。学习是创新的基础，要通过建立学习型社会，营造出"人人是学习之人、处处是学习之所"的全民学习氛围，在社会上推广终身学习的理念。要广泛传播各种科学文化知识，在普及的基础上孕育提高和创新。通过学习，使全体市民不仅仅成为海洋科技创新的传播者、倡导者，还成为海洋科技创新活动的实践者，积极投入到海洋科技创新中去。

（3）形成社会创新氛围

全社会要形成激励冒险、宽容失败、开放包容、崇尚竞争的创新氛围。要创建海洋科技创新文化，对过去不良的、不合适的文化进行改进，形成独立自主、自强不息、不害怕失败、努力振作的海洋创新品质，营造自由、宽松、团队合作的科学氛围，形成尊重知识、尊重人才、尊重创造的社会风气，创造一个有利于培养海洋科技人才，并使之成长的良好环境。要营造一个公平、公正、合理的竞争环境，反对不正当的竞争方式，使不同的科研团队之间、不同的科技创新人才之间、不同的高科技企业之间形成一种良好的共处环境。要加强对海洋创新成果的尊重和保护，形成一种尊重海洋科技人才、尊重海洋科技成果的社会氛围。

（4）提高公众科学素养和公民海洋意识

《浙江省科技强省建设与"十一五"科学技术发展规划纲要（2006-2010）》对舟山群岛新区的科学普及，提升公众科学素养，建立海洋科技型舟山，引领舟山未来几年科学技术持续快速发展，具有重要指导意义。在海洋经济时代，舟山群岛新区在实施国家海洋经济战略的同时，必须在海洋科普设施建设、科普渠道、科普队伍等方面进行创新。要充分发挥新闻媒体、互联网、旅游景点及社会广告等媒介的科技传播作用，建立起有效的海洋科学普及长期有效运行机制与工作平台，实现由纯粹的接受"科学普及"向"爱科学、用科学、受益于科学"转变，为科技进步推动海洋经济增长创造良好的社会文化氛围。要通过大力宣传海洋经济新区建设，在公民中树立建设海洋经济为导向的舟山群岛新区的科学意识。

要进一步优化科技创新的政策结构与管理结构，完善科技创新的政策法律，制定知识产权战略纲要，把知识产权作为发展的重要资源来加强保护和利用；充分发挥政府在科技创新过程中的服务、组织、管理等功能，推进科技管理进行体制改革。要加强地方之间、部门之间、地方与部门之间、军民之间的统筹协调，并把科技工作纳入领导干部考核的主要内容；充分利用舟山海洋资源优势、科研优势，切实提高科技资源整合、重大科技活动组织的能力，走"产学研政"相结合的科技一体化道路，培育

和扶持多种科技创新联合体，避免重复建设与科技资源浪费。要以当前全社会落实科学发展观为契机，在提高资源综合利用率的同时，大力发展循环经济，造就有利于吸纳人才的社会外部环境。

第四章
舟山群岛新区的科技管理研究

党和国家政府历来高度重视海洋经济发展，为海洋经济发展创造了良好条件和宏观环境。早在新中国成立初期，我国已将海洋科学发展纳入规划体系，迄今已经走过半个多世纪。改革开放以来，我国通过深化科技体制改革，以加强基础研究和发展高新技术为抓手，形成了具有中国特色的科技研发管理体系。2003 年 5 月，我国颁布实施《全国海洋经济发展规划纲要》，对我国 21 世纪前十年的海洋经济发展进行了部署；2004 年，国家发改委、海洋局和财政部联合发布了《海水利用专项规划》，对我国 2006—2015 年的海水利用进行了部署；2006 年，十届全国人大四次会议批准《国民经济和社会发展第十一个五年规划纲要》，要求保护和开发海洋资源，积极开发海洋能，开发海洋专项旅游，重点发展海洋工程装备；2007 年，党的十七大报告作出发展海洋产业的战略布署；2008 年 2 月，国务院发布了《国家海洋事业发展规划纲要》，其中规定海洋经济发展向又好又快方向转变，对国民经济和社会发展的贡献率进一步提高；2008 年 9 月，国家海洋局、科技部联合发布了《全国科技兴海规划纲要（2008—2015 年）》，这是我国首个以科技成果转化和产业化促进海洋经济又好又快发展的规划；2010 年 10 月 18 日召开的十七届五中全会通过的"十二五"规划，提出了"发展海洋经济"的百字方针，对海洋资源利用、海洋产业发展作出了明确要求。

2011 年，国务院相继批准了《山东半岛蓝色经济区发展规划》、《浙江海洋经济发展示范区规划》、《广东海洋经济综合试验区发展规划》，标志着我国已经迈入海洋经济大发展的时代。因此，如何在海洋经济发展与海洋科技支撑之间实现良性互动，构建人类与海洋的和谐关系，成为政府海洋管理领域一个亟待解决的问题。正确认识海洋科技的支撑机理以及政府在其中应有的作用，提升海洋科技支撑水平，保障海洋经济可持续发展，是一个意义深远的重大课题。

面对国内外海洋环境，舟山群岛新区海洋科技管理要顺应历史发展规律，按照《全国科技兴海规划纲要（2008—2015 年）》、《浙江海洋经济发展示范区规划》、《浙江舟山群岛新区发展规划》与《中共浙江省委、浙江省人民政府关于加快发展海洋经济的若干意见》等，持续推进海洋经济转型升级，不断完善政府海洋管理体制机制，着力提升海洋科技对海洋经济的贡献率。

一、政府主导海洋科技资源

政府科技管理是指行政主体根据国家的科技方针、科技法律法规和科技政策，对各种科学研究及技术开发等活动进行的计划、组织、指挥、控制和协调。科技管理主体是政府和政府职能部门，它在政府科技管理法律制度所涉及的三大主体中居于主导地位，是科技行政关系中的行政主体，承担最多的科技管理职责。海洋经济发展中社会治理范围的扩大与社会公共管理的强化，以及发展空间的拓展，使政府传统管理职能发生了变化，即政府必须把海洋经济发展与公共管理结合起来。海洋政策是引导海洋经济发展的风向标，政府要以海洋政策为主导，配置海洋科技资源，通过组织实施科技发展项目、创新海洋科技平台、加强海洋科技成果转化等管理活动，以着力提升海洋科技贡献率为目标，以科技创新为抓手，促进海洋经济可持续发展。要对现存的一些与海洋经济特性不相适应的政府管理模式进行改进优化，以适应已经到来的海洋经济，适应对人类对海洋的开发、利用和保护活动，从而形成经济发展与科技管理之间的双向良性互动。

（一）政府科技管理与海洋经济的相关性

1. 海洋经济发展战略推动政府科技管理创新

21世纪是"海洋世纪"，我们必须站在战略的高度来认识发展海洋经济对国家强大、民族复兴的重要性，必须从现在起就把发展海洋经济、建设海洋强国当做全社会的重要历史任务。海洋经济发展正面临经济全球化、知识化、信息化、多极化的机遇与挑战，机遇与挑战共存。能否实现习近平总书记提出的"中国梦"，就要看各级政府的重视程度及其掌握的科学技术力量的强大与否。现在的海洋经济正在从纯粹的渔业发展到全方位竞争上来，这就从客观上要求政府必须加快科技管理创新，跟上海洋经济发展步伐，在国际海洋经济比拼中占有一席之地，缩短与发达国家之间的差距。[1]

---

[1] 刘娅. 跨学科研究事业中的政府科技管理 [J]. 科学管理研究，2008（12）：23-24.

2. 政府科技管理促进现代海洋产业体系建设

政府科技管理的基本职责是对本区域内的科技进步活动进行宏观管理、统筹规划并提供支撑环境，一方面需要处理好科学技术系统内部各环节、各方面之间的关系，另一方面需要处理好科学技术系统与外部环境的关系。换句话说，政府科技管理部门要根据本地科技、经济和社会发展的需要，制定促进科技进步和经济社会协调发展的政策及法律，确定科技发展的方向、重点、规划，合理分配资金、设备、人才等资源投入，从而实现对科学技术研发活动的组织与管理、对科学技术成果向生产转化的组织管理，以及对科学技术同经济、社会发展协调的管理。[1] 高效的政府科技管理能够提高海洋资源的利用率，减少资源的浪费，将经济增长点转移到高新绿色产业上来，从而使经济增长方式由主要依靠增加物质资源消耗向主要依靠科技进步、提高劳动者素质和管理创新转变。

3. 政府科技管理弥补海洋资源开发保护缺陷

目前，舟山海域的海洋资源开发存在着诸多问题。一是产业结构不合理。舟山新区现在的海洋产业结构还不是十分合理，依旧以资源依赖型为主，高新技术产业仍不成熟。二是缺少区域统筹规划，合作机制仍未建立完全，企业、高校、科研机构之间很少交流，同时自身内部的分工也是不明确的。三是资源粗放式开发。舟山海域自然资源十分丰富，但是由于目前海洋开发技术力量有限，导致资源的浪费，直接影响了经济发展方式，出现高投入低产出的不良发展模式。四是管理体制分散。舟山各级政府在管理权限上没有进行细分，职权不够清晰，政出多门的现象较为普遍，行政管理效率不高。五是海上执法力度不够。舟山市在海洋执法方面的投入力度还不够，还没有成立专门的执法部门，特别是海洋警察这一块还没有落实，还留有空白。六是海洋开发技术落后于其他沿海发达地区，高科技发展的速度仍然较为缓慢，和沿海其他发达地区还存在较大差距，科技创新体制需要进一步改进。

要想在世界海洋经济发展竞争中立于不败之地，这些不足之处就必须要解决。这就要求政府进行宏观管理，根据舟山地区的海洋资源特点，定位自身的功能，以新区规划为目标，顺应时代潮流，不断以科技创新来引领海洋经济的发展。[2]

---

[1] 毕田田，卢长利.长三角地区海洋经济发展中存在的问题与协调发展对策研究 [J].对外经贸，2012（02）：96-97.

[2] 刘建成，陈志强.科技管理模式优化的保障机制研究 [J].福建论坛，2011（10）：75-77.

（二）科技管理与海洋经济的不适应性

1. 政府科技管理模式单一，海洋科技呈现边缘化

政府科技管理模式单一化主要表现在，将多数的人力、资金用在了科技计划项目的管理上，特别是产业化项目的管理上。现在我国正处于由政府包办管理体制向科技政府计划指导与市场基础性作用相结合的运行机制转变。转型期间的突出矛盾就是缺乏统筹协调。长期以来，我国科技管理工作中存在的部门分割、条块分割现象，造成了科技资源难以集中力量、形成优势。由于部门之间缺乏有效沟通，各部门的科技计划大体上只注重本部门的科研项目，造成了科技基础设施重复投资、科技投入的结构性矛盾突出，科技支出的集中度不高，科技计划项目分散，限制了重点领域、重要项目的投资力度。[1] 这些问题阻碍了科技与经济发展的联动作用，在未来的新区建设中必须采取措施予以改进。同时由于舟山的海洋经济长期以捕鱼业为主，高投入低产出的产业特征也导致了海洋科技的边缘化态势。

2. 政府海洋科技人力资源的开发管理制度不完善

要想较好较快地发展海洋经济，就要为其配备相应的资源设施，如人才资源、科技资源，以及政策上的支持。发展高新技术产业，人才是必不可少的一环，只有拥有大量的人才，才能快速解决发展过程中碰到的种种难题。舟山新区政府应采取对策，通过健全海洋科技教育培训体系，营造让大批优秀的青年海洋科技人才脱颖而出的环境，优化海洋科研人才结构，培养和建立一支高素质的海洋科技队伍。要制定各项优惠政策，大力吸引和培养海洋科技人才。要坚持以人为本，尊重知识，尊重人才，尊重劳动，尊重创造，大力吸引、培养和凝聚人才，特别是要造就一批海洋科技创新专家、科技尖子人才和高素质企业经营管理人才。为优秀人才的脱颖而出和人尽其才创造良好的条件与环境。[2] 目前政府要尽快解决诸如海洋人才投入力度不足，重资源开发轻人才开发，人才结构和布局不合理，人才工作队伍的专业化水平有待提高，政府科技管理部门事务琐碎、缺乏竞争性，人才引进、培养、考核等方面的政策不够完善，海洋科技人才的相关权益保障不力等问题。

3. 政府科技管理体制与海洋经济发展需要不相适应

科技管理体制是指有关科学技术管理的机构设置、职责范围、权利义务关系等一

[1] 马志荣. 我国实施海洋科技创新战略面临的机遇、问题与对策 [J]. 科技管理研究，2008（06）：101-103.

[2] 孟爱国. 我国政府科技管理模式优化改进的思考 [J]. 软科学，2003（06）：67-69.

整套国家层面的结构体系和制度安排。一个适应社会主义市场经济要求、符合科学技术发展规律的宏观科技管理体制，是确保我国科技、经济、社会长期发展的重要基础。我国的科技管理体制经过多年的改革，已有了长足的进步，发生了根本性的变化。但是仍存在一些问题急需解决，主要表现为科技体制、经济体制与科技自身发展规律还不适应。各级政府应尽快从宏观上理顺科研机构的设置，大力发展经济社会发展需所要的科研机构，加强科技队伍建设，健全技术转移的科技中介体系，大力发展从事科技成果向生产转移的科技中介系统，提升其服务能力和服务质量。尤其是海洋经济发展现在还缺少与之相适应的服务支撑体系，政府还未建立起与海洋经济发展息息相关的科技平台、信息平台等公共服务平台，海洋经济的发展还得不到很好的保障。[1]舟山新区海洋高新技术产业发展较慢、比重较低，海洋经济信息还没有很好地服务于产业开发与经济发展，海洋开发资金投入力度还不够大，风险保障机制还没有完全建立起来，这些都制约着舟山海洋经济的快速发展。

4. 政府科技投入不足，海洋科技支持力度不够

科技投入是衡量一国科技实力的重要指标，也是科技创新的必要保障。政府科技投入是全社会科技投入总量的重要构成部分，科技投入及科研成果的有效利用是促使国家经济保持长期稳定增长的重要条件。就增长速度来看，我国的科技经费出资以每年19.7%的速度增长，远远超过了发达国家，但是与国外创新型国家科技经费的投入量比较，我国科技投入的规模仍处于较低的水平。政府科研投入自身需要一个积累的过程，我国的科技基础原本就十分薄弱，科技投入强度一直处于较低水平，与世界发达国家的水平还有很大的差距。同时科研经费的使用结构、投入结构与发达国家也存在明显差异。

我国政府投入海洋的科研经费目前仅占全国科研经费总额的1.5%左右，这样的资金投入不能满足海洋高新技术产业健康发展的需要。我国要增强政府科技投入的绝对规模，建立政府科技投入稳定增长机制来逐步提高政府科技投入强度，提高政府科技投入占财政支出的比重，优化政府科技资金投入结构。

5. 政府科技管理相关的海洋法律法规体系不健全

发展海洋科技，政府资金投入是一方面，更重要的是健全与海洋科技相关的法律法规。我国的海洋法律体系结构并不完整，诸多领域存在立法空白，与海洋科技活动有关的社会关系没有相应的法律予以调整。在国外科技管理体制中，科技立法都被广泛重视，如韩国、美国、英国、日本等国家都有着较为完善的科技法律体系。有些国

---

[1] 王书玲,王艳,于睿.政府科技投入的国际比较及启示探究[J].科技管理研究,2010（05）：41-42.

家在对其科技管理体制进行每一次改革和变动，或是开展重大科技计划时，几乎都会出台相应的法律法规。[1]目前我国正处于社会转型期，科技管理体制已落后于社会转型，一些科技法律法规已经不完全适用于现在海洋科技发展中出现的各类问题，政府要尽快建立健全与海洋相关的法律法规体系。

（三）彰显海洋经济的我国政府科技管理优化策略

1. 政府要树立海洋科技理念

海洋经济是以海洋为中心的经济，经济提供品应当以海洋发展为出发点进行设计、生产、提供，即逆向生产和营销。按照产业属性分类，政府属于服务领域，各级政府部门的第一要务就是根据发展海洋的需要为其提供产品或服务。树立海洋科技理念的政府从本质上来讲就是政府一切行政行为的出发点和最终落脚点都要从发展海洋的需要出发。政府科技管理部门应树立海洋科技理念，推进海洋型政府的建立，在宏观上为海洋经济的发展创造良好的环境。

2. 贯彻落实"以人为本"的海洋科技管理思想

人是管理活动的主体，也是管理的客体。人的积极性和创造性的充分发挥，人的素质的全面提高，决定着活动能否成功开展。在政府科技管理部门内部要树立"以人为本"的海洋科技管理思想，加强海洋人力资源的开发，建立健全科技管理部门人员培养及激励制度，调动部门人员的积极性、创造性，更好地为从事科技活动的科技工作者提供"以人为本"的服务，充分激发科技工作者的工作积极性，促进科技的快速发展。

3. 建立与海洋经济发展相适应的科技管理体制

海洋经济是区别于陆地经济的全新的经济形态。中国是一个海洋大国，发展海洋经济是有效解决自然资源锐减、空间限制、环境恶化等一系列问题的重要途径。在海洋经济中，市场是配置资源的主体，市场依据发展海洋的需要生产并提供产品。科技资源是社会资源的一种，也应该以市场为基础来进行配置。这就要求全面深化政府科技管理体制改革，逐步实现由微观项目管理向宏观政策导向的职能转变。应该根据国民经济和社会发展及公众的需要，结合科技发展的自身规律，研究制定符合我国国情的科技管理体制，指导我国科技工作顺利进行。[2]政府科技管理部门可以引入竞争体制，

[1] 郑贵斌．海洋经济创新发展战略的构建与实施[J]．东岳论丛，2006（02）：121-122.
[2] 沈坤荣，周密，李蕊．海洋经济："十二五"期间中国经济发展的新动力[J]．上海行政学院学报，2011（03）：92-93.

通过以公开招标为主的方式交给社会主体来解决一些科技管理部门过去管不好也不该管的问题。这样不仅可实现科技资源的高效优质配置，还可以提高政府科技管理的民主化、科学化水平。

4. 增强海洋科技支持力度，提高全民海洋意识

公共性是海洋经济的一个特征。在海洋经济中，政府科技管理部门应进一步加大科技投入。一方面，政府科技管理部门对海洋科研机构在科研经费、设施、条件等方面应予以较大力度的扶持，以快速提升其科研能力；另一方面，政府科技管理部门应投入资金建立科技馆、图书馆等场所，为人们学习、了解海洋科学文化知识提供平台。同时，政府科技管理中还要加强现代科学知识的宣传，普及海洋科学文化教育，增加人们对海洋知识的了解，培养人们对于海洋科学的兴趣，提高全民海洋意识，从而创造有利于海洋科技发展的人文社会环境。

5. 进一步完善海洋科技管理相关法律法规体系

国家颁布的法律法规是对人们有力的法律保障，也是人们维护利益的一种方式。政府科技管理工作能够井然有序地进行，离不开相关法律法规的保障。所以，加强科技法律法规建设，规范政府科技管理工作是目前必须要解决的一个事情。第一，政府科技管理应重视制定科研机构法，维护科研机构的利益，为其创造一个健康的环境；第二，政府科技管理应对科研机构内部的人事、资金管理运作等做出相关规定，保证科研机构个体可以稳定运行；第三，加强政府科技管理部门相关立法工作，规范政府科技管理部门的行政行为，使得科技管理主体的合法性和公正性得到保证。

（四）切实推进舟山科技创新平台建设

国家"十二五"海洋科技规划纲要明确指出：健全海洋创新体系，优化海洋研发应用能力。要以政府为引导，调动社会各层面海洋科技积极因素，建立健全海洋科技创新体制机制。要进一步完善海洋科技领域知识创新体系，大力发展高新科技业态，积极组建不同形式不同主题背景下的产业技术创新联盟；着力加强海洋科技技术平台建设，构建完善的海洋应用研究和基础研究体系，提高舟山群岛新区海洋科技创造力和综合实力。

应紧紧围绕舟山群岛新区建设这个最大的实际，加强和推进具有特色和优势的区域海洋科技创新体系建设，组织实施区域条件下的海洋科技创新发展行动计划，统筹发展一批中小企业转化培育中心和企业孵化器，形成具有舟山群岛新区建设特色的科技创新平台布局。在这一方面，舟山群岛新区政府已经开了一个好头，取得了可喜的

进展。到目前为止"舟山群岛新区科技创意研发园"、"浙江省海洋开发研究院"、"浙江大学海洋中心"、"区域创新服务中心"、"科技企业孵化器"等科技平台和创新载体的建设已取得了较大进展。

1. 舟山海洋科技创意研发园

"三园一体化"的中国海洋科技创新引智园、国家海洋科技国际创新园和舟山市科技创意研发园位于浙江省舟山群岛新区新城，是中国（舟山）海洋科学城的重要组成部分，是舟山群岛新区建设的国家级海洋科教基地。科技创意研发园充分依托舟山作为群岛新区的发展优势，吸引高水平研发机构、科技创新型企业和高素质人才入驻园中，为加速中国（舟山）海洋科学城建设、推动海洋经济优化升级和科学发展提供强大的科技和人力资源支撑。科技创意研发园根据区位功能，可划分为启动区、核心区和综合区三个区块。

（1）科技创意研发园发展目标

通过紧紧围绕舟山群岛新区建设实际，抢抓机遇，制定和落实发展目标，使产业发展能够与环境目标和社会目标相协调，形成以科技成果交流与转化基地、海洋高新技术研发，以及产业化基地和绿色智慧城市建设示范区等"五基地、一中心、一平台和一示范区"为核心的创新平台（见图4.1）。

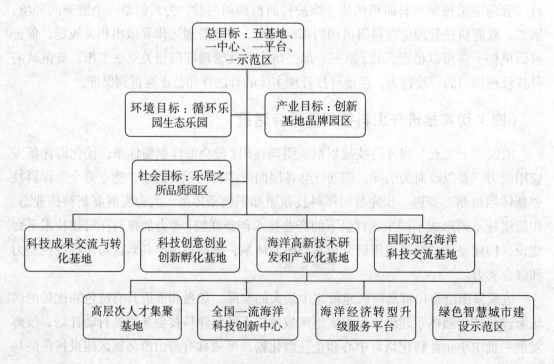

图 4.1　舟山科技创意研发园目标

（2）舟山科技创意研发园科技创新服务平台

通过创新服务发展智慧园区，加强国内外科技合作，建立科技创新增值服务平台、科技金融创新服务平台和海洋经济产业专项技术服务平台，集聚人才、科技和服务要素，引入资金、人才和管理经验，使舟山海洋科技创意研发园成为智慧示范、产学研结合、创新服务和知识产权保护示范区，最终支撑舟山群岛新区的海洋经济发展（见图 4.2）。

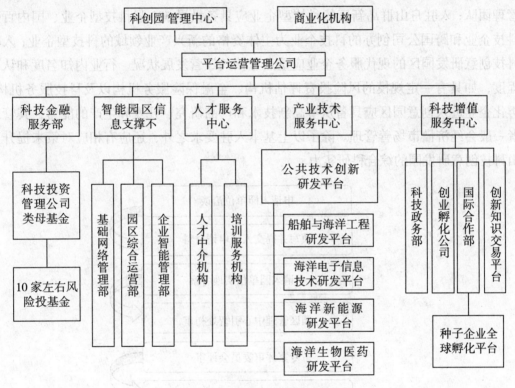

图 4.2 科技创意研发园组织架构

（3）科技创意研发园引智对象

园区招商小组通过敲门招商、展会招商、以商招商、产业链招商等多种方式积极对外宣传推介园区、拓展招商网络，大力开展招商引资（智）工作并取得一定成效。引进对象重点涉及海洋能源技术研发、高新产业技术研发、先进制造业技术研发、港口物流技术研发、海洋生物技术研发以及环保和资源综合利用技术研发；重点引进国内外大院名校创办的科研院所和研发机构，引进和培育具有先进信息技术、新能源、高级装备、生物环保和资源综合利用性质的创新型科技企业，引进一批具有相当规模和资质的财务咨询金融服务机构、科技服务中介机构、创意服务型科技企业、风险投资机构和银行，以及电子商务企业等现代服务企业，同时引进和扶植从事高新技术研究及产品开发的孵化性企业。

（4）科技创意研发园入驻流程与要求

为了进一步建设浙江舟山群岛新区和加快推进舟山群岛新区科技创意研发园建设，鼓励和吸引更多高新技术企业和专业创新型人才入驻科技创意园区，应规范入驻流程（见图4.3），创建宽松的创业环境，提供市场准入便利服务，促进园区引智工作跨越式发展。另外，引入到科技创意研发园的研发机构应以国内外大院名校研究机构为主,研发机构应具有较强的研究、开发和实验条件以及科研竞争实力,有成熟的研发、管理团队；入驻舟山群岛新区的科技型企业应具备世界500强科技型企业、国内百强科技企业和跨国公司创办的科技企业为主体资格的新兴产业领域的科技型企业；入驻科技创意研发园区的现代服务企业应重点考核其经营发展状况、行业内知名度和认可程度,如具有一定规模的风险投资评估机构、金融保险服务机构以及科技服务机构；孵化企业进入创意园区应具备从事高新技术和产品研究、开发和生产的能力,其管理者一般会经济懂市场善管理。除了以上基本入驻要求之外,还应有相应对策来提升舟山科技创意研发园的综合科研实力。

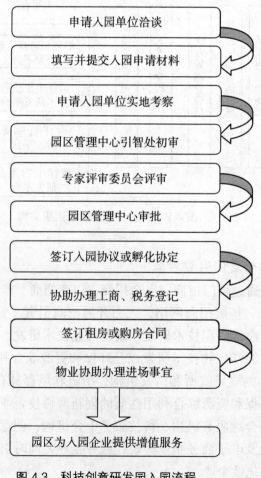

图 4.3　科技创意研发园入园流程

舟山新区政府要积极鼓励科技创意研发园引进高技术，吸纳高层次创新人才；支持投资人以实物、货币、公司股权、土地使用权等方式出资，鼓励投资人以著作权、商标权和专利等知识产权出资，拓宽融资方式和渠道，积极引入各类资本科技因素。要鼓励科技创意研发园发展战略性新兴产业，提供方便高效的市场准入制度。通过放宽在园区建设期内的住所登记限制和营业执照政策性发放，来支持引入战略性新兴产业。要支持科技创意园区企业发展壮大，实现科技成果商品化。鼓励科技创意研发园入驻企业采用股权出质、动产抵押等融资渠道发展壮大。积极引导科技创意园区企业发展海洋生物、海洋能源和海洋工程装备等高新技术产业，开展产学研结合，组建科技型创新战略联盟，加速海洋科技成果向现实生产力转化。

2. 浙江省海洋开发研究院

浙江省海洋开发研究院是根据浙江省委、省政府关于"加快发展海洋经济、建设海洋经济强省"战略决策发展起来的高水平研究机构，是浙江省重点支持的海洋科技创新服务平台的主要载体。它主要通过技术集成、资源整合，重点支持海洋科技创新服务平台的发展。平台以"共建、联合、服务、创新"为宗旨，整合国内具有涉海科研高水平的科研院所，依托浙江省良好的产业发展格局，围绕海洋科技创新对海洋经济的支撑作用，提供应用技术研究、共性关键技术研究开发、技术试验开发、技术引进、科研成果商品化、产品检验与检测、技术与服务创新以及人才培养等科技创新服务。

（1）浙江海洋开发研究院组织架构

研究院围绕海洋经济发展以及国家战略需求，建立了功能全面的组织架构，成立了由我国海洋领域权威专家组成的专家委员会。研究院下设办公室、研发处与合作处，分支平台有海洋公共实验室、孵化器、船舶设计研究中心、船舶工程重点实验室、造船技术研究中心、海洋生物工程研究中心、海洋工程与环境研究中心、海产品精深加工技术研究中心、渔业资源与生态环境研究中心和养殖工程技术研究中心等（见图4.4）。

随着海洋科技对海洋经济及其社会发展的贡献率逐渐提高，同时为满足海洋经济发展战略的要求，浙江省海洋开发研究院组织实施了海洋科技创新服务平台提升工程，根据整体布局和规划，新组建了定海临港石化储运与加工技术服务平台、普陀海洋新能源技术服务平台、岱山船舶设计与装备技术服务平台、嵊泗海洋生物技术平台。这些子平台功能的不断完善和强化，有效拓展了海洋平台的服务范围。平台提升工程的实施，将原有平台和新增平台结合起来，产生了互补增效功能，使海洋产业链不断延伸和拓展，也使海洋平台运行管理更加有效，创新服务能力不断加强。

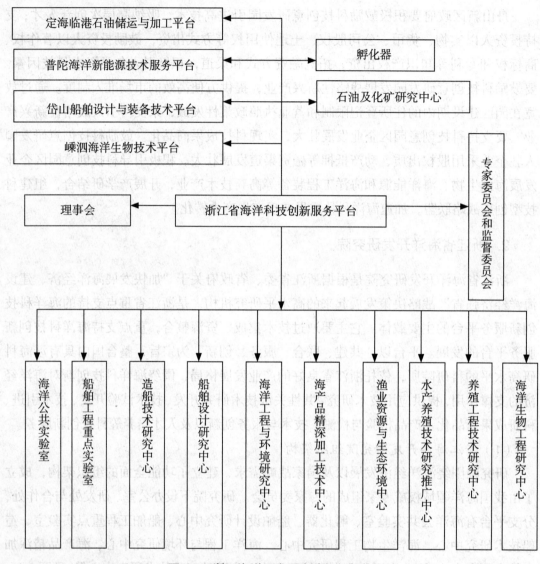

图 4.4 浙江海洋开发研究院组织架构

（2）浙江海洋开发研究院科技管理创新

科技成果的产出离不开资金、人才、平台、主动规划与联合攻关。浙江海洋开发研究院通过主动参与设计、规划管理、联合研发等方式申请国家项目资金，规范研发流程，认真参与中期考核和期末验收工作，顺利实施国家优先主题重大专项。在重大项目研发的同时，注重成果的产出和转化应用。依托国际科技合作基地，广泛开展同国外高水平科研单位的项目合作，不断拓宽科技管理思路，在合作中重点解决国家重大需求和共性关键技术，同时注意吸收和引进国外先进工程装备技术，开展相关技术基础和应用研究，延伸产业链条。国际化、标准化、产业实力雄厚的产学研紧密结合的海洋科技创新平台的搭建，推动突破海洋生物技术、海洋工程装备、海洋新能源等产业领域关键技术，已成为国际产业创新平台的重要组成部分。在整合资源、共享资源的园区氛围中，该院正继续加大对公共实验室的投入力度，加大试验设备的更新换代，合理配置科技资源，不断完善科研条件，创造绿色和谐的科技服务平台。

3. 浙江大学舟山海洋中心

浙江大学舟山海洋中心是由舟山市人民政府与浙江大学联合设立的研究开发机构，中心以国家重大战略需求为导向，承担技术研发、技术成果转化、决策咨询及科技创新人才培养的任务，主要开展涉海产业共性关键技术开发、传统海洋产业转型升级、新兴海洋高新产业培育以及海洋经济与社会发展战略研究等工作，通过国家科技创新平台建设、共建联合研发中心等方式，服务国家海洋战略和地方海洋科技产业的发展。

（1）海洋中心组织框架

中心下设 7 个研究所，3 个管理部门，建有 1 个国家级、6 个省部级平台，共建 2 个专业实验室。现有专职研究人员 65 人，其中博士学位、高级职称人员比例超过 50%（图 4.5）。

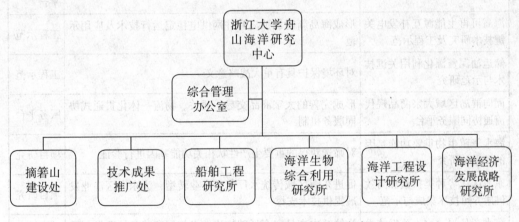

图 4.5　浙江大学舟山海洋中心组织框架

（2）海洋中心科研管理内容

依托浙江省海洋优势产业研发环境，积攒力量强化海洋科技平台建设，重点建设以海洋工程装备试验为基础的重点工程实验室，提升区域海洋工程装备科技研发、综合设计、产品制造能力，助推整个产业发展。依靠大学相关科技力量的支持，积极主持或参与申报国家和省级大项。在进行科技研发的同时注重科技成果的产出和产业化过程，进一步依据浙江及舟山群岛新区发展政策和规划，针对海洋文化产业、海洋生物技术、海洋现代服务业等战略性新兴产业进行项目组织，并且根据发展实际将其纳入发展项目库。同时，组织相关涉海领域专家走访舟山科技型中小企业进行重大科技项目调研，与企业开展合作，实施重点领域联合研发，共同参与制定标准和组织实施科技创新服务。

（3）海洋中心科技成果

浙江大学海洋中心由博士后工作站、海洋装备试验浙江省实验室、海域价值评估和海域使用论证资质等平台组成。表4-1所示的是海洋中心的职能。

表4-1　海洋中心的职能

名称	职能	类型
博士后科研工作站	引进和培养高端人才，提升自主研发和科技转化能力，服务地方经济社会发展	科技创新平台
海洋装备试验浙江省工程实验室	是依托海洋学科、面向海洋新兴产业、服务海洋经济发展的省级实验室	科技创新平台
海域价值评估平台	为舟山群岛新区发展出谋划策，对完善海域权属管理制度、提高舟山海域资源配置的效率具有重要意义	科技创新平台
海域使用论证资质平台	加强海域使用论证管理，保障海域使用论证质量	科技创新平台
海岛可再生能源互补发电关键技术研究及工程示范	形成海岛新能源孤岛和并网供电稳定运行技术及应用示范	工程示范
储运油泥资源化利用关键技术与示范研究	对环境保护具有重大战略意义	工程示范
面向群岛区域大宗商品现代流通协同服务平台	形成完善的大宗商品交易、通关、物流一体化贯通式协同服务机制	服务平台
海水养殖生物重要功能基因的发掘和研究	对筛选获得的重要生产性状相关功能基因进行验证	项目研究
东海区优势种类扩繁和高效健康养殖技术集成与示范	促进东海区域传统水厂养殖产业转型，为东海区渔业发展提供技术支撑	项目研究
海水产品深冷物流关键技术研发项目	为鲜活农产品安全低碳物流技术与配套装备的开发与示范提供前瞻性技术支持	项目研究
机电专利	太阳能多级喷淋蒸发海水淡化	专利
船舶专利	船用波浪能发电装置	专利

（4）"海上示范基地"摘箬山国际科技示范岛建设

摘箬岛自然生态环境保存良好，地理位置优越，是理想的科技实验研发场所。舟山群岛新区大力支持浙江大学在该区域进行海洋装备关键技术研发与实验，通过"科技，创新，文化"不同层次积极推进"海上浙江"摘箬山国际科技示范岛的建设，以海岛开发技术、海上试验场和海洋装备技术为基础，充分发挥科技示范、技术转化、公共试验和协同研发等功能优势，积极打造其成为国际高层次海洋科技创新基地。

4. 舟山区域创新服务载体

（1）区域创新服务中心

通过大力创建区域科技创新服务中心、生产力促进中心等服务载体，对船舶工业、水产品精深加工和水产养殖等多个产业领域形成省、市、县齐抓共建的多级管理模式，创造服务载体能够充分发挥服务功能的良好环境。以市场化需求为目标，加大国内外科技合作交流，整合优化科技创新资源，不断开发面向国家重大需求和主导优势产业的共性关键技术，提升海洋创新和研发能力。加强海洋科技成果、先进适用技术和新兴技术的推广，不断加大对个体农户发展、中小企业创新和特色经济区域的科技帮扶能力，为舟山群岛新区高新技术产业发展提供有力支撑和保证。

（2）科技企业孵化器

高新产业技术和企业科技创新都是企业成长过程中必需的重要基础因素。科技企业孵化器的建设有利于企业创新发展，实现科技成果的产出和转化。孵化器以培育发展民营科技企业家和科技型初创企业为主要着力点，通过创建创新平台、完善科技管理体制机制，提升发展服务综合水平，为科技创新提供良好的发展环境，促进科技企业孵化器孵化能力的提升和创新发展模式的建立。

在孵企业主要集中在港行机械、电子信息、新能源、海洋生物医药和海洋装备工程等战略性海洋新兴产业领域，通过孵化器的建设作用，加速了科研成果的转化应用，增强了企业创新能力和综合实力（见图4.6）。

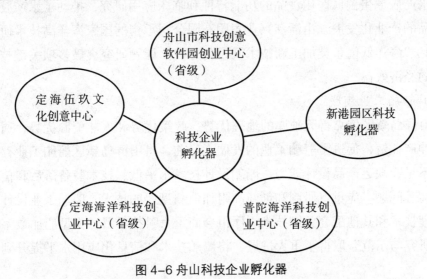

图4-6 舟山科技企业孵化器

（五）重点促进海洋科技成果转化

海洋科技管理的主要方式是对科技计划和项目的管理，通过集中人才和资金，合理配置科技资源，加速科技成果产业化和商品化。就目前舟山群岛新区的现状来看，海洋科技发展的整体水平还不能适应当地国民经济和社会发展的需要，主要表现为海洋科技领域创新和成果转化率低，还不能满足增强海洋综合管理能力的需求；海洋开发共性关键技术的自主化水平不高，海洋高新技术的引领作用和产业化水平仍然薄弱，海洋科技资源仍需配置和优化。为此，应以政府主导的科技计划项目和高新技术产业集群基地建设为先导，完善海洋科技计划项目，将本地区海洋科技发展规划纳入地区国民经济和社会建设纲要中，切实加强海洋科技管理。要优化商品经济环境下的海洋科技资源配置，培育和发展海洋战略性新兴产业，加速科技成果产业化和商品化，促进传统产业结构优化升级，使科技创新成为产业结构调整和转变经济发展方式的重要支撑力量。

2011年，舟山群岛新区各项重大计划项目顺利实施，国家海洋高技术计划（863）、"十二五"国家科技支撑计划、国家火炬计划、国家星火计划、国家农业转化基金项目、省级厅市重大会商项目以及国家自然科学基金项目等都取得了重要成果。同时，以促进产业转型升级，海洋高新技术产业、实现科学发展为目标，以共性关键技术研发、科技成果转化为重点，实施了一批具有产业引导性的科技项目。

（1）海洋生物领域

随着浙江舟山群岛新区的建设开展，海洋生物加工产业狠抓新区建设机遇，大力发展海洋生物技术、海洋特色食品和保健品，推动海洋生物加工制造产业向高科技产业转型。省厅市会商重大专项"以水产胶原蛋白肽为基料的医用食品研制及产业化"，通过对水产胶原蛋白肽医用食品的功能特性和临床应用研究，推动了水产胶原蛋白肽医用食品的产业化发展。由浙江兴业集团有限公司承担的国家海洋高技术研究发展计划（863）"海洋低值鱼类加工新技术及设备开发"课题研究突破多项关键技术，创造了巨大的经济效益。

（2）船舶工业领域

舟山群岛新区依靠得天独厚的地理优势、政策优势和人才资源优势，通过整合资源，延伸产业链，促进了船舶工业的发展。目前，舟山群岛新区船舶工业存在原始创新能力不足，缺乏产品设计能力，船舶设计技术水平低、技术装备落后和信息化应用水平不高等问题。应重点研制和创新高附加值新型船舶技术、船舶工业设计、船舶信息化管理技术和其他配套关键技术。厅市会商重大科技项目"大型船舶数字化建造关键技术研究与示范"取得了重大进展，将船舶技术和信息化应用水平提升到了更高的层次。

（3）海水综合利用领域

通过主动研发、吸收和转化国内外先进海水淡化和综合利用技术，重点解决适合海岛环境下经济方便的海水取水方式，低成本高压给水系统和船用海水淡化装置等技术，浑清交替海域前处理水质调节技术进行日产十万吨级海水淡化的产业化示范工作，建立健全具有海岛特色的海水淡化产业体系。由浙江省海洋开发研究院承担的国家科技支撑计划"日产十万吨级膜法海水淡化国产化关键技术开发与示范"，项目整体运行顺利，在关键设备技术研发方面都取得了进展。

（4）海洋工程与装备领域

浙江舟山群岛新区海洋工程与装备领域存在设计研发能力弱、核心技术缺乏、海洋装备配套水平不高、专业技术人员缺乏等问题。应重点在海洋工程材料技术、海洋工程建造技术、海洋工程装备辅助开发等方面进行科技攻关。厅市会商重大科技项目"海上钻井平台辅助装备制造关键技术研究及产业化"项目，主要研究海上钻井平台辅助装备结构优化设计技术。

（5）海洋新能源领域

舟山群岛新区建设与全市生产生活需要巨大的能源需求作为支撑。地处经济发达但资源相对匮乏的长三角经济圈，面对能源与资源环境不协调、不平衡、不可持续等问题，发展海洋新能源，弥补传统能源的不足早已成为转变经济发展方式和调整产业结构的重要举措。在新区建设过程中，一直将风能、潮汐能、太阳能等新能源作为重点系统工程来推广。由省海洋开发研究院主要承担的"海流能发电与海岛新能源供电关键技术"项目，将为海流能电站选址提供详实的数据分析，在加速开发利用海洋能源、促进能源结构优化、加强环境保护等方面具有重要的意义。

（6）港航物流领域

努力以科技创新为先导、科技服务为目标，立足舟山群岛建设实际问题，服务国际国内港航物流，打造科技型创新性的物流高标准平台。通过围绕创建"国际物流岛"建设，加强基础交易平台建设、提高安全储备运输能力，组织策划实施大宗商品物流平台示范项目，将项目规划纳入本地区国民经济和社会发展纲要计划中，加强科技计划管理，形成海陆产业发展一体化链条。

（7）临港化工领域

海洋中蕴含有丰富的资源，如水资源、海水中有用元素、生物活性物质和海底固体矿产资源等，这些海洋资源已成为国际非常关注的重要战略资源。舟山群岛新区应因地制宜发展临港化工业，加快调整区域经济结构，引进有一定投资强度、高产出率的生态环保型的海洋经济化工产品加工企业入驻产业园区，使海洋化工成为促进舟山经济发展的一支生力军。国家支撑计划项目"储运油泥资源化利用关键技术与示范研究"的实施，实现了油泥破包、搅拌、过滤及均质一体化。表4-2示舟山群岛新区组织实施的国家级项目。

要形成与海洋科技研发相关的创新环境，鼓励海洋科技研发主体创新，加强科技制度设计与管理，强化科技市场化运作，出台政策保障海洋科技研发过程，建立科技创新投融资体系。要加强党政科技目标绩效考核，实现科技创新目标；强化专利管理，推广专利试点示范，开展专利维权和专利专项执法活动；优化科技计划管理，组建科技创新团队，全面提升科研人员创新水平，为海洋科技发展注入活力。

表4-2 舟山群岛新区国家级项目

计划	项目名称	第一承担单位
国家海洋高技术研究发展计划（863），致力于解决国家长远发展和国家安全技术问题	大洋金枪鱼围网捕捞与超低温保鲜关键技术研究	浙江省海洋开发研究院
"十二五"国家科技支撑计划，以重大公益技术及产业共性技术开发与应用示范为重点，重点解决涉及全局性、跨行业、跨地区重大技术问题	东海区域优势种类扩繁及高效健康养殖技术集成与示范	浙江大海洋科技有限公司
	储运油泥资源化利用关键技术研究及工程示范	舟山市纳海固体废物集中处置有限公司
	大宗商品交易服务平台的技术研发与应用示范	舟山大宗商品交易中心管委会
国家火炬计划，营造政策环境，增强自主创新能力，促进产学研结合，推进科技成果应用示范、辐射推广和产业化，加速高新技术产业化，实现区域可持续发展	锥形同向双螺杆XPS二氧化碳发泡板挤出机生产线	舟山市定海通发塑料有限公司
国家星火计划，营造政策环境，增强自主创新能力，促进产学研结合，推进科技成果应用示范、辐射推广和产业化，加速高新技术产业化，实现区域可持续发展	鱼胶原蛋白肽在特殊医学用途配方食品中的应用及产业化	浙江海力生生物科技有限公司
	拖网渔船节能导管螺旋桨的研制	舟山职业技术学校
	东海种群黄鳍鲷全人工繁育技术研究及产业化养殖	舟山市普陀兴海养殖优质种苗选育研究所
国家农业转化资金项目	鲲鱼高值化利用的技术集成中试及产业化示范	浙江兴业集团有限公司
科技部科技型企业创新基金，围绕国家发展战略，面向国际竞争，增强科技和原始创新能力，加强科技成果向生产力转化	面向海产品精深加工产业的中小企业公共技术服务平台	舟山市普陀海洋高科技创业中心有限公司
国家国际科技合作项目，围绕国家发展战略，面向国际竞争，增强科技和原始创新能力，加强科技成果向生产力转化	江海联运高效系列船舶开发与示范	浙江省海洋开发研究院
	海洋船舶长效自清洁防污涂层开发及应用研究	浙江省海洋开发研究院

要开展海洋科技领域的交流与合作，拓展合作渠道与方式，组织联合攻关，继续深入推进同国内外相关科研机构的合作，主动参与国家重大专项研究，提升整体研发水平。要依托海洋科技创新平台，深化同大院名校的战略合作关系，实现海洋科技领域最新科研成果与科研主体及企业的对接，通过共建合作科研机构等载体，深化合作关系。要通过开展国际合作，采用自主创新、引进吸收、合作研究的方法来掌握关键领域的核心技术。要加快海洋科技资源及人才的聚集，整合相关联盟单位资源，通过合作建立重点实验室，突破关键技术，组建创新战略联盟，共享和集成创新资源。

二、政策引导海洋科技创新

科技政策是科技创新的持续理念。海洋经济的高速发展与海洋科技政策的支撑密切相关。海洋科技政策是促进海洋产业科学和技术创新以提高海洋开发利用及保护水平为目的而制定的政策总和，是海洋科技创新的重要支撑要素。随着海洋经济地位的不断提升，海洋科技政策于 20 世纪 90 年代进入研究者的视野。主要的研究思路有二：一是把海洋科技政策当成构建海洋科技创新体系的有机组成部分，提出相应的海洋科技政策法规制定原则与思路（杨金森，1999；栾维新，2003；张广海，2008）；二是探讨海洋科技体制重构设想及激励性规制措施（王森，2006；彭岩，2005；于谨凯，2008）。可以看出，学术界关于海洋科技创新政策研究侧重于将政策作为海洋科技体系的支撑要素，强调政府制定海洋技术创新政策的原则及作用。这些研究对海洋科技政策体系的系统研究有很强的启发性。但是，这些研究的不足之处是把海洋科技政策体系当作一个黑箱来看，对于体系内部政策的构成、哪些部门参与制定政策、如何制定政策、如何开展政策协调等方面研究不足。本书通过梳理改革开放以来国家层面的海洋科技创新政策，回溯海洋科技政策与海洋经济的互动，对这一问题进行研究，以探讨海洋科技创新政策的演变特征，把握特点与规律，从科技政策史的角度挖掘发展趋势。

（一）海洋科技政策体系的演变 [1]

我国经历了从计划经济体制到市场经济体制的重大改变，在海洋科技政策领域也显示出这种深刻的变革。我们依据海洋科技政策体系所表现的阶段性特征，考虑海洋科技政策的制定实施及效力期限，将改革开放以来海洋科技政策体系的演变大致划分为三个阶段。

---

[1] 注本部分内容主要引用：乔俊果，王桂青，孟凡涛. 改革开放以来中国海洋科技政策演变［J］. 中国科技论坛，2011，（6）：5-10. 在此对作者表示感谢！

1. 启动阶段（1978-1985 年）

1977 年 12 月，国家海洋局在全国科学技术规划会议上，明确提出了"查清中国海、进军三大洋、登上南极洲，为在本世纪内实现海洋科学技术现代化而奋斗"的战略目标，由此拉开了我国海洋科技工作向着新的高度攀登的大幕。1978 年国家对科技工作全面进行了新的部署，在此背景下海洋科技政策逐渐启动。

《1978—1985 年全国科学技术发展规划纲要》中，海洋科技被正式列入，重点技术发展领域是海洋捕捞、海水养殖，发展海上开采石油的技术和成套设备、现代化港口建设的新技术、大型、专用船舶的研制以及航海新技术。其中的海洋渔业科技主要由国家水产局负责实施；港口建设及海洋船舶制造业科技研究主要由交通部负责实施；海洋资源调查由国家海洋局牵头，联合中国科学院、国家地质总局、国家水产总局等国内科研力量，组织实施"全国海岸带和海涂资源综合调查"等科技专项；海洋石油及天然气勘探开采主要由石油部、国家地质总局及一机部负责实施。上述涉海相关部委都制定了相应的科技发展规划。

这个时期，政府对海洋科技创新主要采取指令性方式，由国家科技部（科委）事先给定科技计划的范围，以行政手段或准行政手段命令相关的部门负责实施。海洋科技政策发布机构较为集中，科技部处于政策制定主体中的核心地位，其他涉海主管行政部门处于从属地位。经贸委在科技政策制定中也发挥了较大作用，这与国家当时的"经济建设要依靠科学技术，科学技术要面向经济建设"为导向的经济发展模式是一致的。

这一时期的政策内容比较具体，多以"计划"和"决定"命名，如 1982 年发布的《国家重点科技攻关计划》、1983 年发布的《国家重点技术发展项目计划》等，都以具体项目列出，政策的弹性较差，政策的运行路径是一种自上而下的强制路径。政策作用对象主要包括中科院在内的科研机构以及国有大中型企业。科技投入主要依赖财政拨款。科研机构建设方面，1978 年 6 月 9 日国务院批准成立中国水产科学研究院。国家海洋局建立了南极和大洋研究考察与管理机构，各涉海门也都对本系统的科研机构进行了必要的调整。

由于集权式科技体制能够把有限的资源向战略目标领域动员和集中，在此期间，海洋科技的各重点领域都取得了重大进展，并显示出巨大的经济绩效：海洋水产业尤其是海洋捕捞业随着大功率渔船的推广及渔网渔具的改善，年均增长率达到 20% 以上；但海洋石油开采技术和设备取得突破，海洋石油产值增长迅速，1985 年产值达 5.26 亿元，海洋油气业首次纳入海洋经济统计的范畴。但尽管如此，由于海洋经济在整个国民经济中所占比例较低，海洋科技政策仅散见于各涉海行政管理部门制定的行业科技发展规划中，并未制定统筹协调的海洋科技政策。

2. 建设阶段（1986—2000 年）

1985 年 3 月，中共中央做出《关于科学技术体制改革的决定》，确立了科学技术体制改革的大政方针。1987 年，国务院做出《关于进一步推进科技体制改革的若干规定》，在进一步放活科研机构、放宽放活科研人员管理政策、促进科技与经济结合方面提出了具体措施。1988 年 5 月 3 日国务院发布《关于深化科技体制改革若干问题的决定》，鼓励科研机构发展成新型的科研生产经营实体。

1986—1992 年，在整个科研体制改革的背景下，从事海洋科技的科研机构及高校都相应地展开了体制改革探索。主要涉海管理部门制定的技术政策颁布实施，促进了海洋科技成果迅速广泛地应用于生产。1992 年邓小平南方讲话对我国社会主义市场经济改革方向产生了深远的影响。1993 年国家实施科教兴国战略，改变单纯的以项目为龙头的国家计划，增加其他方式的科研支持。1995 年中共中央、国务院印发《关于加速科学技术进步的决定》，表现出资源向重大项目集中的趋势。[1]

在此期间，出台了两个重要的科技政策文件——《1986—2000 年科学技术发展规划》及 1992 年 3 月 8 日国务院《国家中长期科学技术发展纲领》。其中海洋科技政策的重点领域是海洋油气、海洋渔业、海洋交通运输、港口建设、海洋生物。这在细化的《中华人民共和国科学技术发展十年规划和"八五"计划纲要（1991—2000）》《全国科技发展"九五"计划和到 2010 年长期规划纲要》、《国民经济和社会发展第十个五年计划科技教育发展专项规划（科技发展规划）》中均有体现。海洋科技政策的重点从以往的基础性调查，转向以应用研究和技术开发为主，海洋渔业技术重点转向技术成果的推广，如 20 世纪 80 年代扇贝苗种工厂化生产、90 年代突破泥蚶大规模人工育苗的技术及大黄鱼种苗繁育[2]。海洋捕捞业创造和发展了各种渔具、渔法，渔船装备和捕鱼技术逐步现代化，如 1992 年推广的双船底拖网渔具性能及优化设计，贝劳海域远洋渔场探查与钓捕技术等。沿海造船技术的突破和港口设施建设的大力推进，使得海洋交通运输和沿海造船产业年均增长 11%。生物医药技术在海洋领域的应用，取得了一批海洋生物医药技术成果，推动了我国海洋生物产业的发展，如第一代海洋药物抗脑血栓降血脂的新药藻酸双酯钠，投放市场以来产值达数十亿元，2001 年海洋生物制药和保健品业总产值为 20.87 亿元，成为增长潜力较大的海洋产业之一。

上述科技规划的要义不仅体现在"八五"、"九五"、"十五"国家科技攻关计划中，1986 年出台的高技术研究发展（863）计划,海洋技术也位列其中。如 863 计划"九五"

---

[1] 刘立. 改革开放以来中国科技政策的四个里程碑 [J]. 中国科技论坛，2008，（10）：3-7.

[2] 孙洪，周庆海，王宏等. 科技兴海适用技术汇编 [M]. 北京：中国科学技术出版社，1999：3-4，159-180.

重大项目中包括6000米水下自治机器人；863计划"九五"期间27项重大项目中包括海洋环境立体监测系统技术和示范试验、海水养殖动物的多倍体育种育苗和性控技术、莺琼大气区勘探关键技术等。1997年，由科技部组织实施了国家重点基础研究发展计划（973计划），其中海洋领域的重大项目包括"海水重要养殖生物病害发生和抗病力的基础研究"、"中国今后环流习惯成变异激励、数值预测方法及对环境影响的研究"、"东海、黄海生态系统动力学与生物资源可持续利用"、"地球圈层相互作用中的深海过程和深海激励"、"中国边缘海形成演化及重要资源的关键问题"、"我国近海有害赤潮发生的生态学、海洋学机制及预测防治"等。推动高技术产业化的火炬计划、面向农村的星火计划、支持基础研究的国家自然科学基金等科技计划都涉及海洋领域。

除各项规划、计划外，财政、税收激励性的政策措施在海洋领域的作用逐渐显现。以海洋油气业为例，1989年1月1日，《开采海洋石油资源缴纳矿区使用费的规定》（财政部令〔1989〕1号）实施海洋油气开发向气倾斜、油气并重的财政政策。1993年国家海洋局实际执行的《国家海域使用管理暂行规定》指出，海洋勘探石油平台不收取海域使用金，海洋石油生产平台可以酌情收取海域使用金；1997年《在我国特定地区开采石油（天然气）进口物资免征进口税收的暂行规定〉的通知》（财税字〔1997〕42号）及其补充通知（财税字〔1997〕76号）规定了海洋石油（天然气）勘探、开采进口设备、材料免征收。这些政策有效促进了海洋油气勘探、开采设备及技术的引进，使我国海洋油气的开发能力大幅提升，如南海流花油田于1995年建成投产，海洋油气业实现暴发式增长，1986—1999年年均增长率达到36%，[1]成为主导产业之一。此外，我国还强化对外海洋科学技术合作，先后与朝鲜（1986）、德意志联邦共和国（1986）等5个国家及南太平洋常设委员会（1987）签订了海洋技术合作议定书。[2]

由于涉海行业众多，统筹开发利用海洋资源的技术政策势在必行。1991年1月召开的我国首次全国海洋工作会议，通过了《90年代中国海洋政策和工作纲要》，围绕10个方面提出了保障90年代中国海洋事业顺利发展的宏观指导意见。1993年制定了《海洋技术政策》并发布《海洋技术政策要点》，旨在通过国家引导海洋科技队伍形成整体力量，淡化涉海行业内部技术问题，突出了开发利用海洋资源和空间及与其他海上活动的关系问题，为国家管理配置海洋科技资源进行了有益的探索。1995年5月，经国务院批准，由国家计委、国家科委、国家海洋局联合印发了《全国海洋开发规划》，标志着中国走向全面开发利用海洋的新阶段。国家将通过各类重大科技计划的实施，逐步增加对海洋科学技术进步的投入，以推动海洋资源开发、海洋环境保护等领域的

---

[1] 根据《中国海洋经济统计公报1999》、《中国海洋年鉴1987》计算得出。

[2] 参见：国家海洋局国际合作 http://www.soa.gov.cn/soa/governmentaffairs/guojihezuo/

重大科技问题的研究，并促进相关产业的形成。1996 年，中国制定了《中国海洋 21 世纪议程》，提出"科教兴海"战略。此后，实施了"科教兴海"战略，统筹海洋科技政策、提升海洋科技战略地位的科技政策，成为中国未来海洋科技政策的主要走向。

在此期间，海洋科技政策绩效明显。1998 年中国已有涉海科研机构 109 个、科研人员 13000 多人，形成了一支学科比较齐全的海洋科技队伍，初步形成了海洋专业教育、海洋职业教育、公众海洋知识教育体系。1998 年共设立海洋专业的高等院校 37 所，中等专业学校 29 所，不断为海洋事业输送科技与管理人才。科技投入大幅上升，以国家自然基金为例，1986—2000 年间累计资助各类项目 602 个，资助金额 8918.5 万元，而 1982 年的资助额仅为 51 万元[1]。在海洋调查和科学考察、海洋基础科学研究、海洋资源开发与保护、海洋监测技术以及海洋技术装备制造等方面取得了许多成绩[2]，如极地考察、海洋地形地貌地质构造探测技术、海水养殖动物细胞工程育种技术、海洋油气勘探数控成像测井技术等。这一时期的海洋科技政策领域增添了海洋生物这一新兴技术领域。

随着科研体制改革的深入，企业逐渐确立了作为科技创新主体的地位，同时海洋综合开发技术需求的增长，参与海洋科技政策制定的除科技部及各涉海产业主管行政部门如国家海洋局、农业部、交通部外，掌握大量行政和经济资源的部门如发改委、税务局、商务部、经贸委等也参与海洋科技政策的制定。单一部门发布的海洋科技政策不再是政策体系的核心，跨部门联合发布的政策逐渐增多，政策制定的协调化机制初现雏形。20 世纪 90 年代初，科技部作为海洋科技创新政策协调的主要负责部门，海洋主管部门国家海洋局在统筹海洋科技政策方面也发挥了一定的作用。由于协调海洋科技政策涉及多个部门的行政权限，随着参与制定政策而且行政级别等同的部委增多，单一部门自身可调度的资源有限，国务院逐渐介入海洋科技政策事务的协调，海洋科技政策的作用范围及效力明显增强。

随着社会主义市场体制改革的深入，行政手段、指令式的政策逐渐淡出。在出口导向型经济模式下，"以市场换技术"的各种产业政策手段被广泛应用，政策工具出现多元化的发展趋势。尤其是财政、税收政策的实施，政策的受众不仅是国有企业及科研机构，其他类型企业的受惠面逐渐增多。技术政策趋于规范，多以意见、办法的形式出现，如《技术更新改造项目贷款贴息资金管理办法》。政策的弹性增大，各涉海行政主管部门不再是单纯执行细化国家层面科技规划的职能，而是考虑主管海洋行业科技自身及经济等实际发展状况，结合各自掌握的经济和行政资源，制定政策时更

---

[1] 王辉. 海洋科学研究 15 年回顾与展望 [J]. 地球科学进展，2001，16（6）：871.

[2] 中华人民共和国国务院新闻办公室. 中国海洋事业的发展 [R]. 1998.

多考虑科技成果转化及促进科技在经济发展的应用。

3. 创新阶段（2001年至今）

2002年6月，国家经济贸易委员会、财政部、科学技术部、国家税务总局共同发布《国家产业技术政策》，重点支持的高新技术中包括海洋技术。2002年中国共产党第十六次全国代表大会提出《全面建设小康社会》的国家战略中，专门提出了中国实施"海洋开发"的要求。调整财税〔200346〕号第一条规定，国内生产企业与国内海上石油天然气开采企业签署的购销合同所涉及的海洋工程结构物产品，在销售时实行"免、抵、退"税管理办法。2003年5月9日，国务院印发了《全国海洋经济发展规划纲要》，明确提出了建设海洋强国的战略目标，重点支持对海洋经济有重大带动作用的海洋生物、海洋油气勘探开发、海水利用、海洋监测、深海探测等技术的研究开发，提高海洋科技创新能力，力争在若干海洋科技领域有所突破；实施海洋人才战略，加快培养海洋科技和经营管理人才。同年，国家海洋局发布《海水利用专项规划》，它是我国海水利用工作的指导性文件和海水利用项目建设的依据，明确了我国海水利用技术支持的重点。为了加强我国海洋科技创新，国家海洋局2001年9月发布了《海洋科技成果登记办法》，随后又陆续制定了《国家海洋局重点实验室管理办法》、《海洋公益性科研专项经费管理暂行办法》、《中国极地科学战略研究基金项目管理办法》、《国家海洋局青年海洋科学基金管理办法》等。2004年，国家海洋局组织实施了跨学科、跨部门的"我国近海海洋综合调查与评价项目"（简称"908"专项，2004—2009）。

国务院2006年发布《国家中长期科学和技术发展规划纲要（2006—2020年）》（以下简称《规划纲要》）。为了贯彻落实《规划纲要》，还印发了实施《规划纲要》若干配套政策的通知。配套实施政策涵盖了科技投入、税收激励、政府采购、金融支持、人才队伍等多种政策工具。2006年12月18日《中国鼓励引进技术目录》（商务部、国家税务总局公告2006年第13号）中包括变水层拖网捕捞技术及设备的关键技术、深水大网箱养殖配套技术、深海钻探海上油气田欠平衡钻井、完井技术等。2007年1月14日财政部、发改委、海关总署、国家税务总局发布的《关于落实国务院加快振兴装备制造业的若干意见有关进口税收政策的通知》（财关税〔2007〕11号）中规定：大型船舶、海洋工程设备进口可减免税收。

以《规划纲要》为标志，科技发展战略的总体方针有所变化。党中央和国务院明确提出今后科技工作的指导方针是"自主创新，重点跨越，支撑发展，引领未来"，意味着我国开始探索以自主创新为主的科技战略模式。2006年国家海洋局制定的《国家"十一五"海洋科学和技术发展规划纲要》、2007年国务院发布的《全国科技兴海规划纲要（2008—2015年）》，海洋科技政策以相对独立的形式综合各海洋产业主要科技发展重点，全面部署了海洋科技发展的指导思想、目标及措施，明确了海洋科技的方向。2008 年 2 月，国务院批复了《国家海洋事业发展规划纲要》。该规划指出，应大力发展海洋高新技术和关键技术，扎实推进基础研究，积极构建科技创新平台，实施科技兴海工程，加强海洋教育与科技普及，培养海洋人才，着力提高海洋科技的整体实力，促进海洋经济又好又快发展，已成为现阶段指导我国海洋事业发展的纲领性文件。此外，我国继续拓展对外海洋科技合作，分别与秘鲁（2002 年）、俄罗斯（2003年）等 40 多个国家和地区建立了双边海洋科技合作关系。

海洋科技政策有效地提升海洋科技创新能力，促进了海洋经济的发展。跨部门跨学科的重大课题实施，使我国海洋科技水平显著提高，海洋科技专利，海洋科技论文、专著的出版数量逐年上升。海洋能源关键技术取得重大突破，我国已能自主设计建造各种浅海石油平台、深水导管架和浮式储油轮，丛井斜井的钻探技术跨入国际先进行列。海洋科技成果的转化促进了海洋经济的迅速发展。《海水专项利用规划》的实施、海水淡化技术的成熟及拥有自主知识产权的千吨级海洋淡化成套设备推广应用，海水淡化和综合利用生产规模不断扩大，产业影响力逐渐增大。2008 年，海水利用业实现增加值 8 亿元。海洋工程技术的进步进一步开拓了人类在海上的生存空间，多个大型海洋工程项目投入施工，海洋工程建筑业增长迅猛，2007 年增加值为 342 亿元，占整个海洋经济增加总值的 3.28%。

综观 21 世纪以来的海洋科技政策，有四个重要的变化：一是协调海洋科技政策的力度增强，国务院成为协调海洋科技事务强有力的代表。从近年发布政策机构来看，有关海洋事业的重大政策都是由国务院发布的，政策作用范围和效力明显增强。这意味着，虽然国家海洋局在海洋科技政策主体中的地位逐渐上升，但是其跨部门协调能力较弱（这在其颁布的海洋科技政策关注领域如新兴的海水利用产业、海洋生物领域等可见端倪，而在海洋装备领域则较少），同时也表明海洋事业对于国家经济、安全的重要性。海洋事业对海洋科学技术的需求，要求我国政府必须协调现有的部门分割的涉海科技政策，国务院则是协调部委冲突的合适代表。二是对海洋科技创新支持的领域更加广泛，除考虑传统海洋产业的升级外，对新兴海洋产业及海洋产业共性技术的支持力度增大，海水利用、海洋能利用、海洋监测成为政策支持的重点。三是政策导向的变化。作为科技政策的一个分支，海洋科技政策的基本指导方针与国家科技战略方针的变化是一致的。以《全国科技兴海规划纲要（2008—2015 年）》为标志，海洋科技发展战略的指导方针有所变化。海洋科技政策不仅要面向海洋经济发展，更加强调自主创新、重点跨越，逐步培育企业自主创新的主体地位，显示出政策制定者欲通过海洋科技能力建设转变海洋经济增长模式、实现海洋经济可持续发展的政策意图。四是海洋科技政策工具与贯彻落实《规划纲要》措施的变化保持一致，政策工具的种

类增多，政策工具的弹性增加，这是社会主义市场经济体制深化于社会生活各个方面的必然结果。

（二）未来海洋科技政策发展的趋势

改革开放以来，我国经历了计划体制向市场体制转变的制度变迁，海洋科技政策领域也体现了这种深刻的变革。海洋科技政策的制定立足于海洋经济发展的需求，其演变经历了三个阶段：海洋科技政策启动、海洋科技政策建设和全面部署推动创新阶段。在此过程中，政策的重点领域从传统海洋产业逐渐扩大至新兴海洋产业，政策弹性逐渐增大，政策的覆盖面愈加广泛，政策的统筹力度逐渐增强。各阶段政策的各个层面的共时性特点是海洋科技政策对海洋经济的高速增长起着重要的推动作用，体现着社会主义市场经济体制变革的深刻影响。海洋科技政策演变的动力源于海洋经济发展的日益复杂性对综合性海洋大科学技术的需求，制定跨行业、跨部门的海洋科技政策是解决此问题的关键举措，是海洋科技政策体系创新的主要方面。涉海行业科技政策是国家海洋科技战略的具体化，是海洋科技创新主体获取海洋科技创新资源的直接依据，此类政策引导具体海洋科技创新方向，因此在未来仍将延续。主要表现在：

首先，跨行业、跨部门、综合性的海洋科技统筹发展规划将成为海洋科技政策的主要趋势，国务院将是统筹海洋科技政策的强有力代表。海洋产业是一个涵盖多个涉海产业的复合体，在我国隶属不同部门管理，政策制定权力也隶属不同部门。随着海洋经济地位和战略地位的提升，整体布局、综合开发海洋已成为人们的共识，这将导致多学科交叉的海洋技术成为未来海洋开发的主流。海洋开发技术的综合性要求单一涉海行业科技政策在海洋科技创新政策体系中的地位不断下降，统筹性海洋科技发展政策成为海洋科技政策体系的核心。统筹海洋科技发展必须清除各涉海行政管理部门的行政壁垒，完善协调涉海科技政策制定的制度，统筹海洋开发、利用、保护的全局。而当前海洋科技创新政策的主要制定部门大多行政级别等同、职能交叉性小，根据我国现有的行政管理体制，国务院将在统筹海洋科技事务中发挥主导作用。海洋科技政策协调的规则框架及类似的制度模式，会影响整个科技创新政策的资源整合、资源配置、资源运用能力及机会，这将是国家协调海洋科技发展面临的重大挑战。可能的解决办法是借鉴发达国家海洋科技发展的经验，组织制定具有全局意义的、前瞻性的海洋科技发展规划。

其次，海洋科技政策的重点支持领域向新兴海洋技术倾斜。新兴海洋产业的壮大是海洋经济结构优化升级的必要条件，是海洋经济快速可持续发展的内在要求。新兴海洋产业技术包括海水淡化技术、海水综合利用、海洋能利用、海洋信息技术、海洋工程等领域。要把促进新兴海洋产业技术产业化作为海洋科技政策的重要着力点，培育新兴产业发展的产业环境，海洋新兴产业将成为海洋经济最富活力的增长点。

三是海洋科技政策的自主创新导向和政策工具多元化也将继续延续。以海洋开发和潜在需求为出发点，紧跟世界前沿技术，注重创新源头的把握和创新知识的积累，提升海洋高新技术的自主能力，是海洋经济增长模式转变的必要条件，也是保持海洋经济持久竞争力的关键。贯彻落实自主创新精神，必须坚持多元化的政策工具，将融入海洋产业特征的税收优惠、教育培训、科技投入、知识产权、公共技术采购等多种形式的政策工具结合起来，把技术优势转化为经济优势。同时，强化自主技术创新必须与国际技术交流结合起来，提高自主创新能力，力求获得国外知识溢出效应和创新规模效应。

（三）海洋科技政策的引导作用

完善海洋科技发展政策，对推动舟山海洋经济的快速增长，优化海洋产业结构，大力发展新兴海洋产业，提高海洋经济整体竞争力，实现舟山经济社会的协调发展，将提供强有力的科技支撑。布罗姆利制度作用和制度变迁框架图，为我们提供了海洋管理制度体系和变革的内部路径（见图4.7）。

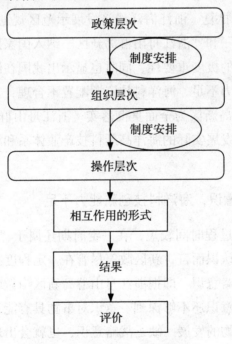

图 4.7 布罗姆利政策过程模型

依据框架图，在海洋管理体系中有政策层次、组织层次和操作层次，层次从高到底。其中，海洋管理政策层次指海洋管理法律和政策，海洋管理组织层次指涉海部门制定

的规章制度，而海洋管理操作层次指涉海企业以法律和规章为准绳进行海洋活动，其活动受以上两个层次的约束，同时评价政策并及时反馈给决策者。从模型中可以得出政策在制度体系中的主导地位，同时可以说明政策引导海洋科技的创新。

海洋公共政策是国家为实现海洋领域在一定历史时期或发展阶段的目标，根据国家发展总体战略和总体政策，以及国际海洋斗争和海洋开发利用的趋势，而制定的海洋工作和海洋事业活动的行动准则。而政策运行是指政策执行者通过建立组织机构，运用各种政策资源，采取解释、宣传、实验、协调与监控等各种行为，将政策观念形态的内容转化为实际效果，从而实现既定政策目标的过程。

海洋政策是政府管理海洋事务的出发点。通过海洋政策运行来配置海洋资源，使之形成科技创新合力，以科技创新推动海洋经济的发展。海洋公共政策过程由海洋公共政策制定、海洋公共政策执行、海洋公共政策评估和监控环节组成。海洋公共主体、客体和公共政策环境相互作用的动态过程也即海洋公共政策的运行过程，就是决策过程和实现既定目标的过程。

（四）舟山群岛新区海洋科技发展问题

2011 年，国家正式批复《浙江海洋经济发展示范区规划》，国家"十二五"规划纲要把"浙江海洋经济"和"浙江舟山群岛新区"纳入国家区域发展总体规划。这说明了加快发展海洋经济的极度重要性，同时也显示出我国在海洋科技创新方面仍需加大力度，还存在创新能力不足，海洋科技资源配置不合理，共性关键技术研发能力弱等问题。为此，舟山群岛新区为全面贯彻落实《浙江舟山群岛新区发展规划》精神，建立符合舟山群岛新区发展实际的海洋高新科技产业体系和海洋科技政策具有重要的现实意义。

1. 缺乏海洋战略意识，海洋科技创新能力不足

舟山群岛新区发展过程时间较短，在一定时期还属于"新事物"，需要不断在政策的指引下去完善。就认识而言，新区政府尽管在一定程度上具备了海洋思维和海洋意识，但整体上缺乏战略意识，即把浙江舟山群岛新区当做政策先行区、综合实验区及其改革配套服务区的意识还不够深刻。意识对事物具有能动的反作用，只有具备先进的意识，才能促进事物的发展。缺乏战略意识，也就会出现体制、机制和政策等制约科学发展的不合理因素，也就造成了产业布局不合理。对布局规律不能正确认识，需要重走弯路才能得以发展，这样也就必然会对科技创新平台的建设产生影响，出现科技成果转化率低，技术市场发育不成熟和科技创新环境不完善等问题。海洋科技创新能力的提升，来源于科技创新环境的提供和科技资金以及科技创新人才的支持，而

科技创新环境、资金以及其他创新要素需要海洋科技政策来配置。只有具备海洋战略意识，才能制定合理科学有效的科技管理政策，为海洋科技创新提供政策保障，提升海洋科技创新能力。

2. 海洋科技管理体制待完善，科技资源配置待优化

海洋政策是政府管理海洋活动的生命。海洋科技管理体制是否完善和协调，关系到海洋科技政策的实施，也关系到海洋经济发展的现代化布局，从而影响国家整体战略的实现。海洋科技管理体制是各政府海洋职能部门所形成的由上到下横向并列的、综合的、复杂的管理系统。现阶段，我国海洋管理层次分为国家—海区—地方三级，而地方主要有海洋与渔业相结合模式、政府部门管理单一模式、国土资源机构管理模式等组成的管理体制。可以看出，我国海洋科技管理体制是一个复杂的系统，需要规范和政策约束，以免出现多门政令。行政机构庞大、效率低下，不利于科技资源的配置。另一方面，条块分割和科研管理机构设置不畅，也会影响到海洋政策的实施和海洋科技资金的投入和使用，出现科研立项、申请和答辩验收过程周期长，成果不显著，海洋科技项目重复立项，海洋科技资金监督不力，浪费国家科研资金等问题。这些问题都会造成海洋科技资源配置效率低下，无法满足科技创新的需要，和对海洋科技发展严重的制约。

3. 科技创新人才缺乏，共性关键技术研发能力弱

由于海洋科技体制机制原因，海洋科技政策配置资源的效率低下，造成各种资源短缺的现象是不可避免的，其中就有科技创新人才缺乏等问题。科学发展要"以人为本"，科技创新也要以人的发展为前提才能实现。知识经济时代的到来使社会进入以人才为导向的时代，海洋竞争，根本是科技，关键是人才，"人才资源是最重要的资本和第一资源"。共性关键技术需要高级创新型人才联合攻关才能实现，人才的缺乏必然影响科技创新的进程，从而制约海洋事业发展。海洋科技创新人才缺乏主要是因为科技创新政策落实有限，无法形成最佳配置；海洋科技人才引进墨守成规，缺乏活力和竞争激励机制；在海洋科技人才管理、培训和科技人才保障制度方面缺乏创新，从而导致科技创新能力不足、共性关键技术研发能力弱的局面。

（五）舟山群岛新区海洋科技发展规划

1. 舟山群岛新区海洋科技发展指导思想

"十二五"期间，浙江舟山群岛新区海洋科技发展将面临重大机遇。要通过制订

海洋科技发展计划、建设海洋科技创新平台、优化重组海洋科技资源，着力提升海洋科技贡献率，促进舟山群岛新区经济与社会的可持续发展。要切实对接"两区"建设规划，把握海洋科学技术发展大趋势，以不断完善科技创新政策、科技创新平台建设、共性关键技术研发和推进"产学研"结合为主要任务，围绕浙江省海洋开发战略和国家重大战略，加快建设国家战略性资源贮备中转加工基地、国家大宗商品自由贸易平台和国家海洋科学教育基地、海洋综合开发试验区。要加强对海洋科技创新工作的组织领导，设立专项资金，建立稳定的科技财政投入机制，强化科技资源配置，建立科技和金融风险投入机制，认真贯彻"自主创新、重点跨越、支撑发展、引领未来"的科技发展方针，强化基础科学、应用科学以及先进的适用技术研发，以联合攻关为抓手，重点攻克共性关键技术，着力提升海洋科技创新能力，为舟山群岛新区建设提供科技支撑。

2. 舟山群岛新区海洋科技发展目标和任务

通过全面实施《"十二五"舟山加快海洋科技创新行动计划》，强化海洋科技资源优化配置，加大专项资金投入，使 R&D 经费占地区生产总值的比重达到2%；以海洋科技创新作为转变经济发展方式的着力点，重点在海洋新兴产业和传统产业实施重大科技攻关计划，创新科技转化环境，加速海洋科技成果向现实生产力转化；努力创建海洋科技创新平台，重点建设国家级实验室、国家工程中心、检测中心等国家级科技创新载体；围绕重点项目培养项目骨干和科技创新团队，全面提升海洋科技人才整体科技水平，建设国家级高新技术产业园区和国家海洋产业国际创新园，促使舟山群岛新区科学认知水平整体提高，科技创新环境得到改善，科技创新能力得到加强，科技贡献率显著提升。

《"十二五"舟山加快海洋科技创新行动计划》在重点任务部署上明确以下目标：采用从注重海洋科技平台建设到以科技创新平台为载体，依托大院名校，建设大学科技园（虚拟），加快建立高新技术产业和资金、人才等资源高度聚集平台运营模式；从传统产业创新到注重运用信息技术和先进适用技术对传统产业的改造升级，促进产业转型升级，延长产业链；从注重海洋科技成果转化到注重在新兴海洋科技领域开展联合攻关和科技成果商品化，促进产业结构调整，提升综合实力；从单纯科技成果转化到以加速海洋科技成果转化支撑发展方式转变为手段，重点在海洋生物、海洋工程装备制造、海水综合利用等8个重点领域实施项目转化，创造经济效益；从传统单向海洋科技交流模式向积极同国内外大院名校合作，建设海洋科技创新中心，拓宽合作渠道；从传统科技人才培养向注重以科技项目为载体，着力提升科研团队及科技人才水平，按照舟山群岛新区发展的实际，进一步完善科技创新政策体系，实施高技术研究发展计划，营造科技型企业发展环境，强化企业创新意识，增强企业综合实力，加快构建以科技信息咨询、科技成果转化和科技技术支持为主体的科技中介服务机构，加快完善科技创新服务体系。

《"十二五"舟山加快海洋科技创新行动计划》明确提出5年内海洋科技工作的主要内容，即实施海洋科技八大创新工程。一是实施科技平台创新工程，基本建成海洋科技创新平台体系；二是实施传统产业创新能力提升工程，解决传统产业领域转型所需共性关键技术问题；三是实施海洋新兴产业培育工程，开展新兴产业领域科技成果转化应用，提升竞争实力；四是实施科技成果转化，完善海洋科技成果转化机制；五是实施科技合作引智工程，积极拓宽同国内外大院名校科技的合作渠道，积极创建海洋科技服务中心；六是实施创新团队培育工程，以科技项目为载体，提升科研团队和科技人才创新水平；七是实施企业创新载体培育工程，通过完善科技政策体系，培育高新技术企业、创新型企业和科技型中小企业，着力提升海洋科技创新意识，增强企业综合实力；八是实施创新环境优化工程，加快建设以科技信息咨询、科技技术支撑和科技成果转化的科技中介服务机构。

（六）舟山群岛新区海洋科技发展政策

科学技术是第一生产力。科技实力是一个国家、一个地区综合实力的重要体现，是影响其经济发展和社会进步的决定因素。海洋科学技术是海洋经济腾飞的双翼，海洋开发必须以科学技术为先导。海洋技术具有吸收和消化普通技术、传统技术和新技术形成庞大的技术产业群的特点。传统海洋产业、新兴海洋产业和未来海洋产业既有成熟技术，如航海技术、渔业捕捞技术、近海油气勘探技术等，也有处于发展中的新技术，如卫星导航全球定位技术、渔业遥感技术、海洋生物技术、深海采矿技术、海洋能源开发技术等。海洋经济的发展和海洋开发的深化，需要更多、更广泛的海洋技术为生产服务。而随着海洋开发中海洋经济的迅速发展，生产将向科学技术提出更多的实际问题。海洋科学技术解决生产实际问题的能力越强，海洋经济越是繁荣昌盛。因此，浙江舟山群岛新区的海洋经济可持续发展取决于科技进步，并依靠海洋科技政策的强有力支持。

海洋科技的发展活动离不开科技政策与法规的支持，新区政府要通过计划管理和组织协调，对海洋科技资源进行优化组合，主要采取联合攻关、创建创新平台、加速科技成果产出等手段来集聚高新技术企业和资源，进一步完善海洋科技创新体系。舟山群岛新区建设应通过政策计划及发展战略以及税收政策、财政和金融等手段集聚海洋科技资源，创建科技创新平台，增强区域海洋科技创新能力。《"十二五"舟山加快海洋科技创新行动计划》全面分析了舟山群岛新区海洋科技现状、国民经济与社会发展需求、国家重大战略需求以及浙江海洋综合试验区发展现状，按照"创业富民、创业强省"战略、建设"海洋浙江"战略以及国家重大需求战略，从通过构建大平台、推进大合作、集聚大智慧、支撑大产业、营造大环境形成"大科技"工作体系的思路出发，统筹舟山群岛新区海洋科技力量和资源，成为"十二五"期间指导海洋科技创新与管理的重要政策依据。

1. 构建海洋科技政策的基本原则 [1]

（1）海洋开发技术的发展目标与海洋经济的发展目标应协调一致

以往，我们在沿海区域开发中较少从整体来研究问题，往往只是把本领域的技术作为研究问题的出发点，由此确定的技术发展目标，往往与经济发展目标不协调，甚至是大大超越了经济目标对技术的要求，造成了技术投资的严重浪费；或者是目标太低，远远满足不了经济对技术的要求，严重制约了经济目标的实现。因此，在构建浙江舟山群岛新区海洋开发科技政策的发展目标时，一定要做到其与新区海洋经济的发展目标协调一致。

（2）发展新兴海洋开发技术与改造传统落后的海洋开发技术应同步进行

目前，沿海广大区域海洋经济的总产值 50% 以上是依靠陈旧的、传统的海洋开发技术和产业产生。21 世纪是海洋开发的新世纪，为开发利用海洋提供了前所未有的机遇。同时，随着对新兴海洋开发技术投资的迅速增加，新兴的海洋产业将会有飞速的发展。但是，从对环境保护、资源节约等众多方面的因素考虑，传统的海洋产业仍然非常重要。因此，在浙江舟山群岛新区发展新兴海洋开发技术的同时，不能忽视对一些传统海洋技术的改造。在资金的投入上，对某些传统的海洋产业，例如造船业、海洋运输业等技术改造，在保护环境、节约资源的同时，还应相应增加资金的投入。

（3）对于新兴的海洋开发技术，应确定有限目标，重点突破

国家财政支持海洋开发技术的投资额毕竟是受到限制的。特殊的海洋环境，使得海洋技术的风险投资远比在陆地上投资要大得多。在资金相对有限的情况下，必须突出重点，根据实际社会经济效益的大小，分出轻重缓急，努力使有限的科技资金真正投入在浙江舟山群岛新区建设亟需的技术项目上。

2. 打造海洋科技创新政策平台

制订完善税收、财政及科技计划等政策，是实现海洋科技创新平台建设和提升海洋科技贡献率的必要手段。政府应通过各类政策配置资源，加强引导。在市场经济环

[1] 潘树红. 发展海洋科技政策的基本原则与实施措施 [J]. 海洋开发与管理，2006，（3）：63-66.

境下，主要应以创新海洋科技环境、培育海洋科技型企业和提供海洋科技服务为方向，通过多种政策手段互相配合，形成统一高效的政策法规平台，促进海洋科技的创新。

（1）出台鼓励海洋科技创新的相关法律政策

应积极借鉴国外海洋科技管理机制和立法经验，以我国颁布的各项海洋科技规划计划为依据，结合舟山群岛新区海洋科技创新现状，进行相关计划政策的制定，使得计划体系纳入本地区国民经济与社会发展序列，保障海洋科技创新工作的顺利开展。

（2）拓展延伸海洋科技产业链

要积极运用现代信息技术、先进适用技术对海洋科技传统产业加强改造，解决产业转型过程中所要攻克的全局性、整体性的共性关键技术，强调海洋基础研究和应用研究与海洋科技平台建设、海洋科技产业化协同发展。未来舟山群岛新区需要为海洋科技产业创造条件，一方面通过构建科技大平台，集聚科技企业和力量，形成统一联合的科技力量；另一方面要创造海洋科技创新发展的"大环境"，在注重海洋科技研发的同时，更加注重科技成果的转化应用，促进海洋科技进步和高新产业的发展，形成统一有效的产业链。

（3）加强海洋科技数据共享机制

目前造成海洋科技资源浪费和科研水平重复低下的主要原因是各部门缺乏数据共享机制。为了使海洋经济可持续发展，促进海洋科技的进步，数据共享是优化资源和提高研发效率的重要形式之一。要通过政策组合资源，包括数据共享、部分成果共享，在技术过程中解决数据共享问题，实现科研领域信息化、数字化和集成化。

（4）强化海洋科技资源有效配置

要积极统筹区域海洋科技资源，进一步强化舟山群岛新区政府机构、科研单位、产学研合作组织的职能分工和数据共享，以求产生科技资源集聚效应，提升整体科技实力。要深化海洋科技管理体制改革，完善政府绩效考核机制，建立健全科技人才评价机制，进一步调动科研人员的创新积极性。

（5）培育海洋科技创新人才

要不断完善学习方法，强化学习现代科学技术，着力提升海洋科技人员的素质；鼓励海洋科技人才进行调研，围绕科技创新工作，解决发展中面临的重点难点问题；不断学习先进管理技术和经验，积极开拓科技的人员的科技认知水平，提升科技创新意识。

3. 完善海洋科技政策实施措施

当前，在科技与经济的有机结合、科技成果转化以及可持续发展等方面仍然存在一些需要解决的问题，尤其是在对海洋人力资源开发和管理上，必须从根本上解决科研机构游离于海洋产业之外的情况。应该进一步制定和完善海洋科技政策，加速浙江舟山群岛新区的科技产业一体化进程。[1]

（1）加强海洋科技人力资源的培养

现代的海洋开发主体是知识和技术密集型的企业，应当从可持续发展的战略高度认识海洋高层次人力资源开发的重大意义，切实加强海洋高层次人力资源的培养、引进和使用工作。在可持续海洋资源开发中，有五大资源可以利用，即：人力资源、物力资源、财力资源、信息资源和文化资源。人力资源是第一资源，是最重要的资源，也是最关键的发展要素。当今不断增强的国际竞争，说到底还是人才的竞争。舟山目前面临着一方面是中国（舟山）海洋科学城建设的良好机遇；另一方面是离退休高峰期的到来。如不尽快采取有效措施广泛吸纳人才充实海洋科技队伍，势必出现人才断层的现象。针对这种局面，最佳的选择是在现有条件的基础上进行海洋科技体制的创新。首先是在海洋科技管理结构层次上的创新，例如各科研机构间的重新建构，各科研院所的内部管理机构的设置以及权限的重新界定等。其次是在运行方式上的系列改革，通过对科研任务的确定和落实、优化科技资源的配置、科技成果的转化和应用等方面，真正实现人力、信息、资金等方面的有效配置，充分激发科技人力资源的活力，从而适应海洋开发的需要。另外，还应制定人员流动的规则，引导科技人才有序流动，逐步做到专业人员包括科技人才、管理人才等可在区域内自由选择。

（2）加大海洋科技开发资金的投入

科技政策的落实能够为科技创新资金的持续投入提供保障。为实现21世纪我国海洋经济可持续发展，必须依靠科技进步促进海洋开发，振兴海洋经济。造成科技资金投入不足的原因是科技经费主要由政府统一拨款，融资渠道比较单一，配置不合理。根据海洋高新技术涉及领域广、投资数量大的特点，应采取政策倾斜、财政支持、企业参与、内外结合等多种方式，广辟渠道，动员全社会力量加大海洋科技开发力度。国家在海洋研究与开发方面投入的多寡，是决定一个国家海洋科技水平高低的关键因素。1986年美国制定了"全球海洋科学规划"，强调海洋是地球最后开辟的疆域，谁能最早、最好地开发利用海洋，谁就能获得最大的利益；1990年发表的《90年代海洋科技发展报告》指出，以发展海洋科技来满足对海洋不断增长的要求，以便继续"保持和增强在海洋科技领域的地位"。有资料显示，1996—2000年间，美国共投入110亿美元用于民用海洋研究开发。而我国，则应根据我国国情，在一些有效的财政、金融政策出台的同时，也需要有地区倾斜性、全方位的优惠政策，以鼓励海洋产业的开发。浙江舟山群岛新区在地方财政方面，应建立起海洋科技开发专项基金，根据财政

[1] 潘树红.发展海洋科技政策的基本原则与实施措施[J].海洋开发与管理，2006，（3）：63-66.

收支状况和高技术产业的需要，逐年增加投资比例；金融政策和投资导向应向高技术产业倾斜，通过降低信贷利率和建立专款信贷，扶持科技创新和关键技术突破；可建立和完善科技开发风险机制，或采取科研、企业、金融财政共同投资的方式，加大投入，化解风险；应促进科研院所与企业的联合，推动企业超前投入，优先享受技术成果。简言之，群岛新区的建设要加大海洋科技资金投入力度，从多层次、多渠道加大科技投入，建立由政府引导、企业和社会参与的科技资金体系；要重点支持基础研究和应用研究领域共性关键技术研发和海洋新能源节能领域研发；要把海洋科技投入纳入地区国民经济和社会发展规划中，重点支持科技创新；要鼓励银行金融服务机构，民间资本向海洋科技领域集中，拓宽融资渠道，加快创新发展。

（3）加快制定海洋高新技术产业政策

海洋科技政策应包括鼓励发展海洋高新技术产业的内容，沿海地区海洋经济的可持续发展必须依靠海洋高新技术产业的发展。基于可持续发展的海洋科技政策，应是长期有效的；鼓励海洋高新技术的发展，必须成为政策的核心之一。应有切实可行的政策措施，如在科研经费、科研机构的设置、科研人员的待遇和工作条件、科研管理体制的优化和激励机制的建立方面，都应在政策的高度上予以重视。对基础研究与应用研究，尖端学科与一般学科要加以区分，使其相互协调，相得益彰，避免顾此失彼、相互掣肘的现象发生。根据浙江舟山群岛新区海洋产业发展的实际情况，在制定基于可持续发展的海洋科技政策时，应优先发展有利于形成产业规模大、经济效益好的海水增养殖及深加工技术、海洋医药技术、船舶加工与制造技术、海洋工程技术、海洋石油开发技术、海洋保护技术等。要通过加快对海洋传统产业的技术改进和发展高新技术产业，不断提高海洋传统产业和海洋新兴产业的科学技术水平的含量，形成一批实力较强的海洋科技产业群。应鼓励、支持和寻求沿海地区的国有大企业和企业集团与海洋高等院校、研究所合作，投资共同开发海洋高新科技产品。应充分利用国有大企业和企业集团雄厚的资金优势和市场优势，促使海洋成果转化为现实生产力，创造高水平、高效益的海洋科技产品，占领国内外市场，以高科技带动经济的快速增长。

（4）推进海洋科技政策产业化的实施

海洋科技成果的产出、转化以及应用是一个系统过程，需要把海洋科技成果转化为生产力做为目标，以转变海洋经济发展方式和调整产业结构为准绳，运用现代科学技术使传统海洋产业转型升级，创新科技平台，提升海洋科技综合实力。对海洋科技成果要从经济、环境、技术、效益等方面进行可行性分析，完善技术市场中介服务机构，保障海洋科技成果市场化运作，使海洋科技成果加速转化，促进区域科技实力的提升。浙江舟山群岛新区在实施海洋科技政策时，应着重运用高新技术改造海洋传统产业，

开拓新兴产业，同时强调对适用技术的研究推广。要鼓励科技人才到生产第一线推广现有科技成果。要形成一套制度和奖励方法，使海洋科技政策实施工作快速启动，全面展开。在运用先进的技术改造传统海洋产业和大力扶植海洋高新技术产业发展的同时，要注重清洁生产技术、能源有效利用技术以及资源综合利用和环境保护技术开发，切实保护海洋生态环境。应通过政策引导、市场牵引、典型示范、舆论推动、行政干预，实行先放后导、多渠分流，在转化链各接力环节上纵深配置资源，在稳定重点科研院所、抓好重大基础研究课题的同时，着重加强下游薄弱和"瓶颈"环节，加强试验中心和中试基地建设，建立健全国家级和省级实验中心。有条件的大中型企业，也可以建立自己的技术中心和生产力促进中心，提供成熟的科技成果和工程设计、工艺流程，进行人员培训，科研机构、高等院校要进入经济建设主战场。在科研队伍的建设和使用上发挥科研机构优势的同时，应着重发展企业和行业的研究开发机构。实力较强的研究开发机构，经批准可作为国家级重点科研机构，并享受独立科研机构的优惠待遇。要大力发展民办科技组织和科技实业，并且要上规模、上水平、上效益，向大型科技产业集团发展，纳入科技主管部门归口统一管理。应加强开发造船、海洋油气、矿产勘采，海洋大型工程等，以带动科学技术的发展。在国际科技交流与合作中，应有意识、有计划地取长补短。

（5）基于海洋环境保护构建海洋科技政策

保护海洋环境就是保护生产力，治理海洋环境就是发展生产力。海洋环境保护必须坚持预防为主、防治结合的方针。《中共中央关于制定国民经济和社会发展第十一个五年规划的建议》提出，坚持节约发展、清洁发展、安全发展，将环境保护的要求渗透到经济社会发展的各个方面，充分体现了走可持续发展道路的坚定信心和决心。对涉海项目水动力影响进行浙江舟山群岛新区的涉海项目的建设，要同时完善陆地生态系统，维护生物多样性，保护生态环境。在实施海洋开发过程中，必须提高广大干部群众可持续利用海洋的观念，通过宣传教育和知识普及，使之认识到生态环境与资源之间的内在联系，环境与资源承载力的有限性和保护环境与合理利用的重要性，正确处理好环境保护与资源开发、眼前与长远利益的关系，提高保护环境意识和行为的自觉性。要动员一切社会舆论和监督力量，加强海洋管理和生态环境与资源的保护，并将这一工作贯彻于决策、生产、管理活动的全过程，强化可持续利用的观念，辅之以惩罚手段。要加强循环经济、海洋生态、化学物质污染防治等领域的立法工作，健全海洋环境法规和标准体系，加大处罚力度，有效解决"违法成本低、守法成本高"的问题，实行执法责任追究制，依法打击各类环境违法行为；建立污染受害者法律援助机制，严格执行总量控制、排污许可证制度，强化限期治理和停产治理制度的效力，从根本上改变有法不依、执法不严、管理不强的状况。要建立和完善促进科学发展观落实的有关制度，将环保指标纳入领导干部政绩考核内容中。加强环境法制、保持生态环境的可持续性必须建立一种社会长期有效的机制，动员公众参与和管理。保持良好的生态环境是公众的一种社会权益，因此要采取鼓励政策和激励机制，提高公众参与意识，动员一切社会力量参与环境和资源保护。应发展非政府的区域性、行业间和民间环境，扩大公众参与海洋开发管理的参政、议政权。

（6）健全海洋科技管理体制，提供良好氛围

海洋科技创新环境是维系和促进海洋科技创新的保障因素。要切实落实《浙江舟山群岛新区建设三年行动计划》和《中国（舟山）海洋科学城建设实施方案》，为舟山群岛新区未来5年的发展提供政策保障，为海洋科技创新提供基础。要完善科技评价奖励机制，鼓励科研工作者科技创新。要强化党政科技目标责任考核制，确保科技创新工作落到实处。要加强科技专利管理，健全科技专利试点示范，开展专利维权和专项执法行动。要不断完善外部管理环境，培育发展技术市场，强化技术商品流动和转化，增加产出。要开展科学普及和科技宣传活动，把握科技发展形势，拓宽政府与群众间的信息沟通渠道，通过政府引导、企业参与、科学普及，为海洋科技创新提供良好的创新环境。要组建统一机构协调政府、企业和社会，开展联合攻关，制定海洋科技发展规划细则，进行海洋科技项目检查。要建立海洋科技专家咨询委员会，负责制定海洋科技计划，对项目过程进行指导和评审。要建立有利于海洋科技创新发展的政策体系，对海洋科技管理、海洋科技投入、海洋科技创新人才培养和科技成果转化过程作出政策规定，指引海洋科技创新向前发展。要通过立法、政策、规划和引导，结合海洋经济发展的需要，制定新的海洋科技创新发展战略。要健全海洋科技管理决策程序，完善海洋科技政策运行体制。要完善电子政务程序，开展科技项目网上申报系统，针对客观主体需求，展开网上申报、专家评审、合同签订、中期检查、项目验收与公示等信息管理流程工作，推行政务公开，加强对科技项目的管理和指导，缩短科技项目申报过程，提高科技管理效率。要借鉴发达国家科技体系构建和运行方式，结合舟山群岛新区发展的实际情况，大力建设区域海洋科技创新推广服务中心，加强科技创新平台建设和科技型企业的发展。

三、政府介入科技成果转化

进入海洋时代，科技进步已成为驱动海洋经济转变的重要方式。以科技进步促进经济增长可以理解为通过提高决策能力、改善科技装备、提高劳动者素养和技能等各种要素组合，使之发挥整体作用，实现贡献目标。因此，通过整合科技力量、转化科技成果、创新人才培养机制等过程，将有利于提升海洋科技进步对海洋经济的贡献率，

发挥海洋科技对海洋经济的支撑引领作用。[1]

（一）海洋科技成果转化亟待政府积极介入

当前，以高端技术、高端产品、高端产业为引领的蓝色经济战略已全部部署，而要从海洋高端技术迈向海洋高端产业，需要强大的科技成果转化与产业化能力牵线搭桥。

近年来，舟山海洋科技对社会经济发展的贡献逐年上升，科技含量大、技术附加值高的海洋新兴产业成长迅速。然而，相较于国际海洋科技的发展态势和我国海洋事业发展的现实需求，舟山的海洋科研工作仍存在许多的问题。其中，最主要的是当前舟山海洋科技创新能力和科技成果转化能力不足。政府作为科技创新法规的制定者和成果转化制度的主要提供者，应该营造并改善科技成果转化的环境，积极主动介入海洋科技成果的转化过程。

1. 科技成果转化中市场缺陷的存在，是政府介入科技成果转化的理论依据

市场机制"无形的手"不能有效解决信息不完全和信息不对称等问题，所以需要政府"有形的手"增加科技成果转化市场的"透明度"，并对成果进行评级，保证科技成果的转让方与受让方都能获得充分的市场信息，以便作出正确的选择。

2. 政府可以通过制度推动科技成果转化

科技成果转化具有较高的风险和较大的外部性，政府要以财政投入、税收优惠等政策支持科技成果转化。另外，政府合理的制度安排有助于降低风险，如提供成果鉴定、产品检测服务可降低技术风险；健全风险投资制度可降低资金风险；政府采购可降低市场风险等。

科技成果转化需要科技成果、资金、劳动等多种投入，牵涉到高校、科研院所、企业、中介等众多机构，包含一系列复杂的分工、合作等交易活动。政府可以通过建立信息交流平台、公共中试平台等，促进成果的供求双方沟通和合作，降低交易成本，推动科技成果转化。

3. 政府是科技成果转化过程中的重要纽带

我国大量的科研机构独立于企业之外，科技与经济分离的问题严重，而政府能引

---

[1] 本部分内容主要引用：岳鹄，徐亮，刘胤等. 政府在科技成果转化过程中的主导作用研究——来自北京的经验 [J]. 经济研究导刊，2010（21）:188-191. 在此对作者表示感谢！

导高校、科研机构与企业建立联系，促进科技成果向企业过渡，转化为产品。政府还可以支持企业建立自身的科研机构，成为自主创新和科技成果转化的主体。

（二）着力提升新区海洋科技贡献率

当前，海洋科技已成为国家间综合实力较量的焦点的显著表现是：海洋科学研究正从宏观和微观两个方面向纵深发展，全球尺度的海洋变化和深海大洋研究受到普遍重视；以海洋生物技术和深海技术为核心的海洋高技术领域快速发展；海洋监测和探测向宽范围、实时化、立体化发展，建设军民兼用的海洋环境业务化保障体系成为许多国家安全保障的重要举措，一些发达国家的海洋立体监视监测能力正在覆盖全球，海洋环境预报能力已触及世界海洋的各个海域；大量的海洋科技成果转化为现实生产力，支撑和引领海洋产业向高科技化发展，海洋经济成为世界经济的重要组成部分，发达国家海洋科技对海洋经济的贡献率达到70%。

理论界对海洋科技贡献率的研究非常盛行。我们通过维普数据库，以"科技创新"为关键词进行检索1989年至2013年5月期间的文献，发现涉及科技创新的文章有26440篇。其中，有涉及海洋科技创新的，有对海洋科技支撑力进行研究的，有对海洋科技创新和海洋经济协调性进行研究的，有对海洋科技创新对现代经济作用进行研究的，等等。本文试图通过统计理论方法对我国海洋科技创新与海洋经济之间的关系即海洋科技的贡献率，作出分析研究。

1. 相关指标数据选取

本文所选取的海洋科技创新能力与海洋经济发展相关指标数据，均来源于政府统计部门公开发布的权威统计数据。其中，关于海洋科技创新能力的评价指标体系主要来源于《中国科技统计年鉴》，关于海洋经济发展的评价指标主要来源于《中国海洋统计年鉴》，两个指标体系中的部分经济指标来源于《中国统计年鉴》。

本文选取了海洋经济指标中各行业的经济指标和有关海洋经济发展的相关指标（见表4-3），即：海洋经济总产值GDP，作为我国2001—2010年海洋经济发展的指标；海洋相关产业增加值A_1—A_8，作为反映我国相关海洋产业的发展情况的指标；海洋科研教育服务管理业投入JY，作为反映我国海洋教育业的投入与发展的指标；大学生XS，反映我国在海洋类院校或学科学习的大学生数量，作为我国海洋研究的教育情况的指标；海洋科技专利ZL，反映我国海洋科技专利发明情况，作为我国海洋科技创新发展情况的指标；海洋产业从业人员LDL，作为反映我国从事海洋产业的劳动力情况的指标。

浙江舟山群岛新区科技支撑战略研究

表4-3 全国2005—2010年海洋经济和海洋科技专利发明数据

项目＼年份	2010	2009	2008	2007	2006	2005
海洋经济总产值GDP（亿元/万人）	30.87	28.67	27.04	23.19	29.14	31.84
海洋渔业*A_1（亿元/万人）	2.26	2.25	2.02	1.77	2.38	2.82
海洋油气业*A_2（亿元/万人）	1.05	0.67	0.80	0.64	0.93	0.99
海洋船舶工业*A_3（亿元/万人）	0.95	0.74	0.69	0.51	0.53	0.52
海洋工程建筑业*A_4（亿元/万人）	0.65	0.59	0.37	0.37	0.46	0.48
滨海旅游业*A_5（亿元/万人）	3.89	3.34	3.13	3.00	3.64	3.77
海洋化工业*A_6（亿元/万人）	0.45	0.55	0.49	0.22	0.26	0.29
海洋生物医药业*A_7（亿元/万人）	0.05	0.05	0.05	0.04	0.04	0.05
海洋交通运输业*A_8（亿元/万人）	3.07	3.36	3.52	3.12	3.95	4.45
海洋科研教育服务管理业JY（亿元/万人）	5.49	5.45#	4.87#	4.22#	4.75	5.36
大学生XS（人）	206541	160717	80784	72826	63834	58438
专利ZL（件/万人）	6.16	5.60	1.62	0.22	1.71	0.73
海洋从业人员LDL(万人)	1245	1115	1097	1075	719.1	533.5

注：1.其中数据均为当年增加值或生产总值除以海洋从业人员总数计算。"*"部分为当年增加值。2."#"部分是根据平均发展速度测算数据。

2. 具体研究方法

（1）相关性分析

相关性分析是指通过对两个或多个具备相关性的变量元素进行分析，从而衡量两个变量因素的相关密切程度的一种分析方法。本书运用SPSS软件通过与海洋发明专利与海洋经济各个行业的相关性进行检验，得出相关系数矩阵，以衡量各个行业与海洋科技创新的相关密切程度，从而评价海洋科技创新对海洋经济的影响。

（2）主成分分析

主成分分析是将多个变量通过线性变换以选出较少个数的重要变量的一种多元统计分析方法。在实际分析中，为了全面分析问题，往往提出很多相关变量（或因素），这些变量都在不同程度上反映实际问题的某些信息。在本方法中，信息的大小通常用离差平方或方差来衡量。主成分分析的目的是希望用较少的变量去解释原来资料中的大部分变量，将许多相关性很高的变量转化成彼此相互独立或不相关的变量。通过整理，选出比原始变量个数少且能解释大部分资料中变量的几个新变量，即所谓主成分，通过分析主成分对资料中的综合性指标进行解释。主成分分析法实际上是一种降维方法。

本文采用的主成分分析法的基本过程分为以下几个步骤：

①选定指标

选择 $X = (X_1, X_2, \cdots, Xp)$ T 为一组衡量有效竞争的 P 个指标。

②指标标准化处理

因为收集到的指标量纲不一致，数量之间的差异也很大，因此有必要对其进行标准化处理，使各种不同指标转化为同度量的指标，各指标之间具有可比性。

$$X_i^* = \frac{X_i - E(X_i)}{\sqrt{Var(X_i)}} \qquad\qquad 4-1$$

其中：$E(X_i)$ 为 X_i 期望值；$Var(X_i)$ 为 X_i 的方差。

③计算 X 的相关系数矩阵 R，求出特征值和特征向量

$$R(r_{ij})(r_{ij}) = \frac{COV(X_i, X_j)}{\sqrt{Var(X_i)} \times \sqrt{Var(X_j)}} \qquad\qquad 4-2$$

其中 $COV(X_i, X_j)$ 为 X_i 和 X_j 的协方差。

由特征方程（I 为单位矩阵），求出特征值。设 B_i 为特征值对应的特征向量，通过方程 $R \times B_i = B_i x$，计算出整个向量 B_i，从而得到特征向量矩阵 B。

④通过计算可知主成分 $Z = BT \cdot X$，由特征值可求得各主成分的方差贡献率 H_i 和累计贡献率 TH_k：

$$H_i = \frac{\lambda_i}{\sum\limits_{m=1}^{p} \lambda_m}, \quad TH_k = \frac{\sum\limits_{m=1}^{k} \lambda_m}{\sum\limits_{m=1}^{p} \lambda_m} \qquad\qquad 4-3$$

⑤选择主成分并对所选主成分作经济解释

利用主成分分析法的目的是为了减少变量的个数，一般选取的主成分个数能使得累计贡献率达到85%以上为宜，对应的 $K_{min} = S$，即 TH_s。这样，S 个主成分 Z_1, Z_2, Z_3, $\cdots$, Z_s 包含了原来指标85%以上的信息。

主成分分析法的关键在于能否给主成分赋予新的意义，给出合理的解释。这个解释应根据主成分的计算结果结合定性分析来进行，一般由权重较大的几个指标的综合意义来确定。

⑥求各主成分的得分并计算综合得分构造综合评价函数 Z

为了分析各个样品在主成分分析中所反映的经济意义方面的情况，通常还将标准

化后的原始数据代入主成分表达式计算出各样品的主成分得分 Z_1，Z_2，Z_3，…，Z_s。将选择的 S 个主成分构造综合评价函数 Z。

$$Z = H_1 \times Z_1 + H_2 \times Z_2 + \cdots\cdots \times H_s \times Z_s \qquad\qquad 4\text{--}4$$

其中 H_1，H_2，H_3，…，H_s 为方差贡献率，Z_1，Z_2，Z_3，…，Z_s 为主成分得分。

当把各主成分得分代入式 4-4 后，即可计算出每个样品的综合评价函数得分。以这个得分的大小进行排序，即可自然排列出每个样品的经济效益名次。综合评价函数值越大，综合经济效益就越好。

上述整个计算过程可以借助 SPSS 统计软件完成。

这样，根据上面介绍的主成分分析法就可评估出海洋科学技术与海洋经济可持续发展水平综合评价值 F_1、F_2。

3. 相关数据分析

运用 KMO 检验和 Bartlett 球形检验对主成分分析结果进行进一步分析。*KMO* 是 Kaiser-Meyer-Olkin 的取样适当性量数，*KMO* 取值在 0 和 1 之间，*KMO* 值越大，表示变量间的共同因素越多。当 *KMO* > 0.5 时，就说明适宜进行因子分析。在 99% 的置信水平下，本表的 *KMO* 值为 0.645，表示适合进行因子分析。因此，上述数据适合于因子分析和进一步分析。通过分析，得到 3 个因子（见表 4-4）。这三个因子的贡献率分别为 53.985%、31.440% 和 9.293%，累计贡献率达到 94.717%，超过了 85% 的要求。它解释了海洋经济和海洋科技创新的大部分信息。

表 4-4　因子旋转后的特征值和贡献率

主成分	特征值	贡献率（%）	累计贡献率（%）
F_1	6.478	53.985	53.985
F_2	3.773	31.440	85.424
F_3	1.115	9.293	94.717

在相关性的成分矩阵中，相关性系数可以设为 R，$R > 0$ 代表两变量正相关，$R < 0$ 代表两变量负相关。$|R|$ 大于等于 0.8 时，可以认为两变量间高度相关；$|R|$ 大于等于 0.5 小于 0.8 时，可以认为两变量中度相关；$|R|$ 大于等于 0.3 小于 0.5 时，可以认为两变量低度相关；$|R|$ 小于 0.3 说明相关程度弱，基本不相关。表 4-5 中 F_1 解释海洋经济的主要信息：海洋经济的总量目前主要依靠海洋渔业、海洋旅游业、海洋交通运输业、海洋油气业等海洋产业。F_2 解释了海洋科技创新的相关信息：大学生的数量在海洋科技发展中尤为重要，同时也解释了目前与海洋科技创新有相关性最高的是海洋船舶制造

业。F_3 解释了教育的相关部分信息，海洋科技创新离不开海洋教育，也解释了 F_2 的小部分信息。

表4-5　因子旋转后的成分矩阵

主成分	GDP	A_1	A_2	A_3	A_4	A_5	A_6	A_7	A_8	JY	XS	ZL
F_1	0.922	0.906	0.898	0.085	0.516	0.960	−0.145	0.260	0.630	0.620	0.086	0.169
F_2	0.130	−0.268	0.136	0.893	0.760	0.277	0.524	0.258	−0.753	0.408	0.955	0.885
F_3	0.356	0.278	−0.083	0.360	0.274	−0.019	0.800	0.866	0.132	0.659	0.262	0.366

通过表4-3对海洋经济总产值和海洋专利发明，单独做一个 Pearson 相关性分析，可以得出海洋科技创新与海洋经济总产值的相关性（见表4-6）。

通过表4-6的数据也可以初步看出影响海洋科技创新对海洋经济的影响。

通过 Pearson 偏相关分析得出表4-7，分析海洋科技创新和海洋经济各项指标的关联性。表4-7中可以看出和海洋科技创新关联性较大的是海洋船舶制造业、海洋工程建筑业和海洋化工业，这说明我国海洋科技创新目前主要是集中在这几个产业。同时也可以看到海洋渔业、海洋交通运输业等海洋经济产业和海洋科技创新相关性并不高。另外，海洋科研教育服务业和海洋科技创新的关联度也较高，其中在海洋类大学学习的大学生数量和海洋科技创新相关性最高。这一方面说明我国对海洋教育的投入还不是很足，另一方面则说明海洋教育成果对海洋科技创新有促进作用。

表4-6　海洋科技创新与海洋经济总产值的相关性

		海洋经济总产值	专利
海洋经济总产值	*Pearson* 相关性	1	0.871*
	显著性（双侧）		0.024
	N	6	6
专利	*Pearson* 相关性	0.871*	1
	显著性（双侧）	0.024	
	N	6	6

**.在0.01水平（单侧）上显著相关。

*.在0.05水平（双侧）上显著相关。

表4-7　海洋科技创新与海洋经济各项指标的相关性

	ZL	A_1	A_2	A_3	A_4	A_5	A_6	A_7	A_8	JY	XS
Pearson 相关性	1	0.048	0.166	0.890**	0.906**	0.397	0.753*	0.512	−0.480	0.724	0.956**
显著性（双侧）		0.464	0.377	0.009	0.006	0.0218	0.042	0.149	0.168	0.052	0.001
N	6	6	6	6	6	6	6	6	6	6	6

**.在0.01水平（单侧）上显著相关。

*.在0.05水平（双侧）上显著相关。

4. 海洋科技的支撑引领情况

（1）海洋科技创新促进了我国海洋经济发展

通过海洋专利发明数和海洋经济总产值的单独相关性分析，可以得出专利发明和海洋经济发展的相关性很大，而且呈正相关性，说明海洋科技创新对我国海洋经济的发展有较大的促进作用，海洋经济发展已初具规模。近20年来，我国沿海地区经济快速发展，对海洋产业的投入力度逐年增加，为海洋经济的持续、稳定、快速发展奠定了基础。"九五"期间，沿海地区主要海洋产业总产值比"八五"时期翻了1.5倍，年均增长16.2%，高于同期国民经济增长速度。据统计，2000年主要海洋产业增加值占全国国内生产总值的2.6%，占沿海11个省（自治区、直辖市）国内生产总值的4.2%。而且，在"十一五"期间，我国海洋经济年均增速为13.5%，高于同期国民经济增长速度。2011年，全国海洋生产总值占国内生产总值的9.7%。"十一五"规划后，海洋经济已成为我国新的经济突破口，海洋科技创新的发展也十分迅速，二者的发展相互影响相互促进。

（2）我国海洋传统产业还未进入海洋科技时代

从分析结果还可以看出，海洋渔业和海洋交通运输业等传统海洋产业虽然发展速度较快，但是和海洋科技创新的相关性并不高。这说明这类传统海洋产业，目前还是以天时、地利、人和作为其发展的决定性因素，科技含量并不是很高。从目前状况来看，我国海洋传统产业生产方式仍处于粗放型发展阶段，是一种高投入、高劳动聚集性的发展模式。究其原因主要是因为近年来地方政府以GDP为政绩指标，一度过分注重传统产业的产业集群和产量，而未形成一个依靠科技创新力量来带动产业发展的良性循环。粗放型的增长方式带来了大量的人力物力的浪费，这与依靠科技兴海的发展策略是相违背的。因此，不管是传统产业还是新兴产业，都必须大力发展海洋科技，依靠科技创新带来产业的跨越式可持续发展。

（3）我国海洋科技创新扩散面较窄

目前，海洋科技创新主要集中体现在海洋化工业和海洋工程建筑业，海洋科技创新的辐射面还不够广，没有扩散到大部分的海洋产业。究其原因，第一是因为对传统海洋产业的海洋科技创新没有跟上时代发展的步伐，而且海洋科技高新区目前还处在发展阶段，现有的海洋科技创新平台还有待提升，还没有建设成一批工程技术研究中心、成果转化与推广平台、信息服务平台、环境安全保障平台和示范区（基地、园区），没有形成技术集成度高、带动作用强，国家和地方相结合，企业和高等院校、科研院所相结合的科技创新平台。所以，要加强省部合作，支持企业与高等院校、科研院所开展合作，建立海洋科技创新联盟，这是我国海洋科技发展的重要目标。第二是因为我国海洋经济发展过去主要依靠的是传统海洋经济和由其带动起来的船舶制造业、海洋化工业等附属产业，而依靠高新技术主动去开发和开放海洋资源和强化深海资源利用的层面较薄弱。目前，传统海洋经济总量仍占据海洋经济总量的较大比重。虽然海洋科技新兴产业正在蓬勃发展，但是还未能影响到传统海洋产业的地位，海洋科技产业的收益目前还没有达到国际水准。但是，坚持走海洋科技兴海的策略坚决不能改变，只有坚持坚定走海洋科技创新道路，才能走向蓝色经济时代。

（4）海洋教育对海洋科技创新有着很大促进作用

从数据中可以明显看出，海洋类院校大学生数量直接对海洋科技创新起到促进作用，从而能够间接促进我国海洋经济的发展。但是根据调查显示，我国海洋教育的发展还远未适应发展需要，全国海洋类院校只有10所（包括台湾海洋大学），而且在数量如此少的海洋类院校中，真正把研究经费主要投入到海洋科学研究的更是凤毛麟角。

海洋教育带动的是海洋科学的原始创新能力。在当前的国际形势下，我们更要充分发挥高等院校、科研院所在海洋基础研究方面的重要作用，瞄准若干前沿科学领域，坚持服务国家目标与鼓励自由探索相结合，加强国家实验室、国家重点实验室和省部级重点实验室建设和管理，实施海洋知识创新工程，建立开放式的海洋科学创新研究基地，提升海洋科学的原始创新能力。

5. 提升舟山海洋科技创新贡献率的对策建议

通过上述分析和讨论可以发现，我国海洋科技创新和海洋经济发展存在的主要问题是：海洋科技创新范围不够广；政府政策支持不够深入；海洋教育投入资金不够多。因此，本文从平衡海洋科技创新、完善各项政府支持、增加海洋教育投入三个角度，对如何提升舟山海洋科技创新贡献率提出以下建议。

（1）平衡海洋科技创新，以传统产业创新带动新兴产业发展

海洋经济的发达程度最终取决于海洋二、三产业的发达程度。虽然近年来，我们一直把调整经济结构作为重点，并已取得了一些成效，但海洋二、三产业的比重仍相对较小，还有提升的空间。2010年，舟山市海洋经济三次产业结构占比由2005年的20.2∶42.5∶37.3调整为13.3∶54.8∶31.9，而世界发达国家海洋三次产业比例基本为1∶7.8∶4.4。因此，一方面要对传统产业进行技术改造，提高这些产业的技术含量和产品档次；另一方面要对传统产业进行二次开发，促进新兴产业成长。而要实现这些目标，很大程度上要依赖于海洋科技的发展。本文认为：

首先，要对海洋传统产业进行高新技术革命。海洋高新技术的发展能够给传统产业带来事半功倍的效果。代表高新技术的未来海洋产业，如海洋药物、海水淡化、海水综合利用、深海采矿以及海洋能源（潮汐能、波浪能、温差能等）等，有的尚处在研究试验阶段，有的刚初步形成产业化，它们对舟山海洋经济的贡献还相当有限。

其次，舟山海洋开发利用的广度和深度上均与发达海洋国家有较大的差距。在国民经济进入经济转型期的大背景下，要实现海洋经济的转型，必须依靠科技进步，而一味地去发展尚在起步阶段的新兴产业必会导致事倍功半。只有通过依靠传统优势产业的转型升级带动新兴产业的发展，才是海洋科技创新的有效途径，才是海洋经济发展的未来方向。

（2）完善各项政策支持，以政策支持带动海洋科技创新进步

目前，舟山海洋产业还面临着产业层次不高，科技支撑不够，海洋开发利用水平低，海洋管理体制机制不顺等问题，必须足够重视这些问题。科学规划海洋经济发展，已成为新时期、新阶段的重大课题，制定和实施科学的海洋发展战略已经迫在眉睫。通过全面实施"十一五"海洋科技发展规划，舟山海洋科技已初步进入了协调发展时期，海洋科技整体实力显著增强，在部分领域达到了国际先进水平。海洋科技创新条件和环境的明显改善，也为舟山新区在"十二五"实现快速发展奠定了良好的基础。要进一步通过政策的完善促进海洋科技发展，发挥海洋科技进步对发展海洋经济、提高海洋开发和综合管理能力的支撑引领作用。必须要制定实施合理、有效的海洋产业政策，把海洋资源优势转化成经济优势。要出台各种海洋经济政策，鼓励更多的资金、技术及各种生产要素的投入；要出台生态环境政策，制定各项法律法规，保障海洋经济可持续发展；要出台科技发展政策，不断进行科技创新，保障海洋资源高效开发利用。

科技是第一生产力，海洋新兴产业的发展更离不开科学技术的支持。要加大海洋科技创新的资金支持力度，鼓励产学研结合，让高校、企业、科研机构共同参与海洋科技创新，鼓励新科技人才到生产第一线去了解科技需求和推广科技成果，切实做到科研与实际生产相结合，所研有所用，加快海洋科技成果转化。

（3）增加海洋教育投入，集聚海洋科技人才

围绕海洋人才发展战略，把培养、引进和用好创新型科技人才作为海洋科技创新的重要举措，就必须把发展海洋教育放在首位。从目前舟山海洋教育的发展来看，海洋教育在整体学科教育中所占的比重仍然很小，舟山对海洋教育的投入也远远不够。

一是要加快建设海洋科技研究基地，通过培养高新海洋科技人才来反馈海洋教育，最后实现海洋科技研究的大跨步前进。要增加海洋教育的宽度和广度，大力支持海洋类院校建设，为海洋教育提供一个广阔的平台，让海洋教育在硬件上跟上世界发展的节奏。要引进海洋科技高等教育人才，同时要做好舟山高新技术人才的培养。

我们建议舟山新区政府切实引进 1~2 所具有国际先进水平的海洋院校，保持优势产业在国际上的领先地位，强化具有国际主流水平的前沿学科建设，扶持交叉和新兴学科的发展，加强海洋工程技术、人文与社会科学学科建设。要鼓励和支持浙江海洋学院内涵式发展、集约式发展、跨越式发展。通过国家各类科技计划、海洋公益性行业科研专项等项目布局和经费支持，引导涉海院校在专业设置、课程选择等方面与海洋科技发展的需求紧密结合，加强科技人才的培养和科普人才队伍建设。要进一步推进部门间、省部间的高等院校共建，推行产学研相结合的教育模式，提升海洋职业教育和继续教育对海洋科技创新的支撑能力。

二是要大力推进创新型人才创业，积极推动海洋人才进入国家创新型人才创业扶持计划，重点依托海洋高技术产业基地和科技兴海基地、大学科技园、工程中心、行业协会等，每年扶持一批科技创新创业人才，鼓励其开展高校毕业生技能培训和创业培训。要加大对企业建立博士后工作站的支持，培养创新型企业家和高级管理人才。要加快成果转化人才培养，壮大海洋战略性新兴产业发展所需的工程技术、科技服务和产业化人才队伍；加强海洋战略性新兴产业领域创新团队建设，支持建立以企业为主体的产学研联盟、研发组织、技术平台和创新团队，为其提供共性技术研发、公益服务等方面的支持。

（三）切实提高海洋科技成果转化率

作为我国唯一一个以海洋经济为主题的新区，舟山群岛具备独特的海洋区位、海洋产业和国家海洋发展战略优势。因此，在舟山新区构建国内一流的成果转化与应用的海洋科技创新平台，扶持重点企业发展海洋高新技术产业，将大幅提高海洋科技成果转化率。

1. 政策推动海洋科技成果转化

以《科技支撑引领海洋经济示范区和舟山群岛新区建设的若干意见》为基础，为

科技成果转化从申报、认定、中试、转让到企业生产和进入市场提供资金支持和政策引导。要制定覆盖了科技成果转化全过程的专门政策，支持内容要考虑到科技成果转化的各个方面，包括要素分配、资金扶持、人才激励和创业孵化等。另外，要进一步落实和完善相关配套法规建设，如《科技支撑引领浙江舟山群岛新区海洋经济发展三年行动计划》、《"十二五"舟山加快海洋科技创新行动计划》以及《浙江舟山群岛新区孵化基地优惠政策》、《浙江舟山群岛新区关于进一步促进大学科技园发展的若干意见》、《舟山群岛新区鼓励企业与高校、科研院所进行产学研合作的若干意见》等。

2. 建立和完善风险投资制度

首先，政府应采取税收优惠、资金担保、财政补贴等措施引导资金流向；其次，规范和改善风险投资的生存与发展环境，实现风险投资主体多元化、风险分散化的良性循环，以支持重大成果和重大引进技术产业化。再次，定期组织专家为风险机构的工作人员进行培训；最后，建立相关风险投资机构档案库，对其资料进行定期更新并定期向市场公布，达到正规化和细化整个风险投资市场的目的。

3. 进一步推进产学研合作

为了鼓励科技人员参与产学研合作，必须打破研究成果"发表论文—拿奖—锁进抽屉"的传统老路，将研究成果能否转化为实际生产力纳入高校或科研院所的考核范围；要鼓励高校教师与企业、科研院所合作，承接企业研发项目，为企业提供技术支持；要拓展研发公共服务平台功能，推进资源整合，建设集企业技术攻关项目需求发布、高校和科研院所科研成果供给、技术成果交易等功能于一体的产学研公共服务平台。

4. 为科技成果转化建立"一站式"公共服务中心

要建立浙江舟山群岛新区海洋科技成果转化的"一站式"公共服务中心（包括项目申报、项目鉴定、资金申请等），通过政府各个相关主管部门定期到中心进行联合现场办公，及时为企业排忧解难，解决企业和科技人员在科技成果转化中的实际问题。企业通过"一站式"公共服务中心，能及时获取政府的相关政策和信息，对科技成果申报以及审批流程有清晰的了解，对整个创业和科技成果申请的运行主线有明确的认识，从而促进中小型企业的科技成果有效转化。

5. 加强孵化器和中介体系的建设

海洋科技孵化器是涉海企业科技成果小试和中试的主要场所，政府要提供资金扶持和政策引导。首先，要对孵化器内的涉海企业给予税费和租金等减免，以吸引更多企业进入孵化器内进行科技成果转化。其次，要对孵化器的具体功能、操作流程和管理规范进行官方权威界定，使科技孵化器为涉海企业提供场地、融资、法律、人才和市场等全方位的支持。另外，在规范孵化器入驻企业管理的同时，要引进风险投资等中介服务机构，使孵化器真正成为涉海企业进行科技成果转化的平台。针对舟山目前的科技中介服务水平不高，管理比较混乱等情况，政府应加强对中介机构的正规化、专业化规范和管理，提高海洋科技中介的整体服务水平；还可以建立各种服务、信息交流平台，如资源共享平台和信息互通平台等引导中介，使科技中介机构和企业的合作进入良性发展的轨道。

6. 切实发展海洋技术成果交易市场

海洋技术成果交易市场是成果供求双方进行沟通的主要场所。舟山新区政府可以从以下几个方面努力：首先，依靠海洋科技成果信息共享平台，联合专业的科技成果评估机构、科技企业孵化器新技术推广机构、生产力促进中心以及科技咨询机构等，建设规范的、综合性强的海洋技术成果交易市场。其次，通过优惠政策鼓励技术转让，发展中介机构，加强技术交易与服务人员的培训，使海洋技术成果交易市场规范化、制度化、法制化，持续健康地发展。再次，加大对海洋技术成果交易市场的宣传与投入，激发技术交易市场的活力。

21世纪既是知识经济的世纪，又是海洋的世纪。海洋科技支撑引领海洋经济发展，是关系国家发展全局的战略性问题。近年来，舟山海洋开发技术发展迅速，已初步具备了现代海洋经济发展的特征。与传统海洋经济不同，现代海洋经济的一大特点，就是对科学技术的高度依赖。因此，整合舟山海洋科技发展资源，构筑舟山群岛新区的科技支撑体系，提升科技对舟山群岛新区发展的贡献率，将直接关系到舟山群岛新区建设的成败。

附　录

国家中长期科学和技术发展规划纲要

（2006—2020年）
中华人民共和国国务院

目　录

4．农业

（17）种质资源发掘、保存和创新与新品种定向培育

（18）畜禽水产健康养殖与疫病防控

（19）农产品精深加工与现代储运

（20）农林生物质综合开发利用

（21）农林生态安全与现代林业

（22）环保型肥料、农药创制和生态农业

（23）多功能农业装备与设施

（24）农业精准作业与信息化

（25）现代奶业

5．制造业

（26）基础件和通用部件

（27）数字化和智能化设计制造

（28）流程工业的绿色化、自动化及装备

（29）可循环钢铁流程工艺与装备

（30）大型海洋工程技术与装备

（31）基础原材料

（32）新一代信息功能材料及器件

（33）军工配套关键材料及工程化

6．交通运输业

（34）交通运输基础设施建设与养护技术及装备

（35）高速轨道交通系统

（36）低能耗与新能源汽车

（37）高效运输技术与装备

（38）智能交通管理系统

（39）交通运输安全与应急保障

7．信息产业及现代服务业

（40）现代服务业信息支撑技术及大型应用软件

（41）下一代网络关键技术与服务

（42）高效能可信计算机

（43）传感器网络及智能信息处理

（44）数字媒体内容平台

（45）高清晰度大屏幕平板显示

（46）面向核心应用的信息安全

8．人口与健康

（47）安全避孕节育与出生缺陷防治

（48）心脑血管病、肿瘤等重大非传染疾病防治

（49）城乡社区常见多发病防治

（50）中医药传承与创新发展

（51）先进医疗设备与生物医用材料

9．城镇化与城市发展

（52）城镇区域规划与动态监测

（53）城市功能提升与空间节约利用

（54）建筑节能与绿色建筑

（55）城市生态居住环境质量保障

（56）城市信息平台

10．公共安全

（57）国家公共安全应急信息平台

（58）重大生产事故预警与救援

（59）食品安全与出入境检验检疫

（60）突发公共事件防范与快速处置

（61）生物安全保障

（62）重大自然灾害监测与防御

11．国防

四、重大专项

五、前沿技术

1．生物技术

（1）靶标发现技术

（2）动植物品种与药物分子设计技术

（3）基因操作和蛋白质工程技术

（4）基于干细胞的人体组织工程技术

（5）新一代工业生物技术

2．信息技术

（6）智能感知技术

（7）自组织网络技术

（8）虚拟现实技术

3．新材料技术

（9）智能材料与结构技术

（10）高温超导技术

（11）高效能源材料技术

4．先进制造技术

（12）极端制造技术

（13）智能服务机器人

（14）重大产品和重大设施寿命预测技术

5．先进能源技术

（15）氢能及燃料电池技术

（16）分布式供能技术

（17）快中子堆技术

（18）磁约束核聚变

6．海洋技术

（19）海洋环境立体监测技术

（20）大洋海底多参数快速探测技术

（21）天然气水合物开发技术

（22）深海作业技术

7．激光技术

8．空天技术

六、基础研究

1．学科发展

（1）基础学科

（2）交叉学科和新兴学科

2．科学前沿问题

（1）生命过程的定量研究和系统整合

（2）凝聚态物质与新效应

（3）物质深层次结构和宇宙大尺度物理学规律

（4）核心数学及其在交叉领域的应用

（5）地球系统过程与资源、环境和灾害效应

（6）新物质创造与转化的化学过程

（7）脑科学与认知科学

（8）科学实验与观测方法、技术和设备的创新

3．面向国家重大战略需求的基础研究

（1）人类健康与疾病的生物学基础

（2）农业生物遗传改良和农业可持续发展中的科学问题

（3）人类活动对地球系统的影响机制

（4）全球变化与区域响应

（5）复杂系统、灾变形成及其预测控制

（6）能源可持续发展中的关键科学问题

（7）材料设计与制备的新原理与新方法

（8）极端环境条件下制造的科学基础

（9）航空航天重大力学问题

（10）支撑信息技术发展的科学基础

4．重大科学研究计划

（1）蛋白质研究

（2）量子调控研究

（3）纳米研究

（4）发育与生殖研究

七、科技体制改革与国家创新体系建设

1．支持鼓励企业成为技术创新主体

2．深化科研机构改革，建立现代科研院所制度

3．推进科技管理体制改革

4．全面推进中国特色国家创新体系建设

八、若干重要政策和措施

1．实施激励企业技术创新的财税政策

2．加强对引进技术的消化、吸收和再创新

3．实施促进自主创新的政府采购

4．实施知识产权战略和技术标准战略

5．实施促进创新创业的金融政策

6．加速高新技术产业化和先进适用技术的推广

7．完善军民结合、寓军于民的机制

8．扩大国际和地区科技合作与交流

9．提高全民族科学文化素质，营造有利于科技创新的社会环境

九、科技投入与科技基础条件平台

1．建立多元化、多渠道的科技投入体系

2．调整和优化投入结构，提高科技经费使用效益

3．加强科技基础条件平台建设

4．建立科技基础条件平台的共享机制

十、人才队伍建设

1．加快培养造就一批具有世界前沿水平的高级专家

2．充分发挥教育在创新人才培养中的重要作用

3．支持企业培养和吸引科技人才

4．加大吸引留学和海外高层次人才工作力度

5.构建有利于创新人才成长的文化环境

党的十六大从全面建设小康社会、加快推进社会主义现代化建设的全局出发，要求制定国家科学和技术长远发展规划，国务院据此制定本纲要。

一、序　言

新中国成立特别是改革开放以来，我国社会主义现代化建设取得了举世瞩目的伟大成就。同时，必须清醒地看到，我国正处于并将长期处于社会主义初级阶段。全面建设小康社会，既面临难得的历史机遇，又面临一系列严峻的挑战。经济增长过度依赖能源资源消耗，环境污染严重;经济结构不合理，农业基础薄弱，高技术产业和现代服务业发展滞后;自主创新能力较弱，企业核心竞争力不强，经济效益有待提高。在扩大劳动就业、理顺分配关系、提供健康保障和确保国家安全等方面，有诸多困难和问题亟待解决。从国际上看，我国也将长期面临发达国家在经济、科技等方面占有优势的巨大压力。为了抓住机遇、迎接挑战，我们需要进行多方面的努力，包括统筹全局发展，深化体制改革，健全民主法制，加强社会管理等。与此同时，我们比以往任何时候都更加需要紧紧依靠科技进步和创新，带动生产力质的飞跃，推动经济社会的全面、协调、可持续发展。

科学技术是第一生产力，是先进生产力的集中体现和主要标志。进入 21世纪，新科技革命迅猛发展，正孕育着新的重大突破，将深刻地改变经济和社会的面貌。信息科学和技术发展方兴未艾，依然是经济持续增长的主导力量;生命科学和生物技术迅猛发展，将为改善和提高人类生活质量发挥关键作用;能源科学和技术重新升温，为解决世界性的能源与环境问题开辟新的途径;纳米科学和技术新突破接踵而至，将带来深刻的技术革命。基础研究的重大突破，为技术和经济发展展现了新的前景。科学技术应用转化的速度不断加快，造就新的追赶和跨越机会。因此，我们要站在时代的前列，以世界眼光，迎接新科技革命带来的机遇和挑战。纵观全球，许多国家都把强化科技创新作为国家战略，把科技投资作为战略性投资，大幅度增加科技投入，并超前部署和发展前沿技术及战略产业，实施重大科技计划，着力增强国家创新能力和国际竞争力。面对国际新形势，我们必须增强责任感和紧迫感，更加自觉、更加坚定地把科技进步作为经济社会发展的首要推动力量，把提高自主创新能力作为调整经济结构、转变增长方式、提高国家竞争力的中心环节，把建设创新型国家作为面向未来的重大战略选择。

新中国成立50多年来，经过几代人艰苦卓绝的持续奋斗，我国科技事业取得了令人鼓舞的巨大成就。以"两弹一星"、载人航天、杂交水稻、陆相成油理论与应用、高性能计算机等为标志的一大批重大科技成就，极大地增强了我国的综合国力，提高了我国的国际地位，振奋了我们的民族精神。同时，还必须认识到，同发达国家相比，我国科学技术总体水平还有较大差距，主要表现为:关键技术自给率低，发明专利数量少;在一些地区特别是中西部农村，技术水平仍比较落后;科学研究质量不够高，优秀拔尖人才比较匮乏;同时，科技投入不足，体制机制还存在不少弊端。目前，我国虽然是一个经济大国，但还不是一个经济强国，一个根本原因就在于创新能力薄弱。

进入21世纪，我国作为一个发展中大国，加快科学技术发展、缩小与发达国家的差距，还需要较长时期的艰苦努力，同时也有着诸多有利条件。一是我国经济持续快速增长和社会进步，对科技发展提出巨大需求，也为科技发展奠定了坚实基础。二是我国已经建立起比较完备的学科体系，拥有丰富的人才资源，部分重要领域的研究开发能力已跻身世界先进行列，具备科学技术大发展的基础和能力。三是坚持对外开放，日趋活跃的国际科技交流与合作，使我们能分享新科技革命成果。四是坚持社会主义制度，能够把集中力量办大事的政治优势和发挥市场机制有效配置资源的基础性作用结合起来，为科技事业的繁荣发展提供重要的制度保证。五是中华民族拥有5000年的文明史，中华文化博大精深、兼容并蓄，更有利于形成独特的创新文化。只要我们增强民族自信心，贯彻落实科学发展观，深入实施科教兴国战略和人才强国战略，奋起直追、迎头赶上，经过15年乃至更长时间坚韧不拔的艰苦奋斗，就一定能够创造出无愧于时代的辉煌科技成就。

二、指导方针、发展目标和总体部署

1. 指导方针

本世纪头20年，是我国经济社会发展的重要战略机遇期，也是科学技术发展的重要战略机遇期。要以邓小平理论、"三个代表"重要思想为指导，贯彻落实科学发展观，全面实施科教兴国战略和人才强国战略，立足国情，以人为本，深化改革，扩大开放，推动我国科技事业的蓬勃发展，为实现全面建设小康社会目标、构建社会主义和谐社会提供强有力的科技支撑。

今后15年，科技工作的指导方针是：自主创新，重点跨越，支撑发展，引领未来。自主创新，就是从增强国家创新能力出发，加强原始创新、集成创新和引进消化吸收再创新。重点跨越，就是坚持有所为、有所不为，选择具有一定基础和优势、关系国计民生和国家安全的关键领域，集中力量、重点突破，实现跨越式发展。支撑发展，就是从现实的紧迫需求出发，着力突破重大关键、共性技术，支撑经济社会的持续协调发展。引领未来，就是着眼长远，超前部署前沿技术和基础研究，创造新的市场需求，培育新兴产业，引领未来经济社会的发展。这一方针是我国半个多世纪科技发展实践经验的概括总结，是面向未来、实现中华民族伟大复兴的重要抉择。

要把提高自主创新能力摆在全部科技工作的突出位置。党和政府历来重视和倡导自主创新。在对外开放条件下推进社会主义现代化建设，必须认真学习和充分借鉴人类一切优秀文明成果。改革开放20多年来，我国引进了大量技术和装备，对提高产业技术水平、促进经济发展起到了重要作用。但是，必须清醒地看到，只引进而不注重技术的消化吸收和再创新，势必削弱自主研究开发的能力，拉大与世界先进水平的差距。事实告诉我们，在关系国民经济命脉和国家安全的关键领域，真正的核心技术是买不来的。我国要在激烈的国际竞争中掌握主动权，就必须提高自主创新能力，在若干重要领域掌握一批核心技术，拥有一批自主知识产权，造就一批具有国际竞争力的企业。总之，必须把提高自主创新能力作为国家战略，贯彻到现代化建设的各个方面，贯彻到各个产业、行业和地区，大幅度提高国家竞争力。

科技人才是提高自主创新能力的关键所在。要把创造良好环境和条件，培养和凝聚各类科技人才特别是优秀拔尖人才，充分调动广大科技人员的积极性和创造性，作为科技工作的首要任务，努力开创人才辈出、人尽其才、才尽其用的良好局面，努力建设一支与经济社会发展和国防建设相适应的规模宏大、结构合理的高素质科技人才队伍，为我国科学技术发展提供充分的人才支撑和智力保证。

2. 发展目标

到2020年，我国科学技术发展的总体目标是：自主创新能力显著增强，科技促进经济社会发展和保障国家安全的能力显著增强，为全面建设小康社会提供强有力的支撑；基础科学和前沿技术研究综合实力显著增强，取得一批在世界具有重大影响的科学技术成果，进入创新型国家行列，为在本世纪中叶成为世界科技强国奠定基础。

经过15年的努力，在我国科学技术的若干重要方面实现以下目标：一是掌握一批事关国家竞争力的装备制造业和信息产业核心技术，制造业和信息产业技术水平进入世界先进行列。二是农业科技整体实力进入世界前列，促进农业综合生产能力的提高，有效保障国家食物安全。三是能源开发、节能技术和清洁能源技术取得突破，促进能源结构优化，主要工业产品单位能耗指标达到或接近世界先进水平。四是在重点行业和重点城市建立循环经济的技术发展模式，为建设资源节约型和环境友好型社会提供科技支持。五是重大疾病防治水平显著提高，艾滋病、肝炎等重大疾病得到遏制，新药创制和关键医疗器械研制取得突破，具备产业发展的技术能力。六是国防科技基本满足现代武器装备自主研制和信息化建设的需要，为维护国家安全提供保障。七是涌现出一批具有世界水平的科学家和研究团队，在科学发展的主流方向上取得一批具有重大影响的创新成果，信息、生物、材料和航天等领域的前沿技术达到世界先进水平。八是建成若干世界一流的科研院所和大学以及具有国际竞争力的企业研究开发机构，形成比较完善的中国特色国家创新体系。

到2020年，全社会研究开发投入占国内生产总值的比重提高到2.5%以上，力争科技进步贡献率达到60%以上，对外技术依存度降低到30%以下，本国人发明专利年度授权量和国际科学论文被引用数均进入世界前5位。

3. 总体部署

未来15年，我国科学技术发展的总体部署：一是立足于我国国情和需求，确定若干重点领域，突破一批重大关键技术，全面提升科技支撑能力。本纲要确定11个国民经济和社会发展的重点领域，并从中选择任务明确、有可能在近期获得技术突破的68项优先主题进行重点安排。二是瞄准国家目标，实施若干重大专项，实现跨越式发展，填补空白。本纲要共安排16个重大专项。三是应对未来挑战，超前部署前沿技术和基础研究，提高持续创新能力，引领经济社会发展。本纲要重点安排8个技术领域的27项前沿技术，18个基础科学问题，并提出实施4个重大科学研究计划。四是深化体制改革，完善政策措施，增加科技投入，加强人才队伍建设，推进国家创新体系建设，为我国进入创新型国家行列提供可靠保障。

根据全面建设小康社会的紧迫需求、世界科技发展趋势和我国国力，必须把握科技发展的战略重点。一是把发展能源、水资源和环境保护技术放在优先位置，下决心解决制约经济社会发展的重大瓶颈问题。二是抓住未来若干年内信息技术更新换代和新材料技术迅猛发展的难得机遇，把获取装备制造业和信息产业核心技术的自主知识产权，作为提高我国产业竞争力的突破口。三是把生物技术作为未来高技术产业迎头赶上的重点，加强生物技术在农业、工业、人口与健康等领域的应用。四是加快发展空天和海洋技术。五是加强基础科学和前沿技术研究，特别是交叉学科的研究。

三、重点领域及其优先主题

我国科学和技术的发展，要在统筹安排、整体推进的基础上，对重点领域及其优先主题进行规划和布局，为解决经济社会发展中的紧迫问题提供全面有力支撑。

重点领域，是指在国民经济、社会发展和国防安全中重点发展、亟待科技提供支撑的产业和行业。优先主题，是指在重点领域中急需发展、任务明确、技术基础较好、近期能够突破的技术群。确定优先主题的原则：一是有利于突破瓶颈制约，提高经济持续发展能力。二是有利于掌握关键技术和共性技术，提高产业的核心竞争力。三是有利于解决重大公益性科技问题，提高公共服务能力。四是有利于发展军民两用技术，提高国家安全保障能力。

1. 能源

能源在国民经济中具有特别重要的战略地位。我国目前能源供需矛盾尖锐，结构不合理；能源利用效率低；一次能源消费以煤为主，化石能的大量消费造成严重的环境污染。今后15年，满足持续快速增长的能源需求和能源的清洁高效利用，对能源科技发展提出重大挑战。

发展思路：（1）坚持节能优先，降低能耗。攻克主要耗能领域的节能关键技术，积极发展建筑节能技术，大力提高一次能源利用效率和终端用能效率。（2）推进能源结构多元化，增加能源供应。在提高油气开发利用及水电技术水平的同时，大力发展核能技术，形成核电系统技术自主开发能力。风能、太阳能、生物质能等可再生能源技术取得突破并实现规模化应用。（3）促进煤炭的清洁高效利用，降低环境污染。大力发展煤炭清洁、高效、安全开发和利用技术，并力争达到国际先进水平。（4）加强对能源装备引进技术的消化、吸收和再创新。攻克先进煤电、核电等重大装备制造核心技术。（5）提高能源区域优化配置的技术能力。重点开发安全可靠的先进电力输配技术，实现大容量、远距离、高效率的电力输配。

优先主题：

（1）工业节能

重点研究开发冶金、化工等流程工业和交通运输业等主要高耗能领域的节能技术与装备，机电产品节能技术，高效节能、长寿命的半导体照明产品，能源梯级综合利用技术。

（2）煤的清洁高效开发利用、液化及多联产

重点研究开发煤炭高效开采技术及配套装备，重型燃气轮机，整体煤气化联合循环（IGCC），高参数超临界机组，超临界大型循环流化床等高效发电技术与装备，大力开发煤液化以及煤气化、煤化工等转化技术，以煤气化为基础的多联产系统技术，燃煤污染物综合控制和利用的技

术与装备等。

（3）复杂地质油气资源勘探开发利用

重点开发复杂环境与岩性地层类油气资源勘探技术，大规模低品位油气资源高效开发技术，大幅度提高老油田采收率的技术，深层油气资源勘探开采技术。

（4）可再生能源低成本规模化开发利用

重点研究开发大型风力发电设备，沿海与陆地风电场和西部风能资源密集区建设技术与装备，高性价比太阳光伏电池及利用技术，太阳能热发电技术，太阳能建筑一体化技术，生物质能和地热能等开发利用技术。

（5）超大规模输配电和电网安全保障

重点研究开发大容量远距离直流输电技术和特高压交流输电技术与装备，间歇式电源并网及输配技术，电能质量监测与控制技术，大规模互联电网的安全保障技术，西电东输工程中的重大关键技术，电网调度自动化技术，高效配电和供电管理信息技术和系统。

2. 水和矿产资源

水和矿产等资源是经济和社会可持续发展的重要物质基础。我国水和矿产等资源严重紧缺；资源综合利用率低，矿山资源综合利用率、农业灌溉水利用率远低于世界先进水平；资源勘探地质条件复杂，难度不断加大。急需大力加强资源勘探、开发利用技术研究，提高资源利用率。

发展思路：（1）坚持资源节约优先。重点研究农业高效节水和城市水循环利用技术，发展跨流域调水、雨洪利用和海水淡化等水资源开发技术。（2）突破复杂地质条件限制，扩大现有资源储量。重点研究地质成矿规律，发展矿山深边部评价与高效勘探技术、青藏高原等复杂条件矿产快速勘查技术，努力发现一批大型后备资源基地，增加资源供给量；开发矿产资源高效开采和综合利用技术，提高水和矿产资源综合利用率。（3）积极开发利用非传统资源。攻克煤层气和海洋矿产等新型资源开发利用关键技术，提高新型资源利用技术的研究开发能力。（4）加强资源勘探开发装备的创新。积极开发高精度勘探与钻井设备、大型矿山机械、海洋开发平台等技术，使资源勘探开发重大装备达到国际先进水平。

优先主题：

（6）水资源优化配置与综合开发利用

重点研究开发大气水、地表水、土壤水和地下水的转化机制和优化配置技术，污水、雨洪资源化利用技术，人工增雨技术，长江、黄河等重大江河综合治理及南水北调等跨流域重大水利工程治理开发的关键技术等。

（7）综合节水

重点研究开发工业用水循环利用技术和节水型生产工艺；开发灌溉节水、旱作节水与生物节水综合配套技术，重点突破精量灌溉技术、智能化农业用水管理技术及设备；加强生活节水技术及器具开发。

（8）海水淡化

重点研究开发海水预处理技术，核能耦合和电水联产热法、膜法低成本淡化技术及关键材

料，浓盐水综合利用技术等；开发可规模化应用的海水淡化热能设备、海水淡化装备和多联体耦合关键设备。

（9）资源勘探增储

重点研究矿产资源成矿规律和预测技术，发展航空地球物理勘查技术，开发三维高分辨率地震、高精度地磁以及地球化学等快速、综合和大深度勘探技术。

（10）矿产资源高效开发利用

重点研究深层和复杂矿体采矿技术及无废开采综合技术，开发高效自动化选冶新工艺和大型装备，发展低品位与复杂难处理资源高效利用技术、矿产资源综合利用技术。

（11）海洋资源高效开发利用

重点研究开发浅海隐蔽油气藏勘探技术和稠油油田提高采收率综合技术，开发海洋生物资源保护和高效利用技术，发展海水直接利用技术和海水化学资源综合利用技术。

（12）综合资源区划

重点研究水土资源与农业生产、生态与环境保护的综合优化配置技术，开展针对我国水土资源区域空间分布匹配的多变量、大区域资源配置优化分析技术，建立不同区域水土资源优化发展的技术预测决策模型。

3. 环境

改善生态与环境是事关经济社会可持续发展和人民生活质量提高的重大问题。我国环境污染严重；生态系统退化加剧；污染物无害化处理能力低；全球环境问题已成为国际社会关注的焦点，亟待提高我国参与全球环境变化合作能力。在要求整体环境状况有所好转的前提下实现经济的持续快速增长，对环境科技创新提出重大战略需求。

发展思路：（1）引导和支撑循环经济发展。大力开发重污染行业清洁生产集成技术，强化废弃物减量化、资源化利用与安全处置，加强发展循环经济的共性技术研究。（2）实施区域环境综合治理。开展流域水环境和区域大气环境污染的综合治理、典型生态功能退化区综合整治的技术集成与示范，开发饮用水安全保障技术以及生态和环境监测与预警技术，大幅度提高改善环境质量的科技支撑能力。（3）促进环保产业发展。重点研究适合我国国情的重大环保装备及仪器设备，加大国产环保产品市场占有率，提高环保装备技术水平。（4）积极参与国际环境合作。加强全球环境公约履约对策与气候变化科学不确定性及其影响研究，开发全球环境变化监测和温室气体减排技术，提升应对环境变化及履约能力。

优先主题：

（13）综合治污与废弃物循环利用

重点开发区域环境质量监测预警技术，突破城市群大气污染控制等关键技术，开发非常规污染物控制技术，废弃物等资源化利用技术，重污染行业清洁生产集成技术，建立发展循环经济的技术示范模式。

（14）生态脆弱区域生态系统功能的恢复重建

重点开发岩溶地区、青藏高原、长江黄河中上游、黄土高原、荒漠及荒漠化地区、农牧交错带和矿产开采区等典型生态脆弱区生态系统的动态监测技术，草原退化与鼠害防治技术，退化生态系统恢复与重建技术，三峡工程、青藏铁路等重大工程沿线和复杂矿区生态保护及恢复技术，建立不同类型生态系统功能恢复和持续改善的技术支持模式，构建生态系统功能综合评估及技术评价体系。

（15）海洋生态与环境保护

重点开发海洋生态与环境监测技术和设备，加强海洋生态与环境保护技术研究，发展近海海域生态与环境保护、修复及海上突发事件应急处理技术，开发高精度海洋动态环境数值预报技术。

（16）全球环境变化监测与对策

重点研究开发大尺度环境变化准确监测技术，主要行业二氧化碳、甲烷等温室气体的排放控制与处置利用技术，生物固碳技术及固碳工程技术，以及开展气候变化、生物多样性保护、臭氧层保护、持久性有机污染物控制等对策研究。

4. 农业

农业是国民经济的基础。我国自然资源的硬约束不断增强，人均耕地、水资源量明显低于世界平均水平；粮食、棉花等主要农产品的需求呈刚性增长，农业增产、农民增收和农产品竞争力增强的压力将长期存在；农业结构不合理、产业化发展水平及农产品附加值低；生态与环境状况依然严峻，严重制约农业的可持续发展；食物安全、生态安全问题突出。我国的基本国情及面临的严峻挑战，决定了必须把科技进步作为解决"三农"问题的一项根本措施，大力提高农业科技水平，加大先进适用技术推广力度，突破资源约束，持续提高农业综合生产能力，加快建设现代农业的步伐。

发展思路：（1）以高新技术带动常规农业技术升级，持续提高农业综合生产能力。重点开展生物技术应用研究，加强农业技术集成和配套，突破主要农作物育种和高效生产、畜牧水产育种及健康养殖和疫病控制关键技术，发展农业多种经营和复合经营，在确保持续增加产量的同时，提高农产品质量。（2）延长农业产业链，带动农业产业化水平和农业综合效益的全面提高。重点发展农产品精深加工、产后减损和绿色供应链产业化关键技术，开发农产品加工先进技术装备及安全监测技术，发展以健康食品为主导的农产品加工业和现代流通业，拓展农民增收空间。（3）综合开发农林生态技术，保障农林生态安全。重点开发环保型肥料、农药创制技术及精准作业技术装备，发展农林剩余物资源化利用技术，以及农业环境综合整治技术，促进农业新兴产业发展，提高农林生态环境质量。（4）积极发展工厂化农业，提高农业劳动生产率。重点研究农业环境调控、超高产高效栽培等设施农业技术，开发现代多功能复式农业机械，加快农业信息技术集成应用。

优先主题：

（17）种质资源发掘、保存和创新与新品种定向培育

重点研究开发主要农作物、林草、畜禽与水产优良种质资源发掘与构建技术，种质资源分子评价技术，动植物分子育种技术和定向杂交育种技术，规模化制种、繁育技术和种子综合加

工技术。

（18）畜禽水产健康养殖与疫病防控

重点研究开发安全优质高效饲料和规模化健康养殖技术及设施，创制高效特异性疫苗、高效安全型兽药及器械，开发动物疫病及动物源性人畜共患病的流行病学预警监测、检疫诊断、免疫防治、区域净化与根除技术，突破近海滩涂、浅海水域养殖和淡水养殖技术，发展远洋渔业和海上贮藏加工技术与设备。

（19）农产品精深加工与现代储运

重点研究开发主要农产品和农林特产资源精深及清洁生态型加工技术与设备，粮油产后减损及绿色储运技术与设施，鲜活农产品保鲜与物流配送及相应的冷链运输系统技术。

（20）农林生物质综合开发利用

重点研究开发高效、低成本、大规模农林生物质的培育、收集与转化关键技术，沼气、固化与液化燃料等生物质能以及生物基新材料和化工产品等生产关键技术，农村垃圾和污水资源化利用技术，开发具有自主知识产权的沼气电站设备、生物基新材料装备等。

（21）农林生态安全与现代林业

重点研究开发农林生态系统构建技术，林草生态系统综合调控技术，森林与草原火灾、农林病虫害特别是外来生物入侵等生态灾害及气象灾害的监测与防治技术，生态型林产经济可持续经营技术，人工草地高效建植技术和优质草生产技术，开发环保型竹木基复合材料技术。

（22）环保型肥料、农药创制和生态农业

重点研究开发环保型肥料、农药创制关键技术，专用复（混）型缓释、控释肥料及施肥技术与相关设备，综合、高效、持久、安全的有害生物综合防治技术，建立有害生物检测预警及防范外来有害生物入侵体系；发展以提高土壤肥力，减少土壤污染、水土流失和退化草场功能恢复为主的生态农业技术。

（23）多功能农业装备与设施

重点研究开发适合我国农业特点的多功能作业关键装备，经济型农林动力机械，定位变量作业智能机械和健康养殖设施技术与装备，保护性耕作机械和技术，温室设施及配套技术装备。

（24）农业精准作业与信息化

重点研究开发动植物生长和生态环境信息数字化采集技术，实时土壤水肥光热探测技术，精准作业和管理技术系统，农村远程数字化、可视化信息服务技术及设备，农林生态系统监测技术及虚拟农业技术。

（25）现代奶业

重点研究开发优质种公牛培育与奶牛胚胎产业化快繁技术，奶牛专用饲料、牧草种植与高效利用、疾病防治及规模化饲养管理技术，开发奶制品深加工技术与设备。

5. 制造业

制造业是国民经济的主要支柱。我国是世界制造大国，但还不是制造强国；制造技术基础薄弱，创新能力不强；产品以低端为主；制造过程资源、能源消耗大，污染严重。

附　录

发展思路:(1)提高装备设计、制造和集成能力。以促进企业技术创新为突破口,通过技术攻关,基本实现高档数控机床、工作母机、重大成套技术装备、关键材料与关键零部件的自主设计制造。(2)积极发展绿色制造。加快相关技术在材料与产品开发设计、加工制造、销售服务及回收利用等产品全生命周期中的应用,形成高效、节能、环保和可循环的新型制造工艺。制造业资源消耗、环境负荷水平进入国际先进行列。(3)用高新技术改造和提升制造业。大力推进制造业信息化,积极发展基础原材料,大幅度提高产品档次、技术含量和附加值,全面提升制造业整体技术水平。

优先主题:

(26)基础件和通用部件

重点研究开发重大装备所需的关键基础件和通用部件的设计、制造和批量生产的关键技术,开发大型及特殊零部件成形及加工技术、通用部件设计制造技术和高精度检测仪器。

(27)数字化和智能化设计制造

重点研究数字化设计制造集成技术,建立若干行业的产品数字化和智能化设计制造平台。开发面向产品全生命周期的、网络环境下的数字化、智能化创新设计方法及技术,计算机辅助工程分析与工艺设计技术,设计、制造和管理的集成技术。

(28)流程工业的绿色化、自动化及装备

重点研究开发绿色流程制造技术,高效清洁并充分利用资源的工艺、流程和设备,相应的工艺流程放大技术,基于生态工业概念的系统集成和自动化技术,流程工业需要的传感器、智能化检测控制技术、装备和调控系统。开发大型裂解炉技术、大型蒸汽裂解乙烯生产成套技术及装备,大型化肥生产节能工艺流程与装备。

(29)可循环钢铁流程工艺与装备

重点研究开发以熔融还原和资源优化利用为基础,集产品制造、能源转换和社会废弃物再资源化三大功能于一体的新一代可循环钢铁流程,作为循环经济的典型示范。开发二次资源循环利用技术,冶金过程煤气发电和低热值蒸汽梯级利用技术,高效率、低成本洁净钢生产技术,非粘连煤炼焦技术,大型板材连铸机、连轧机组的集成设计、制造和系统耦合技术等。

(30)大型海洋工程技术与装备

(31)基础原材料

重点研究开发满足国民经济基础产业发展需求的高性能复合材料及大型、超大型复合结构部件的制备技术,高性能工程塑料,轻质高强金属和无机非金属结构材料,高纯材料,稀土材料,石油化工、精细化工及催化、分离材料,轻纺材料及应用技术,具有环保和健康功能的绿色材料。

(32)新一代信息功能材料及器件

(33)军工配套关键材料及工程化

6. 交通运输业

交通运输是国民经济的命脉。当前,我国主要运输装备及核心技术水平与世界先进水平存在较大差距;运输供给能力不足;综合交通体系建设滞后,各种交通方式缺乏综合协调;交通

239

能源消耗与环境污染问题严峻。全面建设小康社会对交通运输提出更高要求，交通科技面临重大战略需求。

发展思路：（1）提高飞机、汽车、船舶、轨道交通装备等的自主创新能力。（2）以提供顺畅便捷的人性化交通运输服务为核心，加强统筹规划，发展交通系统信息化和智能化技术，安全高速的交通运输技术，提高运网能力和运输效率，实现交通信息共享和各种交通方式的有效衔接，提升交通运营管理的技术水平，发展综合交通运输。（3）促进交通运输向节能、环保和更加安全的方向发展，交通运输安全保障、资源节约与环境保护等方面的关键技术取得重大突破并得到广泛应用。（4）围绕国家重大交通基础设施建设，突破建设和养护关键技术，提高建设质量，降低全寿命成本。

优先主题：

（34）交通运输基础设施建设与养护技术及装备

重点研究开发轨道交通、跨海湾通道、离岸深水港、大型航空港、大型桥梁和隧道、综合立体交通枢纽、深海油气管线等高难度交通运输基础设施建设和养护关键技术及装备。

（35）高速轨道交通系统

重点研究开发高速轨道交通控制和调速系统、车辆制造、线路建设和系统集成等关键技术，形成系统成套技术。开展工程化运行试验，掌握运行控制、线路建设和系统集成技术。

（36）低能耗与新能源汽车

重点研究开发混合动力汽车、替代燃料汽车和燃料电池汽车整车设计、集成和制造技术，动力系统集成与控制技术，汽车计算平台技术，高效低排放内燃机、燃料电池发动机、动力蓄电池、驱动电机等关键部件技术，新能源汽车实验测试及基础设施技术等。

（37）高效运输技术与装备

重点研究开发重载列车、大马力机车、特种重型车辆、城市轨道交通、大型高技术船舶、大型远洋渔业船舶以及海洋科考船等，低空多用途通用航空飞行器、高黏原油及多相流管道输送系统等新型运载工具。

（38）智能交通管理系统

重点开发综合交通运输信息平台和信息资源共享技术，现代物流技术，城市交通管理系统、汽车智能技术和新一代空中交通管理系统。

（39）交通运输安全与应急保障

重点开发交通事故预防预警、应急处理技术，开发运输工具主动与被动安全技术，交通运输事故再现技术，交通应急反应系统和快速搜救等技术。

7. 信息产业及现代服务业

发展信息产业和现代服务业是推进新型工业化的关键。国民经济与社会信息化和现代服务业的迅猛发展，对信息技术发展提出了更高的要求。

发展思路：（1）突破制约信息产业发展的核心技术，掌握集成电路及关键元器件、大型软件、高性能计算、宽带无线移动通信、下一代网络等核心技术，提高自主开发能力和整体技术水平。（2）加强信息技术产品的集成创新，提高设计制造水平，重点解决信息技术产品的可扩展性、易用性和低成本问题，培育新技术和新业务，提高信息产业竞争力。（3）以应用需求为导向，重视和加强集成创新，开发支撑和带动现代服务业发展的技术和关键产品，促进传统产业的改造和技术升级。（4）以发展高可信网络为重点，开发网络信息安全技术及相关产品，建立信息安全技术保障体系，具备防范各种信息安全突发事件的技术能力。

优先主题：

（40）现代服务业信息支撑技术及大型应用软件

重点研究开发金融、物流、网络教育、传媒、医疗、旅游、电子政务和电子商务等现代服务业领域发展所需的高可信网络软件平台及大型应用支撑软件、中间件、嵌入式软件、网格计算平台与基础设施，软件系统集成等关键技术，提供整体解决方案。

（41）下一代网络关键技术与服务

重点开发高性能的核心网络设备与传输设备、接入设备，以及在可扩展、安全、移动、服务质量、运营管理等方面的关键技术，建立可信的网络管理体系，开发智能终端和家庭网络等设备和系统，支持多媒体、网络计算等宽带、安全、泛在的多种新业务与应用。

（42）高效能可信计算机

重点开发具有先进概念的计算方法和理论，发展以新概念为基础的、具有每秒千万亿次以上浮点运算能力和高效可信的超级计算机系统、新一代服务器系统，开发新体系结构、海量存储、系统容错等关键技术。

（43）传感器网络及智能信息处理

重点开发多种新型传感器及先进条码自动识别、射频标签、基于多种传感信息的智能化信息处理技术，发展低成本的传感器网络和实时信息处理系统，提供更方便、功能更强大的信息服务平台和环境。

（44）数字媒体内容平台

重点开发面向文化娱乐消费市场和广播电视事业，以视、音频信息服务为主体的数字媒体内容处理关键技术，开发易于交互和交换、具有版权保护功能和便于管理的现代传媒信息综合内容平台。

（45）高清晰度大屏幕平板显示

重点发展高清晰度大屏幕显示产品，开发有机发光显示、场致发射显示、激光显示等各种平板和投影显示技术，建立平板显示材料与器件产业链。

（46）面向核心应用的信息安全

重点研究开发国家基础信息网络和重要信息系统中的安全保障技术，开发复杂大系统下的网络生存、主动实时防护、安全存储、网络病毒防范、恶意攻击防范、网络信任体系与新的密码技术等。

8. 人口与健康

稳定低生育水平，提高出生人口素质，有效防治重大疾病，是建设和谐社会的必然要求。

控制人口数量，提高人口质量和全民健康水平，迫切需要科技提供强有力支撑。

发展思路：（1）控制人口出生数量，提高出生人口质量。重点发展生育监测、生殖健康等关键技术，开发系列生殖医药、器械和保健产品，为人口数量控制在15亿以内、出生缺陷率低于3%提供有效科技保障。（2）疾病防治重心前移，坚持预防为主、促进健康和防治疾病结合。研究预防和早期诊断关键技术，显著提高重大疾病诊断和防治能力。（3）加强中医药继承和创新，推进中医药现代化和国际化。以中医药理论传承和发展为基础，通过技术创新与多学科融合，丰富和发展中医药理论，构建适合中医药特点的技术方法和标准规范体系，提高临床疗效，促进中医药产业的健康发展。（4）研制重大新药和先进医疗设备。攻克新药、大型医疗器械、医用材料和释药系统创制关键技术，加快建立并完善国家医药创制技术平台，推进重大新药和医疗器械的自主创新。

优先主题：

（47）安全避孕节育与出生缺陷防治

重点开发安全、有效避孕节育新技术和产品以及兼顾预防性传播疾病的节育新技术，高效无创出生缺陷早期筛查、检测及诊断技术，遗传疾病生物治疗技术等。

（48）心脑血管病、肿瘤等重大非传染疾病防治

重点研究开发心脑血管病、肿瘤等重大疾病早期预警和诊断、疾病危险因素早期干预等关键技术，研究规范化、个性化和综合治疗关键技术与方案。

（49）城乡社区常见多发病防治

重点研究开发常见病和多发病的监控、预防、诊疗和康复技术，小型诊疗和移动式医疗服务装备，远程诊疗和技术服务系统。

（50）中医药传承与创新发展

重点开展中医基础理论创新及中医经验传承与挖掘，研究中医药诊疗、评价技术与标准，发展现代中药研究开发和生产制造技术，有效保护和合理利用中药资源，加强中医药知识产权保护研究和国际合作平台建设。

（51）先进医疗设备与生物医用材料

重点开发新型治疗和常规诊疗设备，数字化医疗技术、个体化医疗工程技术及设备，研究纳米生物药物释放系统和组织工程等技术，开发人体组织器官替代等新型生物医用材料。

9. 城镇化与城市发展

我国已进入快速城镇化时期。实现城镇化和城市协调发展，对科技提出迫切需求。

发展思路：（1）以城镇区域科学规划为重点，促进城乡合理布局和科学发展。发展现代城镇区域规划关键技术及动态监控技术，实现城镇发展规划与区域经济规划的有机结合、与区域资源环境承载能力的相互协调。（2）以节能和节水为先导，发展资源节约型城市。突破城市综合节能和新能源合理开发利用技术，开发资源节约型、高耐久性绿色建材，提高城市资源和能源利用效率。（3）加强信息技术应用，提高城市综合管理水平。开发城市数字一体化管理技术，建立城市高效、多功能、一体化综合管理技术体系。（4）发展城市生态人居环境和绿色建筑。

发展城市污水、垃圾等废弃物无害化处理和资源化利用技术，开发城市居住区和室内环境改善技术，显著提高城市人居环境质量。

优先主题：

（52）城镇区域规划与动态监测

重点研究开发各类区域城镇空间布局规划和系统设计技术，城镇区域基础设施和公共服务设施规划设计、一体化配置与共享技术，城镇区域规划与人口、资源、环境、经济发展互动模拟预测和动态监测等技术。

（53）城市功能提升与空间节约利用

重点研究开发城市综合交通、城市公交优先智能管理、市政基础设施、防灾减灾等综合功能提升技术，城市"热岛"效应形成机制与人工调控技术，土地勘测和资源节约利用技术，城市发展和空间形态变化模拟预测技术，城市地下空间开发利用技术等。

（54）建筑节能与绿色建筑

重点研究开发绿色建筑设计技术，建筑节能技术与设备，可再生能源装置与建筑一体化应用技术，精致建造和绿色建筑施工技术与装备，节能建材与绿色建材，建筑节能技术标准。

（55）城市生态居住环境质量保障

重点研究开发室内污染物监测与净化技术，发展城市环境生态调控技术，城市垃圾资源化利用技术，城市水循环利用技术与设备，城市与城镇群污染防控技术，居住区最小排放集成技术，生态居住区智能化管理技术。

（56）城市信息平台

重点研究开发城市网络化基础信息共享技术，城市基础数据获取与更新技术，城市多元数据整合与挖掘技术，城市多维建模与模拟技术，城市动态监测与应用关键技术，城市网络信息共享标准规范，城市应急和联动服务关键技术。

10. 公共安全

公共安全是国家安全和社会稳定的基石。我国公共安全面临严峻挑战，对科技提出重大战略需求。

发展思路：（1）加强对突发公共事件快速反应和应急处置的技术支持。以信息、智能化技术应用为先导，发展国家公共安全多功能、一体化应急保障技术，形成科学预测、有效防控与高效应急的公共安全技术体系。（2）提高早期发现与防范能力。重点研究煤矿等生产事故、突发社会安全事件和自然灾害、核安全及生物安全等的监测、预警、预防技术。（3）增强应急救护综合能力。重点研究煤矿灾害、重大火灾、突发性重大自然灾害、危险化学品泄漏、群体性中毒等应急救援技术。（4）加快公共安全装备现代化。开发保障生产安全、食品安全、生物安全及社会安全等公共安全重大装备和系列防护产品，促进相关产业快速发展。

优先主题：

（57）国家公共安全应急信息平台

重点研究全方位无障碍危险源探测监测、精确定位和信息获取技术，多尺度动态信息分析

243

处理和优化决策技术，国家一体化公共安全应急决策指挥平台集成技术等，构建国家公共安全早期监测、快速预警与高效处置一体化应急决策指挥平台。

（58）重大生产事故预警与救援

重点研究开发矿井瓦斯、突水、动力性灾害预警与防控技术，开发燃烧、爆炸、毒物泄漏等重大工业事故防控与救援技术及相关设备。

（59）食品安全与出入境检验检疫

重点研究食品安全和出入境检验检疫风险评估、污染物溯源、安全标准制定、有效监测检测等关键技术，开发食物污染防控智能化技术和高通量检验检疫安全监控技术。

（60）突发公共事件防范与快速处置

重点研究开发个体生物特征识别、物证溯源、快速筛查与证实技术以及模拟预测技术，远程定位跟踪、实时监控、隔物辨识与快速处置技术及装备，高层和地下建筑消防技术与设备，爆炸物、毒品等违禁品与核生化恐怖源的远程探测技术与装备，以及现场处置防护技术与装备。

（61）生物安全保障

重点研究快速、灵敏、特异监测与探测技术，化学毒剂在体内代谢产物检测技术，新型高效消毒剂和快速消毒技术，滤毒防护技术，危险传播媒介鉴别与防治技术，生物入侵防控技术，用于应对突发生物事件的疫苗及免疫佐剂、抗毒素与药物等。

（62）重大自然灾害监测与防御

重点研究开发地震、台风、暴雨、洪水、地质灾害等监测、预警和应急处置关键技术，森林火灾、溃坝、决堤险情等重大灾害的监测预警技术以及重大自然灾害综合风险分析评估技术。

11. 国防

四、重大专项

历史上，我国以"两弹一星"、载人航天、杂交水稻等为代表的若干重大项目的实施，对整体提升综合国力起到了至关重要的作用。美国、欧洲、日本、韩国等都把围绕国家目标组织实施重大专项计划作为提高国家竞争力的重要措施。

本纲要在重点领域中确定一批优先主题的同时，围绕国家目标，进一步突出重点，筛选出若干重大战略产品、关键共性技术或重大工程作为重大专项，充分发挥社会主义制度集中力量办大事的优势和市场机制的作用，力争取得突破，努力实现以科技发展的局部跃升带动生产力的跨越发展，并填补国家战略空白。确定重大专项的基本原则：一是紧密结合经济社会发展的重大需求，培育能形成具有核心自主知识产权、对企业自主创新能力的提高具有重大推动作用的战略性产业；二是突出对产业竞争力整体提升具有全局性影响、带动性强的关键共性技术；三是解决制约经济社会发展的重大瓶颈问题；四是体现军民结合、寓军于民，对保障国家安全和增强综合国力具有重大战略意义；五是切合我国国情，国力能够承受。根据上述原则，围绕发展高新技术产业、促进传统产业升级、解决国民经济发展瓶颈问题、提高人民健康水平和保障国家安全等方面，确定了一批重大专项。重大专项的实施，根据国家发展需要和实施条件的成熟程度，逐项论证启动。同时，根据国家战略需求和发展形势的变化，对重大专项进行动态调整，分步实施。对于以战略产品为目标的重大专项，要充分发挥企业在研究开发和投入中的主体作用，以重大装备的研究开发作为企业技术创新的切入点，更有效地利用市场机制配置科技资源，国家的引导性投入主要用于关键核心技术的攻关。

重大专项是为了实现国家目标，通过核心技术突破和资源集成，在一定时限内完成的重大战略产品、关键共性技术和重大工程，是我国科技发展的重中之重。《规划纲要》确定了核心电子器件、高端通用芯片及基础软件，极大规模集成电路制造技术及成套工艺，新一代宽带无线移动通信，高档数控机床与基础制造技术，大型油气田及煤层气开发，大型先进压水堆及高温气冷堆核电站，水体污染控制与治理，转基因生物新品种培育，重大新药创制，艾滋病和病毒性肝炎等重大传染病防治，大型飞机，高分辨率对地观测系统，载人航天与探月工程等 16 个重大专项，涉及信息、生物等战略产业领域，能源资源环境和人民健康等重大紧迫问题，以及军民两用技术和国防技术。

五、前沿技术

前沿技术是指高技术领域中具有前瞻性、先导性和探索性的重大技术，是未来高技术更新换代和新兴产业发展的重要基础，是国家高技术创新能力的综合体现。选择前沿技术的主要原则：一是代表世界高技术前沿的发展方向。二是对国家未来新兴产业的形成和发展具有引领作用。三是有利于产业技术的更新换代，实现跨越发展。四是具备较好的人才队伍和研究开发基础。根据以上原则，要超前部署一批前沿技术，发挥科技引领未来发展的先导作用，提高我国高技术的研究开发能力和产业的国际竞争力。

1. 生物技术

生物技术和生命科学将成为 21世纪引发新科技革命的重要推动力量，基因组学和蛋白质组学研究正在引领生物技术向系统化研究方向发展。基因组序列测定与基因结构分析已转向功能基因组研究以及功能基因的发现和应用；药物及动植物品种的分子定向设计与构建已成为种质和药物研究的重要方向；生物芯片、干细胞和组织工程等前沿技术研究与应用，孕育着诊断、治疗及再生医学的重大突破。必须在功能基因组、蛋白质组、干细胞与治疗性克隆、组织工程、生物催化与转化技术等方面取得关键性突破。

前沿技术：

（1）靶标发现技术

靶标的发现对发展创新药物、生物诊断和生物治疗技术具有重要意义。重点研究生理和病理过程中关键基因功能及其调控网络的规模化识别，突破疾病相关基因的功能识别、表达调控及靶标筛查和确证技术，"从基因到药物"的新药创制技术。

（2）动植物品种与药物分子设计技术

动植物品种与药物分子设计是基于生物大分子三维结构的分子对接、分子模拟以及分子设计技术。重点研究蛋白质与细胞动态过程生物信息分析、整合、模拟技术，动植物品种与药物虚拟设计技术，动植物品种生长与药物代谢工程模拟技术，计算机辅助组合化合物库设计、合成和筛选等技术。

（3）基因操作和蛋白质工程技术

基因操作技术是基因资源利用的关键技术。蛋白质工程是高效利用基因产物的重要途径。重点研究基因的高效表达及其调控技术、染色体结构与定位整合技术、编码蛋白基因的人工设计与改造技术、蛋白质肽链的修饰及改构技术、蛋白质结构解析技术、蛋白质规模化分离纯化技术。

（4）基于干细胞的人体组织工程技术

干细胞技术可在体外培养干细胞，定向诱导分化为各种组织细胞供临床所需，也可在体外构建出人体器官，用于替代与修复性治疗。重点研究治疗性克隆技术，干细胞体外建系和定向诱导技术，人体结构组织体外构建与规模化生产技术，人体多细胞复杂结构组织构建与缺损修复技术和生物制造技术。

（5）新一代工业生物技术

生物催化和生物转化是新一代工业生物技术的主体。重点研究功能菌株大规模筛选技术，生物催化剂定向改造技术，规模化工业生产的生物催化技术系统，清洁转化介质创制技术及工业化成套转化技术。

2. 信息技术

信息技术将继续向高性能、低成本、普适计算和智能化等主要方向发展，寻求新的计算与处理方式和物理实现是未来信息技术领域面临的重大挑战。纳米科技、生物技术与认知科学等多学科的交叉融合，将促进基于生物特征的、以图像和自然语言理解为基础的"以人为中心"的信息技术发展，推动多领域的创新。重点研究低成本的自组织网络，个性化的智能机器人和人机交互系统、高柔性免受攻击的数据网络和先进的信息安全系统。

前沿技术：

（6）智能感知技术

重点研究基于生物特征、以自然语言和动态图像的理解为基础的"以人为中心"的智能信息处理和控制技术，中文信息处理；研究生物特征识别、智能交通等相关领域的系统技术。

（7）自组织网络技术

重点研究自组织移动网、自组织计算网、自组织存储网、自组织传感器网等技术，低成本的实时信息处理系统、多传感信息融合技术、个性化人机交互界面技术，以及高柔性免受攻击的数据网络和先进的信息安全系统；研究自组织智能系统和个人智能系统。

（8）虚拟现实技术

重点研究电子学、心理学、控制学、计算机图形学、数据库设计、实时分布系统和多媒体技术等多学科融合的技术，研究医学、娱乐、艺术与教育、军事及工业制造管理等多个相关领域的虚拟现实技术和系统。

3. 新材料技术

新材料技术将向材料的结构功能复合化、功能材料智能化、材料与器件集成化、制备和使用过程绿色化发展。突破现代材料设计、评价、表征与先进制备加工技术，在纳米科学研究的基础上发展纳米材料与器件，开发超导材料、智能材料、能源材料等特种功能材料，开发超级结构材料、新一代光电信息材料等新材料。

前沿技术：

（9）智能材料与结构技术

智能材料与智能结构是集传感、控制、驱动(执行)等功能于一体的机敏或智能结构系统。重点研究智能材料制备加工技术，智能结构的设计与制备技术，关键设备装置的监控与失效控制技术等。

（10）高温超导技术

重点研究新型高温超导材料及制备技术，超导电缆、超导电机、高效超导电力器件；研究超导生物医学器件、高温超导滤波器、高温超导无损检测装置和扫描磁显微镜等灵敏探测器件。

（11）高效能源材料技术

重点研究太阳能电池相关材料及其关键技术、燃料电池关键材料技术、高容量储氢材料技术、高效二次电池材料及关键技术、超级电容器关键材料及制备技术，发展高效能量转换与储能材料体系。

4. 先进制造技术

先进制造技术将向信息化、极限化和绿色化的方向发展，成为未来制造业赖以生存的基础和可持续发展的关键。重点突破极端制造、系统集成和协同技术、智能制造与应用技术、成套装备与系统的设计验证技术、基于高可靠性的大型复杂系统和装备的系统设计技术。

前沿技术：

（12）极端制造技术

极端制造是指在极端条件或环境下，制造极端尺度(特大或特小尺度)或极高功能的器件和功能系统。重点研究微纳机电系统、微纳制造、超精密制造、巨系统制造和强场制造相关的设计、制造工艺和检测技术。

（13）智能服务机器人

智能服务机器人是在非结构环境下为人类提供必要服务的多种高技术集成的智能化装备。以服务机器人和危险作业机器人应用需求为重点，研究设计方法、制造工艺、智能控制和应用系统集成等共性基础技术。

（14）重大产品和重大设施寿命预测技术

重大产品和重大设施寿命预测技术是提高运行可靠性、安全性、可维护性的关键技术。研究零部件材料的成分设计及成形加工的预测控制和优化技术，基于知识的成形制造过程建模与仿真技术，制造过程在线检测与评估技术，零部件寿命预测技术，重大产品、复杂系统和重大设施的可靠性、安全性和寿命预测技术。

5. 先进能源技术

未来能源技术发展的主要方向是经济、高效、清洁利用和新型能源开发。第四代核能系统、先进核燃料循环以及聚变能等技术的开发越来越受到关注；氢作为可从多种途径获取的理想能源载体，将为能源的清洁利用带来新的变革；具有清洁、灵活特征的燃料电池动力和分布式供能系统，将为终端能源利用提供新的重要形式。重点研究规模化的氢能利用和分布式供能系统，先进核能及核燃料循环技术，开发高效、清洁和二氧化碳近零排放的化石能源开发利用技术，低成本、高效率的可再生能源新技术。

前沿技术：

（15）氢能及燃料电池技术

重点研究高效低成本的化石能源和可再生能源制氢技术，经济高效氢储存和输配技术，燃料电池基础关键部件制备和电堆集成技术，燃料电池发电及车用动力系统集成技术，形成氢能和燃料电池技术规范与标准。

（16）分布式供能技术

分布式供能系统是为终端用户提供灵活、节能型的综合能源服务的重要途径。重点突破基于化石能源的微小型燃气轮机及新型热力循环等终端的能源转换技术、储能技术、热电冷系统综合技术，形成基于可再生能源和化石能源互补、微小型燃气轮机与燃料电池混合的分布式终端能源供给系统。

（17）快中子堆技术

快中子堆是由快中子引起原子核裂变链式反应，并可实现核燃料增殖的核反应堆，能够使铀资源得到充分利用，还能处理热堆核电站生产的长寿命放射性废弃物。研究并掌握快堆设计及核心技术，相关核燃料和结构材料技术，突破钠循环等关键技术，建成 65MW实验快堆，实现临界及并网发电。

（18）磁约束核聚变

以参加国际热核聚变实验反应堆的建设和研究为契机，重点研究大型超导磁体技术、微波加热和驱动技术、中性束注入加热技术、包层技术、氚的大规模实时分离提纯技术、偏滤器技术、数值模拟、等离子体控制和诊断技术、示范堆所需关键材料技术，以及深化高温等离子体物理研究和某些以能源为目标的非托克马克途径的探索研究。

6. 海洋技术

重视发展多功能、多参数和作业长期化的海洋综合开发技术，以提高深海作业的综合技术能力。重点研究开发天然气水合物勘探开发技术、大洋金属矿产资源海底集输技术、现场高效提取技术和大型海洋工程技术。

前沿技术：

（19）海洋环境立体监测技术

海洋环境立体监测技术是在空中、岸站、水面、水中对海洋环境要素进行同步监测的技术。重点研究海洋遥感技术、声学探测技术、浮标技术、岸基远程雷达技术，发展海洋信息处理与应用技术。

（20）大洋海底多参数快速探测技术

大洋海底多参数快速探测技术是对海底地球物理、地球化学、生物化学等特征的多参量进行同步探测并实现实时信息传输的技术。重点研究异常环境条件下的传感器技术，传感器自动标定技术，海底信息传输技术等。

（21）天然气水合物开发技术

天然气水合物是蕴藏于海洋深水底和地下的碳氢化合物。重点研究天然气水合物的勘探理论与开发技术，天然气水合物地球物理与地球化学勘探和评价技术，突破天然气水合物钻井技术和安全开采技术。

（22）深海作业技术

深海作业技术是支撑深海海底工程作业和矿产开采的水下技术。重点研究大深度水下运载技术，生命维持系统技术，高比能量动力装置技术，高保真采样和信息远程传输技术，深海作业装备制造技术和深海空间站技术。

7. 激光技术

8. 空天技术

六、基础研究

基础研究以深刻认识自然现象、揭示自然规律，获取新知识、新原理、新方法和培养高素质创新人才等为基本使命，是高新技术发展的重要源泉，是培育创新人才的摇篮，是建设先进文化的基础，是未来科学和技术发展的内在动力。发展基础研究要坚持服务国家目标与鼓励自由探索相结合，遵循科学发展的规律，重视科学家的探索精神，突出科学的长远价值，稳定支持，超前部署，并根据科学发展的新动向，进行动态调整。本纲要从学科发展、科学前沿问题、面向国家重大战略需求的基础研究、重大科学研究计划四个方面进行部署。

1. 学科发展

根据基础研究厚积薄发、探索性强、进展往往难以预测的特点，对基础学科进行全面布局，突出学科交叉、融合与渗透，培育新的学科生长点。通过长期、深厚的学术研究积累，促进原始创新能力的提升，促进多学科协调发展。

（1）基础学科

重视基本理论和学科建设，全面协调地发展数学、物理学、化学、天文学、地球科学、生物学等基础学科。

（2）交叉学科和新兴学科

基础学科之间、基础学科与应用学科、科学与技术、自然科学与人文社会科学的交叉与融合，往往导致重大科学发现和新兴学科的产生，是科学研究中最活跃的部分之一，要给予高度关注和重点部署。

2. 科学前沿问题

微观与宇观的统一，还原论与整体论的结合，多学科的相互交叉，数学等基础科学向各领域的渗透，先进技术和手段的运用，是当代科学发展前沿的主要特征，孕育着科学上的重大突破，使人类对客观世界的认识不断地超越和深化。遴选科学前沿问题的原则为：对基础科学发展具有带动作用，具有良好基础，能充分体现我国优势与特色，有利于大幅度提升我国基础科学的国际地位。

（1）生命过程的定量研究和系统整合

主要研究方向：基因语言及调控，功能基因组学，模式生物学，表观遗传学及非编码核糖核酸，生命体结构功能及其调控网络，生命体重构，生物信息学，计算生物学，系统生物学，极端环境中的生命特征，生命起源和演化，系统发育与进化生物学等。

（2）凝聚态物质与新效应

主要研究方向：强关联体系、软凝聚态物质，新量子特性凝聚态物质与新效应，自相似协同生长、巨开放系统和复杂系统问题，玻色—爱因斯坦凝聚，超流超导机制，极端条件下凝聚态物质的结构相变、电子结构和多种原激发过程等。

（3）物质深层次结构和宇宙大尺度物理学规律

主要研究方向：微观和宏观尺度以及高能、高密、超高压、超强磁场等极端状态下的物质结构与物理规律，探索统一所有物理规律的理论，粒子物理学前沿基本问题，暗物质和暗能量的本质，宇宙的起源和演化，黑洞及各种天体和结构的形成及演化，太阳活动对地球环境和灾害的影响及其预报等。

（4）核心数学及其在交叉领域的应用

主要研究方向：核心数学中的重大问题，数学与其他学科相互交叉及在科学研究和实际应用中产生的新的数学问题，如离散问题、随机问题、量子问题以及大量非线性问题中的数学理论和方法等。

（5）地球系统过程与资源、环境和灾害效应

主要研究方向：地球系统各圈层(大气圈、水圈、生物圈、地壳、地幔、地核)的相互作用，地球深部钻探，地球系统中的物理、化学、生物过程及其资源、环境与灾害效应，海陆相成藏理论，地基、海基、空基、天基地球观测与探测系统及地球模拟系统，地球系统科学理论等。

（6）新物质创造与转化的化学过程

主要研究方向：新的特定结构功能分子、凝聚态和聚集态分子功能体系的设计、可控合成、制备和转化，环境友好的新化学体系的建立，不同时空尺度物质形成与转化过程以及在生命过程和生态环境等复杂体系中的化学本质、性能与结构的关系和转化规律等。

（7）脑科学与认知科学

主要研究方向：脑功能的细胞和分子机理，脑重大疾病的发生发展机理，脑发育、可塑性与人类智力的关系，学习记忆和思维等脑高级认知功能的过程及其神经基础，脑信息表达与脑式信息处理系统，人脑与计算机对话等。

（8）科学实验与观测方法、技术和设备的创新

主要研究方向：具有动态、适时、无损、灵敏、高分辨等特征的生命科学检测、成像、分析与操纵方法，物质组成、功能和结构信息获取新分析及表征技术，地球科学与空间科学研究中新观测手段和信息获取新方法等。

3. 面向国家重大战略需求的基础研究

以知识为基础的社会对科学发展提出了强烈需求，综合国力的竞争已前移到基础研究，而且愈加激烈。我国作为快速发展中的国家，更要强调基础研究服务于国家目标，通过基础研究解决未来发展中的关键、瓶颈问题。遴选研究方向的原则为：对国家经济社会发展和国家安全具有战略性、全局性和长远性意义；虽暂时还薄弱，但对发展具有关键性作用；能有力带动基础科学和技术科学的结合，引领未来高新技术发展。

（1）人类健康与疾病的生物学基础

重点研究重大疾病发生发展过程及其干预的分子与细胞基础，神经、免疫、内分泌系统在健康与重大疾病发生发展中的作用，病原体传播、变异规律和致病机制，药物在分子、细胞与整体调节水平上的作用机理，环境对生理过程的干扰，中医药学理论体系等。

（2）农业生物遗传改良和农业可持续发展中的科学问题

重点研究重要农业生物基因和功能基因组及相关"组"学，生物多样性与新品种培育的遗传学基础，植物抗逆性及水分养分和光能高效利用机理，农业生物与生态环境的相互作用，农业生物安全与主要病虫害控制原理等。

（3）人类活动对地球系统的影响机制

重点研究资源勘探与开发过程的灾害风险预测，重点流域大规模人类活动的生态影响、适应性和区域生态安全，重要生态系统能量物质循环规律与调控，生物多样性保育模式，土地利用与土地覆被变化，流域、区域需水规律与生态平衡，环境污染形成机理与控制原理，海洋资源可持续利用与海洋生态环境保护等。

（4）全球变化与区域响应

重点研究全球气候变化对中国的影响，大尺度水文循环对全球变化的响应以及全球变化对区域水资源的影响，人类活动与季风系统的相互作用，海—陆—气相互作用与亚洲季风系统变异及其预测，中国近海—陆地生态系统碳循环过程，青藏高原和极地对全球变化的响应及其气候和环境效应，气候系统模式的建立及其模拟和预测，温室效应的机理，气溶胶形成、演变机制及对气候变化的影响及控制等。

（5）复杂系统、灾变形成及其预测控制

重点研究工程、自然和社会经济复杂系统中微观机理与宏观现象之间的关系，复杂系统中结构形成的机理和演变规律、结构与系统行为的关系，复杂系统运动规律，系统突变及其调控等，研究复杂系统不同尺度行为间的相关性，发展复杂系统的理论与方法等。

（6）能源可持续发展中的关键科学问题

重点研究化石能源高效洁净利用与转化的物理化学基础，高性能热功转换及高效节能储能

中的关键科学问题，可再生能源规模化利用原理和新途径，电网安全稳定和经济运行理论，大规模核能基本技术和氢能技术的科学基础等。

（7）材料设计与制备的新原理与新方法

重点研究基础材料改性优化的理化基础、相变和组织控制机制、复合强韧化原理，新材料的物理化学性质，人工结构化和小尺度化、多功能集成化等物理新机制、新效应和新材料设计，材料制备新原理、新工艺以及结构、性能表征新原理，材料服役与环境的相互作用、性能演变、失效机制及寿命预测原理等。

（8）极端环境条件下制造的科学基础

重点研究深层次物质与能量交互作用规律，高密度能量和物质的微尺度输运，微结构形态的精确表达与计量，制造体成形、成性与系统集成的尺度效应和界面科学，复杂制造系统平稳运动的确定性与制造体的唯一性规律等。

（9）航空航天重大力学问题

重点研究高超声速推进系统及超高速碰撞力学问题，多维动力系统及复杂运动控制理论，可压缩湍流理论，高温气体热力学，磁流体及等离子体动力学，微流体与微系统动力学，新材料结构力学等。

（10）支撑信息技术发展的科学基础

重点研究新算法与软件基础理论，虚拟计算环境的机理，海量信息处理及知识挖掘的理论与方法，人机交互理论，网络安全与可信可控的信息安全理论等。

4. 重大科学研究计划

根据世界科学发展趋势和我国重大战略需求，选择能引领未来发展，对科学和技术发展有很强带动作用，可促进我国持续创新能力迅速提高，同时具有优秀创新团队的研究方向，重点部署四项重大科学研究计划。这些方向的突破，可显著提升我国的国际竞争力，大力促进可持续发展，实现重点跨越。

（1）蛋白质研究

蛋白质是最主要的生命活动载体和功能执行者。对蛋白质复杂多样的结构功能、相互作用和动态变化的深入研究，将在分子、细胞和生物体等多个层次上全面揭示生命现象的本质，是后基因组时代的主要任务。同时，蛋白质科学研究成果将催生一系列新的生物技术，带动医药、农业和绿色产业的发展，引领未来生物经济。因此，蛋白质科学是目前发达国家激烈争夺的生命科学制高点。

重点研究重要生物体系的转录组学、蛋白质组学、代谢组学、结构生物学、蛋白质生物学功能及其相互作用、蛋白质相关的计算生物学与系统生物学，蛋白质研究的方法学，相关应用基础研究等。

（2）量子调控研究

以微电子为基础的信息技术将达到物理极限，对信息科技发展提出了严峻的挑战，人类必须寻求新出路，而以量子效应为基础的新的信息手段初露端倪，并正在成为发达国家激烈竞争的焦点。量子调控就是探索新的量子现象，发展量子信息学、关联电子学、量子通信、受限小量子体系及人工带隙系统，构建未来信息技术理论基础，具有明显的前瞻性，有可能在20～30年后对人类社会经济发展产生难以估量的影响。

重点研究量子通信的载体和调控原理及方法，量子计算，电荷—自旋—相位—轨道等关联规律以及新的量子调控方法，受限小量子体系的新量子效应，人工带隙材料的宏观量子效应，量子调控表征和测量的新原理和新技术基础等。

（3）纳米研究

物质在纳米尺度下表现出的奇异现象和规律将改变相关理论的现有框架，使人们对物质世界的认识进入到崭新的阶段，孕育着新的技术革命，给材料、信息、绿色制造、生物和医学等领域带来极大的发展空间。纳米科技已成为许多国家提升核心竞争力的战略选择，也是我国有望实现跨越式发展的领域之一。

重点研究纳米材料的可控制备、自组装和功能化，纳米材料的结构、优异特性及其调控机制，纳加工与集成原理，概念性和原理性纳器件，纳电子学，纳米生物学和纳米医学，分子聚集体和生物分子的光、电、磁学性质及信息传递，单分子行为与操纵，分子机器的设计组装与调控，纳米尺度表征与度量学，纳米材料和纳米技术在能源、环境、信息、医药等领域的应用。

（4）发育与生殖研究

动物克隆、干细胞等一系列举世瞩目的成就为生命科学与医学的未来发展带来了重大的机遇。然而这些成果大多还不能直接造福于人类，主要原因是对生殖与发育过程及其机理缺乏系统深入的认识。我国人口增长量大，出生缺陷多，移植器官严重短缺，老龄化高峰即将到来，迫切需要生殖与发育科学理论的突破和技术创新。

重点研究干细胞增殖、分化和调控，生殖细胞发生、成熟与受精，胚胎发育的调控机制，体细胞去分化和动物克隆机理，人体生殖功能的衰退与退行性病变的机制，辅助生殖与干细胞技术的安全和伦理等。

七、科技体制改革与国家创新体系建设

改革开放以来，我国科技体制改革紧紧围绕促进科技与经济结合，以加强科技创新、促进科技成果转化和产业化为目标，以调整结构、转换机制为重点，采取了一系列重大改革措施，取得了重要突破和实质性进展。同时，必须清楚地看到，我国现行科技体制与社会主义市场经济体制以及经济、科技大发展的要求，还存在着诸多不相适应之处。一是企业尚未真正成为技术创新的主体，自主创新能力不强。二是各方面科技力量自成体系、分散重复，整体运行效率不高，社会公益领域科技创新能力尤其薄弱。三是科技宏观管理各自为政，科技资源配置方式、评价制度等不能适应科技发展新形势和政府职能转变的要求。四是激励优秀人才、鼓励创新创业的机制还不完善。这些问题严重制约了国家整体创新能力的提高。

深化科技体制改革的指导思想是：以服务国家目标和调动广大科技人员的积极性和创造性为出发点，以促进全社会科技资源高效配置和综合集成为重点，以建立企业为主体、产学研结

合的技术创新体系为突破口，全面推进中国特色国家创新体系建设，大幅度提高国家自主创新能力。

当前和今后一个时期，科技体制改革的重点任务是：

1. 支持鼓励企业成为技术创新主体

市场竞争是技术创新的重要动力，技术创新是企业提高竞争力的根本途径。随着改革开放的深入，我国企业在技术创新中发挥着越来越重要的作用。要进一步创造条件、优化环境、深化改革，切实增强企业技术创新的动力和活力。一要发挥经济、科技政策的导向作用，使企业成为研究开发投入的主体。加快完善统一、开放、竞争、有序的市场经济环境，通过财税、金融等政策，引导企业增加研究开发投入，推动企业特别是大企业建立研究开发机构。依托具有较强研究开发和技术辐射能力的转制科研机构或大企业，集成高等院校、科研院所等相关力量，组建国家工程实验室和行业工程中心。鼓励企业与高等院校、科研院所建立各类技术创新联合组织，增强技术创新能力。二要改革科技计划支持方式，支持企业承担国家研究开发任务。国家科技计划要更多地反映企业重大科技需求，更多地吸纳企业参与。在具有明确市场应用前景的领域，建立企业牵头组织、高等院校和科研院所共同参与实施的有效机制。三要完善技术转移机制，促进企业的技术集成与应用。建立健全知识产权激励机制和知识产权交易制度。大力发展为企业服务的各类科技中介服务机构，促进企业之间、企业与高等院校和科研院所之间的知识流动和技术转移。国家重点实验室、工程(技术研究)中心要向企业扩大开放。四要加快现代企业制度建设，增强企业技术创新的内在动力。把技术创新能力作为国有企业考核的重要指标，把技术要素参与分配作为高新技术企业产权制度改革的重要内容。坚持应用开发类科研机构企业化转制的方向，深化企业化转制科研机构产权制度等方面的改革，形成完善的管理体制和合理、有效的激励机制，使之在高新技术产业化和行业技术创新中发挥骨干作用。五要营造良好创新环境，扶持中小企业的技术创新活动。中小企业特别是科技型中小企业是富有创新活力但承受创新风险能力较弱的企业群体。要为中小企业创造更为有利的政策环境，在市场准入、反不正当竞争等方面，起草和制定有利于中小企业发展的相关法律、政策；积极发展支持中小企业的科技投融资体系和创业风险投资机制；加快科技中介服务机构建设，为中小企业技术创新提供服务。

2. 深化科研机构改革，建立现代科研院所制度

从事基础研究、前沿技术研究和社会公益研究的科研机构，是我国科技创新的重要力量。建设一支稳定服务于国家目标、献身科技事业的高水平研究队伍，是发展我国科学技术事业的希望所在。经过多年的结构调整和人才分流等改革，我国已经形成了一批精干的科研机构，国家要给予稳定支持。充分发挥这些科研机构的重要作用，必须以提高创新能力为目标，以健全机制为重点，进一步深化管理体制改革，加快建设"职责明确、评价科学、开放有序、管理规范"的现代科研院所制度。一要按照国家赋予的职责定位加强科研机构建设。要切实改变目前部分科研机构职责定位不清、力量分散、创新能力不强的局面，优化资源配置，集中力量形成优势学科领域和研究基地。社会公益类科研机构要发挥行业技术优势，提高科技创新和服务能

力，解决社会发展重大科技问题；基础科学、前沿技术科研机构要发挥学科优势，提高研究水平，取得理论创新和技术突破，解决重大科学技术问题。二要建立稳定支持科研机构创新活动的科技投入机制。学科和队伍建设、重大创新成果是长期持续努力的结果。对从事基础研究、前沿技术研究和社会公益研究的科研机构，国家财政给予相对稳定支持。根据科研机构的不同情况，提高人均事业经费标准，支持需要长期积累的学科建设、基础性工作和队伍建设。三要建立有利于科研机构原始创新的运行机制。自主选题研究对科研机构提高原始创新能力、培养人才队伍非常重要。加强对科研机构开展自主选题研究的支持。完善科研院所长负责制，进一步扩大科研院所在科技经费、人事制度等方面的决策自主权，提高科研机构内部创新活动的协调集成能力。四要建立科研机构整体创新能力评价制度。建立科学合理的综合评价体系，在科研成果质量、人才队伍建设、管理运行机制等方面对科研机构整体创新能力进行综合评价，促进科研机构提高管理水平和创新能力。五要建立科研机构开放合作的有效机制。实行固定人员与流动人员相结合的用人制度。全面实行聘用制和岗位管理，面向全社会公开招聘科研和管理人才。通过建立有效机制，促进科研院所与企业和大学之间多种形式的联合，促进知识流动、人才培养和科技资源共享。

　　大学是我国培养高层次创新人才的重要基地，是我国基础研究和高技术领域原始创新的主力军之一，是解决国民经济重大科技问题、实现技术转移、成果转化的生力军。加快建设一批高水平大学，特别是一批世界知名的高水平研究型大学，是我国加速科技创新、建设国家创新体系的需要。我国已经形成了一批规模适当、学科综合和人才汇聚的高水平大学，要充分发挥其在科技创新方面的重要作用。积极支持大学在基础研究、前沿技术研究、社会公益研究等领域的原始创新。鼓励、推动大学与企业和科研院所进行全面合作，加大为国家、区域和行业发展服务的力度。加快大学重点学科和科技创新平台建设。培养和汇聚一批具有国际领先水平的学科带头人，建设一支学风优良、富有创新精神和国际竞争力的高校教师队伍。进一步加快大学内部管理体制的改革步伐。优化大学内部的教育结构和科技组织结构，创新运行机制和管理制度，建立科学合理的综合评价体系，建立有利于提高创新人才培养质量和创新能力，人尽其才、人才辈出的运行机制。积极探索建立具有中国特色的现代大学制度。

3. 推进科技管理体制改革

　　针对当前我国科技宏观管理中存在的突出问题，推进科技管理体制改革，重点是健全国家科技决策机制，努力消除体制机制性障碍，加强部门之间、地方之间、部门与地方之间、军民之间的统筹协调，切实提高整合科技资源、组织重大科技活动的能力。一要建立健全国家科技决策机制。完善国家重大科技决策议事程序，形成规范的咨询和决策机制。强化国家对科技发展的总体部署和宏观管理，加强对重大科技政策制定、重大科技计划实施和科技基础设施建设的统筹。二要建立健全国家科技宏观协调机制。确立科技政策作为国家公共政策的基础地位，按照有利于促进科技创新、增强自主创新能力的目标，形成国家科技政策与经济政策协调互动的政策体系。建立部门之间统筹配置科技资源的协调机制。加快国家科技行政管理部门职能转变，推进依法行政，提高宏观管理能力和服务水平。改进计划管理方式，充分发挥部门、地方在计划管理和项目实施管理中的作用。三要改革科技评审与评估制度。科技项目的评审要体现公正、公平、公开和鼓励创新的原则，为各类人才特别是青年人才的脱颖而出创造条件。重大项目评审要体现国家目标。完善同行专家评审机制，建立评审专家信用制度，建立国际同行专家参与评议的机制，加强对评审过程的监督，扩大评审活动的公开化程度和被评审人的知情范围。对创新性强的小项目、非共识项目以及学科交叉项目给予特别关注和支持，注重对科技人员和团队素质、能力和研究水平的评价，鼓励原始创新。建立国家重大科技计划、知识创新工程、自然科学基金资助计划等实施情况的独立评估制度。四要改革科技成果评价和奖励制度。要根据科技创新活动的不同特点，按照公开公正、科学规范、精简高效的原则，完善科研评价制度和指标体系，改变评价过多过繁的现象，避免急功近利和短期行为。面向市场的应用研究和试验开发等创新活动，以获得自主知识产权及其对产业竞争力的贡献为评价重点；公益科研活动以满足公众需求和产生的社会效益为评价重点；基础研究和前沿科学探索以科学意义和学术价值为评价重点。建立适应不同性质科技工作的人才评价体系。改革国家科技奖励制度，减少奖励数量和奖励层次，突出政府科技奖励的重点，在实行对项目奖励的同时，注重对人才的奖励。鼓励和规范社会力量设奖。

4. 全面推进中国特色国家创新体系建设

深化科技体制改革的目标是推进和完善国家创新体系建设。国家创新体系是以政府为主导、充分发挥市场配置资源的基础性作用、各类科技创新主体紧密联系和有效互动的社会系统。现阶段，中国特色国家创新体系建设重点：一是建设以企业为主体、产学研结合的技术创新体系，并将其作为全面推进国家创新体系建设的突破口。只有以企业为主体，才能坚持技术创新的市场导向，有效整合产学研的力量，切实增强国家竞争力。只有产学研结合，才能更有效配置科技资源，激发科研机构的创新活力，并使企业获得持续创新的能力。必须在大幅度提高企业自身技术创新能力的同时，建立科研院所与高等院校积极围绕企业技术创新需求服务、产学研多种形式结合的新机制。二是建设科学研究与高等教育有机结合的知识创新体系。以建立开放、流动、竞争、协作的运行机制为中心，促进科研院所之间、科研院所与高等院校之间的结合和资源集成。加强社会公益科研体系建设。发展研究型大学。努力形成一批高水平的、资源共享的基础科学和前沿技术研究基地。三是建设军民结合、寓军于民的国防科技创新体系。从宏观管理、发展战略和计划、研究开发活动、科技产业化等多个方面，促进军民科技的紧密结合，加强军民两用技术的开发，形成全国优秀科技力量服务国防科技创新、国防科技成果迅速向民用转化的良好格局。四是建设各具特色和优势的区域创新体系。充分结合区域经济和社会发展的特色和优势，统筹规划区域创新体系和创新能力建设。深化地方科技体制改革。促进中央与地方科技力量的有机结合。发挥高等院校、科研院所和国家高新技术产业开发区在区域创新体系中的重要作用，增强科技创新对区域经济社会发展的支撑力度。加强中、西部区域科技发展能力建设。切实加强县(市)等基层科技体系建设。五是建设社会化、网络化的科技中介服务体系。针对科技中介服务行业规模小、功能单一、服务能力薄弱等突出问题，大力培育和发展各类科技中介服务机构。充分发挥高等院校、科研院所和各类社团在科技中介服务中的重要作用。引导科技中介服务机构向专业化、规模化和规范化方向发展。

八、若干重要政策和措施

为确保本纲要各项任务的落实，不仅要解决体制和机制问题，还必须制定和完善更加有效的政策与措施。所有政策和措施都必须有利于增强自主创新能力，有利于激发科技人员的积极性和创造性，有利于充分利用国内外科技资源，有利于科技支撑和引领经济社会的发展。本纲要确定的科技政策和措施，是针对当前主要矛盾和突出问题而制定的，随着形势发展和本纲要实施进展情况，将不断加以丰富和完善。

1. 实施激励企业技术创新的财税政策

鼓励企业增加研究开发投入，增强技术创新能力。加快实施消费型增值税，将企业购置的设备已征税款纳入增值税抵扣范围。在进一步落实国家关于促进技术创新、加速科技成果转化以及设备更新等各项税收优惠政策的基础上，积极鼓励和支持企业开发新产品、新工艺和新技术，加大企业研究开发投入的税前扣除等激励政策的力度，实施促进高新技术企业发展的税收优惠政策。结合企业所得税和企业财务制度改革，鼓励企业建立技术研究开发专项资金制度。允许企业加速研究开发仪器设备的折旧。对购买先进科学研究仪器和设备给予必要税收扶持政策。加大对企业设立海外研究开发机构的外汇和融资支持力度，提供对外投资便利和优质服务。

全面贯彻落实《中华人民共和国中小企业促进法》，支持创办各种性质的中小企业，充分发挥中小企业技术创新的活力。鼓励和支持中小企业采取联合出资、共同委托等方式进行合作研究开发，对加快创新成果转化给予政策扶持。制定扶持中小企业技术创新的税收优惠政策。

2. 加强对引进技术的消化、吸收和再创新

完善和调整国家产业技术政策，加强对引进技术的消化、吸收和再创新。制定鼓励自主创新、限制盲目重复引进的政策。

通过调整政府投资结构和重点，设立专项资金，用于支持引进技术的消化、吸收和再创新，支持重大技术装备研制和重大产业关键共性技术的研究开发。采取积极政策措施，多渠道增加投入，支持以企业为主体、产学研联合开展引进技术的消化、吸收和再创新。

把国家重大建设工程作为提升自主创新能力的重要载体。通过国家重大建设工程的实施，消化吸收一批先进技术，攻克一批事关国家战略利益的关键技术，研制一批具有自主知识产权的重大装备和关键产品。

3. 实施促进自主创新的政府采购

制定《中华人民共和国政府采购法》实施细则，鼓励和保护自主创新。建立政府采购自主创新产品协调机制。对国内企业开发的具有自主知识产权的重要高新技术装备和产品，政府实施首购政策。对企业采购国产高新技术设备提供政策支持。通过政府采购，支持形成技术标准。

4. 实施知识产权战略和技术标准战略

保护知识产权，维护权利人利益，不仅是我国完善市场经济体制、促进自主创新的需要，也是树立国际信用、开展国际合作的需要。要进一步完善国家知识产权制度，营造尊重和保护

知识产权的法治环境，促进全社会知识产权意识和国家知识产权管理水平的提高，加大知识产权保护力度，依法严厉打击侵犯知识产权的各种行为。同时，要建立对企业并购、技术交易等重大经济活动知识产权特别审查机制，避免自主知识产权流失。防止滥用知识产权而对正常的市场竞争机制造成不正当的限制，阻碍科技创新和科技成果的推广应用。将知识产权管理纳入科技管理全过程，充分利用知识产权制度提高我国科技创新水平。强化科技人员和科技管理人员的知识产权意识，推动企业、科研院所、高等院校重视和加强知识产权管理。充分发挥行业协会在保护知识产权方面的重要作用。建立健全有利于知识产权保护的从业资格制度和社会信用制度。

根据国家战略需求和产业发展要求，以形成自主知识产权为目标，产生一批对经济、社会和科技等发展具有重大意义的发明创造。组织以企业为主体的产学研联合攻关，并在专利申请、标准制定、国际贸易和合作等方面予以支持。

将形成技术标准作为国家科技计划的重要目标。政府主管部门、行业协会等要加强对重要技术标准制定的指导协调，并优先采用。推动技术法规和技术标准体系建设，促使标准制定与科研、开发、设计、制造相结合，保证标准的先进性和效能性。引导产、学、研各方面共同推进国家重要技术标准的研究、制定及优先采用。积极参与国际标准的制定，推动我国技术标准成为国际标准。加强技术性贸易措施体系建设。

5. 实施促进创新创业的金融政策

建立和完善创业风险投资机制，起草和制定促进创业风险投资健康发展的法律法规及相关政策。积极推进创业板市场建设，建立加速科技产业化的多层次资本市场体系。鼓励有条件的高科技企业在国内主板和中小企业板上市。努力为高科技中小企业在海外上市创造便利条件。为高科技创业风险投资企业跨境资金运作创造更加宽松的金融、外汇政策环境。在国家高新技术产业开发区内，开展对未上市高新技术企业股权流通的试点工作。逐步建立技术产权交易市场。探索以政府财政资金为引导，政策性金融、商业性金融资金投入为主的方式，采取积极措施，促进更多资本进入创业风险投资市场。建立全国性的科技创业风险投资行业自律组织。鼓励金融机构对国家重大科技产业化项目、科技成果转化项目等给予优惠的信贷支持，建立健全鼓励中小企业技术创新的知识产权信用担保制度和其他信用担保制度，为中小企业融资创造良好条件。搭建多种形式的科技金融合作平台，政府引导各类金融机构和民间资金参与科技开发。鼓励金融机构改善和加强对高新技术企业，特别是对科技型中小企业的金融服务。鼓励保险公司加大产品和服务创新力度，为科技创新提供全面的风险保障。

6. 加速高新技术产业化和先进适用技术的推广

把推进高新技术产业化作为调整经济结构、转变经济增长方式的一个重点。积极发展对经济增长有突破性重大带动作用的高新技术产业。

优化高新技术产业化环境。继续加强国家高新技术产业开发区等产业化基地建设。制定有利于促进国家高新技术产业开发区发展并带动周边地区发展的政策。构建技术交流与技术交易信息平台，对国家大学科技园、科技企业孵化基地、生产力促进中心、技术转移中心等科技中介服务机构开展的技术开发与服务活动给予政策扶持。

加大对农业技术推广的支持力度。建立面向农村推广先进适用技术的新机制。把农业科技推广成就作为科技奖励的重要内容,建立农业技术推广人员的职业资格认证制度,激励科技人员以多种形式深入农业生产第一线开展技术推广活动。设立农业科技成果转化和推广专项资金,促进农村先进适用技术的推广,支持农村各类人才的技术革新和发明创造。国家对农业科技推广实行分类指导,分类支持,鼓励和支持多种模式的、社会化的农业技术推广组织的发展,建立多元化的农业技术推广体系。

支持面向行业的关键、共性技术的推广应用。制定有效的政策措施,支持产业竞争前技术的研究开发和推广应用,重点加大电子信息、生物、制造业信息化、新材料、环保、节能等关键技术的推广应用,促进传统产业的改造升级。加强技术工程化平台、产业化示范基地和中间试验基地建设。

7. 完善军民结合、寓军于民的机制

加强军民结合的统筹和协调。改革军民分离的科技管理体制,建立军民结合的新的科技管理体制。鼓励军口科研机构承担民用科技任务;国防研究开发工作向民口科研机构和企业开放;扩大军品采购向民口科研机构和企业采购的范围。改革相关管理体制和制度,保障非军工科研企事业单位平等参与军事装备科研和生产的竞争。建立军民结合、军民共用的科技基础条件平台。

建立适应国防科研和军民两用科研活动特点的新机制。统筹部署和协调军民基础研究,加强军民高技术研究开发力量的集成,建立军民有效互动的协作机制,实现军用产品与民用产品研制生产的协调,促进军民科技各环节的有机结合。

8. 扩大国际和地区科技合作与交流

增强国家自主创新能力,必须充分利用对外开放的有利条件,扩大多种形式的国际和地区科技合作与交流。

鼓励科研院所、高等院校与海外研究开发机构建立联合实验室或研究开发中心。支持在双边、多边科技合作协议框架下,实施国际合作项目。建立内地与港、澳、台的科技合作机制,加强沟通与交流。

支持我国企业"走出去"。扩大高新技术及其产品的出口,鼓励和支持企业在海外设立研究开发机构或产业化基地。

积极主动参与国际大科学工程和国际学术组织。支持我国科学家和科研机构参与或牵头组织国际和区域性大科学工程。建立培训制度,提高我国科学家参与国际学术交流的能力,支持我国科学家在重要国际学术组织中担任领导职务。鼓励跨国公司在华设立研究开发机构。提供优惠条件,在我国设立重要的国际学术组织或办事机构。

9. 提高全民族科学文化素质,营造有利于科技创新的社会环境

实施全民科学素质行动计划。以促进人的全面发展为目标,提高全民科学文化素质。在全社会大力弘扬科学精神,宣传科学思想,推广科学方法,普及科学知识。加强农村科普工作,

逐步建立提高农民技术和职业技能的培训体系。组织开展多种形式和系统性的校内外科学探索和科学体验活动，加强创新教育，培养青少年创新意识和能力。加强各级干部和公务员的科技培训。

加强国家科普能力建设。合理布局并切实加强科普场馆建设，提高科普场馆运营质量。建立科研院所、大学定期向社会公众开放制度。在科技计划项目实施中加强与公众沟通交流。繁荣科普创作，打造优秀科普品牌。鼓励著名科学家及其他专家学者参与科普创作。制定重大科普作品选题规划，扶持原创性科普作品。在高校设立科技传播专业，加强对科普的基础性理论研究，培养专业化科普人才。

建立科普事业的良性运行机制。加强政府部门、社会团体、大型企业等各方面的优势集成，促进科技界、教育界和大众媒体之间的协作。鼓励经营性科普文化产业发展，放宽民间和海外资金发展科普产业的准入限制，制定优惠政策，形成科普事业的多元化投入机制。推进公益性科普事业体制与机制改革，激发活力，提高服务意识，增强可持续发展能力。

九、科技投入与科技基础条件平台

科技投入和科技基础条件平台，是科技创新的物质基础，是科技持续发展的重要前提和根本保障。今天的科技投入，就是对未来国家竞争力的投资。改革开放以来，我国科技投入不断增长，但与我国科技事业的大发展和全面建设小康社会的重大需求相比，与发达国家和新兴工业化国家相比，我国科技投入的总量和强度仍显不足，投入结构不尽合理，科技基础条件薄弱。当今发达国家和新兴工业化国家，都把增加科技投入作为提高国家竞争力的战略举措。我国必须审时度势，从增强国家自主创新能力和核心竞争力出发，大幅度增加科技投入，加强科技基础条件平台建设，为完成本纲要提出的各项重大任务提供必要的保障。

1. 建立多元化、多渠道的科技投入体系

充分发挥政府在投入中的引导作用，通过财政直接投入、税收优惠等多种财政投入方式，增强政府投入调动全社会科技资源配置的能力。国家财政投入主要用于支持市场机制不能有效解决的基础研究、前沿技术研究、社会公益研究、重大共性关键技术研究等公共科技活动，并引导企业和全社会的科技投入。中央和地方各级政府要按照《中华人民共和国科学技术进步法》的要求，在编制年初预算和预算执行中的超收分配时，都要体现法定增长的要求，保证科技经费的增长幅度明显高于财政经常性收入的增长幅度，逐步提高国家财政性科技投入占国内生产总值的比例。要结合国家财力情况，统筹安排规划实施所需经费，切实保障重大专项的顺利实施。国家继续加强对重大科技基础设施建设的投入，在中央和地方建设投资中作为重点予以支持。在政府增加科技投入的同时，强化企业科技投入主体的地位。总之，通过多方面的努力，使我国全社会研究开发投入占国内生产总值的比例逐年提高，到2010年达到2%，到2020年达到2.5%以上。

2. 调整和优化投入结构，提高科技经费使用效益

加强对基础研究、前沿技术研究、社会公益研究以及科技基础条件和科学技术普及的支持。

合理安排科研机构(基地)正常运转经费、科研项目经费、科技基础条件经费等的比例,加大对基础研究和社会公益类科研机构的稳定投入力度,将科普经费列入同级财政预算,逐步提高科普投入水平。建立和完善适应科学研究规律和科技工作特点的科技经费管理制度,按照国家预算管理的规定,提高财政资金使用的规范性、安全性和有效性。提高国家科技计划管理的公开性、透明度和公正性,逐步建立财政科技经费的预算绩效评价体系,建立健全相应的评估和监督管理机制。

3. 加强科技基础条件平台建设

科技基础条件平台是在信息、网络等技术支撑下,由研究实验基地、大型科学设施和仪器装备、科学数据与信息、自然科技资源等组成,通过有效配置和共享,服务于全社会科技创新的支撑体系。科技基础条件平台建设重点是:

国家研究实验基地。根据国家重大战略需求,在新兴前沿交叉领域和具有我国特色和优势的领域,主要依托国家科研院所和研究型大学,建设若干队伍强、水平高、学科综合交叉的国家实验室和其他科学研究实验基地。加强国家重点实验室建设,不断提高其运行和管理的整体水平。构建国家野外科学观测研究台站网络体系。

大型科学工程和设施。重视科学仪器与设备对科学研究的作用,加强科学仪器设备及检测技术的自主研究开发。建设若干大型科学工程和基础设施,包括在高性能计算、大型空气动力研究试验和极端条件下进行科学实验等方面的大科学工程或大型基础设施。推进大型科学仪器、设备、设施的共享与建设,逐步形成全国性的共享网络。

科学数据与信息平台。充分利用现代信息技术手段,建设基于科技条件资源信息化的数字科技平台,促进科学数据与文献资源的共享,构建网络科研环境,面向全社会提供服务,推动科学研究手段、方式的变革。

自然科技资源服务平台。建立完备的植物、动物种质资源,微生物菌种和人类遗传资源,以及实验材料,标本、岩矿化石等自然科技资源保护与利用体系。

国家标准、计量和检测技术体系。研究制定高精确度和高稳定性的计量基准和标准物质体系,以及重点领域的技术标准,完善检测实验室体系、认证认可体系及技术性贸易措施体系。

4. 建立科技基础条件平台的共享机制

建立有效的共享制度和机制是科技基础条件平台建设取得成效的关键和前提。根据"整合、共享、完善、提高"的原则,借鉴国外成功经验,制定各类科技资源的标准规范,建立促进科技资源共享的政策法规体系。针对不同类型科技条件资源的特点,采用灵活多样的共享模式,打破当前条块分割、相互封闭、重复分散的格局。

十、人才队伍建设

科技创新,人才为本。人才资源已成为最重要的战略资源。要实施人才强国战略,切实加强科技人才队伍建设,为实施本纲要提供人才保障。

1. 加快培养造就一批具有世界前沿水平的高级专家

要依托重大科研和建设项目、重点学科和科研基地以及国际学术交流与合作项目，加大学科带头人的培养力度，积极推进创新团队建设。注重发现和培养一批战略科学家、科技管理专家。对核心技术领域的高级专家要实行特殊政策。进一步破除科学研究中的论资排辈和急功近利现象，抓紧培养造就一批中青年高级专家。改进和完善职称制度、院士制度、政府特殊津贴制度、博士后制度等高层次人才制度，进一步形成培养选拔高级专家的制度体系，使大批优秀拔尖人才得以脱颖而出。

2. 充分发挥教育在创新人才培养中的重要作用

加强科技创新与人才培养的有机结合，鼓励科研院所与高等院校合作培养研究型人才。支持研究生参与或承担科研项目，鼓励本科生投入科研工作，在创新实践中培养他们的探索兴趣和科学精神。高等院校要适应国家科技发展战略和市场对创新人才的需求，及时合理地设置一些交叉学科、新兴学科并调整专业结构。加强职业教育、继续教育与培训，培养适应经济社会发展需求的各类实用技术专业人才。要深化中小学教学内容和方法的改革，全面推进素质教育，提高科学文化素养。

3. 支持企业培养和吸引科技人才

国家鼓励企业聘用高层次科技人才和培养优秀科技人才，并给予政策支持。鼓励和引导科研院所和高等院校的科技人员进入市场创新创业。允许高等院校和科研院所的科技人员到企业兼职进行技术开发。引导高等院校毕业生到企业就业。鼓励企业与高等院校和科研院所共同培养技术人才。多方式、多渠道培养企业高层次工程技术人才。允许国有高新技术企业对技术骨干和管理骨干实施期权等激励政策，探索建立知识、技术、管理等要素参与分配的具体办法。支持企业吸引和招聘外籍科学家和工程师。

4. 加大吸引留学和海外高层次人才工作力度

制定和实施吸引优秀留学人才回国工作和为国服务计划，重点吸引高层次人才和紧缺人才。采取多种方式，建立符合留学人员特点的引才机制。加大对高层次留学人才回国的资助力度。大力加强留学人员创业基地建设。健全留学人才为国服务的政策措施。加大高层次创新人才公开招聘力度。实验室主任、重点科研机构学术带头人以及其他高级科研岗位，逐步实行海内外公开招聘。实行有吸引力的政策措施，吸引海外高层次优秀科技人才和团队来华工作。

5. 构建有利于创新人才成长的文化环境

倡导拼搏进取、自觉奉献的爱国精神，求真务实、勇于创新的科学精神，团结协作、淡泊名利的团队精神。提倡理性怀疑和批判，尊重个性，宽容失败，倡导学术自由和民主，鼓励敢于探索、勇于冒尖，大胆提出新的理论和学说。激发创新思维，活跃学术气氛，努力形成宽松和谐、健康向上的创新文化氛围。加强科研职业道德建设，遏制科学技术研究中的浮躁风气和学术不良风气。

实施国家中长期科学和技术发展规划纲要，涉及面广、时间跨度大、要求很高，要加强组织领导和统筹协调，采取切实有效措施，确保各项任务的落实。一是加强本纲要与"十一五"国民经济和社会发展规划的衔接。为增强纲要的可操作性，当前要将纲要的有关内容按照轻重缓急，做好与"十一五"国民经济和社会发展规划紧密结合，包括优先主题、重大专项、前沿技术、基础研究、基础条件平台建设和科技体制改革等，从中遴选出需要立即起步或在"十一五"期间急需解决的重点任务，抓紧在"十一五"国民经济和社会发展规划中做出具体安排和部署。二是制定若干配套政策。纲要确定的发展目标、重点任务及政策措施，是带有方向性和指导性的，需要制定若干切实可行、操作性强的配套政策。包括：支持企业成为技术创新主体的政策，促进对引进技术消化、吸收和再创新的政策，激励自主创新的政府采购政策，加大科技投入、提高资金使用效益的政策，深化科技体制改革、推进国家创新体系建设的政策，加速高新技术产业化的政策，加强科技人才队伍建设的政策，促进军民结合、寓军于民的政策等。上述政策要责成有关部门牵头、相关部门参加，在充分调查研究的基础上，使科技政策与产业、金融、财税等经济政策相互协调、紧密结合，并抓紧出台实施。三是建立纲要实施的动态调整机制。鉴于世界科学技术发展迅猛，国内经济社会发展不断变化，要在经济社会分析、技术预测和定期评估的基础上，建立纲要实施的动态调整机制。纲要确定的发展目标和重点任务，要根据国内外科技发展的新趋势、新突破和我国经济社会发展的新需求，进行及时的、必要的调整，有的要充实加强，有的要适当调整。四是加强对纲要实施的组织领导。要在党中央、国务院的统一领导下，充分发挥各地方、各部门、各社会团体的积极性和主动性，大力协同，共同推动纲要的组织实施。特别是国家科技管理部门、发展改革部门、财政部门等综合管理部门要紧密配合，切实负起责任，加强具体指导。各省、自治区、直辖市要结合本地实际，贯彻落实本纲要。

　　本纲要的实施，关系全面建设小康社会目标的实现，关系社会主义现代化建设的成功，关系中华民族的伟大复兴。让我们在以胡锦涛同志为总书记的党中央领导下，以邓小平理论和"三个代表"重要思想为指导，坚定信心，奋发图强，为建设创新型国家，实现我国科学和技术发展的宏伟蓝图而奋斗！

参考文献

（一）著作类

[1] 王修林，王辉，范德江.中国海洋科学发展战略研究 [M].北京：海洋出版社，2008.

[2] 井敏.构建服务型政府：理论与实践 [M].北京：北京大学出版社，2006.

[3] [法]卢梭.社会契约论 [M].何兆武译.北京：商务印书馆，2003.

[4] [美]尔菲德.2020年的海洋：科学、发展趋势和可持续发展面临挑战 [M].北京：海洋出版社，2003.

[5] 冯士筰，李凤岐，李少菁.海洋科学导论 [M].北京：高等教育出版，1999.

[6] 宁凌.海洋综合管理与政策 [M].北京：科学出版社，2009.

[7] [美]尼古拉斯·亨利.公共行政与公共事务（第七版）[M].项龙译.北京：华夏出版社，2002.

[8] [美]迈克尔·麦金尼斯.多中心体制与地方公共经济 [M].毛寿龙等译.上海：上海三联书店，2000.

[9] 朱光磊.当代中国政府过程 [M].北京：天津人民出版社，2002.

[10] 刘靖华等.政府创新 [M].北京：中国社会科学出版社，2002.

[11] [美]约翰·罗尔斯.正义论 [M].何怀宏等译.北京：中国社会科学出版，1988.

[12] 李乃胜.中国海洋科学技术史研究 [M].北京：海洋出版社，2011.

[13] 李军鹏.公共服务型政府 [M].北京：北京大学出版社，2004.

[14] 吴声功.服务型政府的构建 [M].北京：社会科学文献出版社，2006.

[15] 张成福，党秀云.公共管理学 [M].北京：中国人民大学出版社，2001.

[16] 阿戴尔伯特·瓦勒格.海洋可持续管理 [M].北京：海洋出版社，2007.

[17] 陈振明.公共管理学———种不同于传统行政的研究途径 [M].北京：中国人民

大学出版社，2003.

[18] [澳] 欧文·休斯 . 公共管理导论 [M]. 彭和平等译，北京：中国人民大学出版社，2001.

[19] [美] 凯瑟林·库伦 . 海洋科学 [M]. 上海：上海科学技术文献出版社，2011.

[20] 周达军，崔旺来 . 浙江海洋产业发展研究 [M]. 北京：海洋出版社，2011.

[21] 周达军，崔旺来 . 海洋公共政策研究 [M]. 北京：海洋出版社，2009.

[22] 俞可平 . 治理与善治 [M]. 北京：社会科学文献出版社，2000.

[23] 殷克东，方胜民 . 中国海洋经济形势分析与预测 [M]. 北京：经济科学出版社，2010.

[24] 浙江省科学技术厅，浙江省统计局 . 浙江科技统计年鉴 [M]. 杭州：浙江大学出版社，2012.

[25] 浙江省统计局 . 浙江省统计年鉴 [M]. 杭州：浙江大学出版社，2011.

[26] 崔旺来 . 政府海洋管理研究 [M]. 北京：海洋出版社，2009.

[27] 崔旺来，随付国 . 浙江公共服务实证分析 [M]. 杭州：浙江大学出版社，2012.

[28] [美] 赫伯特·西蒙 . 管理行为：管理组织决策过程的研究 [M]. 杨砾等译 . 北京：北京经济学院出版社，1988.

[29] 谭文华 . 科技政策与科技管理研究 [M]. 北京：人民出版社，2011.

[30] 潘家玮，毛光烈，夏阿国 . 海洋：浙江的未来 [M]. 杭州：浙江科学技术出版社，2003.

（二）论文类

[1] 习近平 . 中国必须成为科技创新大国 [N]. 新华日报，2014-1-7.

[2] 习近平 . 抓住自主创新就抓住了科技发展的战略基点 [N]. 经济日报，2006-8-15.

[3] 习近平 . 科技是国家强盛之基 [N]. 第一财经日报，2013-7-22.

[4] 于金镒 . 海洋科技产业化及其运行模式 [J]. 我国石油大学学报（社会科学版），2006（3）:34-36.

[5] 卫梦星，殷克东 . 海洋科技综合实力评价指标体系研究 [J]. 海洋开发与管理，2009（8）:101-105.

[6] 马志荣，徐以国，刘超 . 实施广东海洋科技创新战略问题分析与对策研究 [J]，2009（7）:24-26.

[7] 马涛，李博，赵斌等 . 海洋新经济与海洋大科学———兼论上海市海洋科技

力量整合 [J]. 海洋开发与管理，2006（5）:160—164.

[8] 王一鸣，王君．关于提高企业自主创新能力的几个问题 [J]. 中国软科学，2005（7）:10-14

[9] 王红涛，促进科技创新的财税政策之思考 [J]. 当代经济管理，2010（3）:86-88.

[10] 王芳，雷波．海洋科技机构现状与前景分析 [J]. 国土资源科技管理，2000（3）:16-19.

[11] 王利江，傅延怿．滨海新区科技创新的财税政策建议 [J]. 天津经济，2007（3）:64-67.

[12] 王利江，傅延怿．滨海新区科技创新的财税政策建议 [J]. 天津经济，2007（3）:64-67.

[13] 王忠志．舟山新区能成为长三角主要增长极吗 ?[N]. 浙江日报，2012-2-27(14).

[14] 王泽宇，刘凤朝．我国海洋科技创新能力与海洋经济发展的协调性分析 [J]. 科学与科学技术管理.2011（3）: 42-47.

[15] 王晓东，毛峰，王羽．"十二五"，舟山机遇 [N]. 舟山晚报，2011- 2-16.

[16] 王淼，王国娜．关于改革我国海洋科技体制的战略思考 [J]. 科技进步与对策，2006（1）:41-46.

[17] 孔海英，周海芬．舟山海洋经济发展报告 [J] 统计与科学实践，2010（9）: 6-8.

[18] 石莉．美国海洋科技发展趋势及对我们的启示 [J]. 海洋开发与管理，2008（04）:9-11.

[19] 叶帆．改善我国自主创新环境的相关对策 [J]. 发展，2006（2）:27-29.

[20] 申俊喜．基于战略性新兴产业发展的产学研创新合作研究 [J]. 科学管理研究，2011（6）:1-5.

[21] 冯之浚．国家创新系统研究纲要 [J]. 发明与革新，1999（8）:6-6

[22] 朱志远,尤建新．建立区域科技自主创新体系的法律政策途径 [J]. 宁波经济（财经视点），2006（7）:38-39.

[23] 乔俊国,王贵青,孟凡涛．改革开放以来我国科技政策的演变 [J]. 我国科技论坛，2011（6）:5-10.

[24] 向云凌，彭秀芬，徐长乐．长三角洲海洋经济空间发展格局及其一体化发展策略 [J]. 长江流域资源与环境，2010（12）: 1363-1367.

[25] 舟山科技局.2010 舟山科技工作十大亮点 [J]. 今日科技，2011-1-2.

[26] 刘金良．鼓励企业技术创新的税收政策研究 [J]. 税务研究，2006（7）:51-53.

[27] 许先合．大学科技园创新文化及其构建 [J]. 科技管理研究，2006（9）:135-138.

[28] 许耀亮．改革我国海洋科技和管理体制的建议 [J]. 海洋与海岸带开发，1993

（3）:41-44.

[29] 孙志辉．开拓创新、求真务实 努力实现海洋科技的大发展，http://sdinfo.coi. gov.cn/report/153713.htm.

[30] 孙志辉．发展海洋科技 建设海洋强国 [N]．中国海洋报，2006-11-24.

[31] 孙景淼．打造海洋科学城，构筑舟山新区主引擎 [N]．浙江日报，2013-6-6.

[32] 孙景淼．科技引领 创新驱动，加快建设海洋科学城 [N]．舟山日报，2013-4-12.

[33] 孙鹏飞，刘杰等．海阳市海洋科技发展对策探讨 [J]．中国渔业经济，2010（1）:9-11.

[34] 苏如娟．完善人才流动机制，促进人才合理流动 [J]．重庆工业高等专科学校学报，2003（1）:117-119.

[35] 李乃胜．建设海洋强国需把握海洋科技发展趋势 .http://www.shuichan.cc/news_view-73983.html.

[36] 李乃胜．"十二五"海洋科技发展趋势分析 [J]．党政干部参考，2011（2）: 2.

[37] 李丹．建设国家技术创新体系的对策分析 [J]．自然辩证法研究，2006（9）:62-64.

[38] 李文荣．提升海洋科技支撑能力加快发展海洋科技 [J]．港口经济，2010（2）:58-61.

[39] 李克强．以创新支撑和引领经济结构优化升级 .http://tech.sina.com.cn/it/2014-03-05/10279213545.shtml.

[40] 李克强．依靠体制改革与科技创新，发展新兴产业 .http://finance.qq.com/a/20120619/007748.htm.

[41] 李克强：依靠科技创新引领和支撑经济社会发展 .http://news.xinhuanet.com/politics/2014-01/13/c_118950641.htm.

[42] 李晋红．关于宁夏工业化阶段的分析 [J]．西北煤炭，2003（3）:9-12.

[43] 李强．在创新中探索转型升级新路径 [N]．中国科学报，2013-3-13.

[44] 李强．找准定位突出特色推进创新驱动发展 [N]．浙江日报，2013-6-8.

[45] 李强．坚持创新驱动发展，加快经济转型升级 [N]．浙江日报，2012-12-26.

[46] 李强．着力打造人才特区，加快建设科技"双城" [N]．浙江日报，2012-6-14.

[47] 李碧清．为海洋经济发展提供强有力的科技支撑 [J]．今日科技，2012（1）:3-9.

[48] 杨瑞，袁泽轶．以海洋科技期刊为平台 促进海洋科技成果的传播与转化 [J]．海洋开发与管理，2011（9）:69-73.

[49] 杨金森 . 我国海洋科技发展的战略框架 [J]. 海洋开发与管理，1999（4）:45-49.

[50] 来其 .《浙江海洋经济发展示范区规划》提出“探索设立舟山群岛新区”[N]. 舟山日报，2011-3-3.

[51] 吴敬琏 . 发展中国高新技术产业，制度重于技术 [M]. 北京 ：中国发展出版社，2002 ：122-126.

[52] 吴德星 . 探索资源整合新机制打造海洋科技创新平台 [J]. 我国高校科技与产业化，2010（10）:9-11.

[53] 宋炳林 . 定海 ：立足科技创新 助推海洋经济 [J]. 今日科技，2012（12）：47-48.

[54] 张广海，刘佳，李雪 . 我国海洋科技创新体系建设与海洋科技政策 [A]. 山东省科学技术协会 . 山东省海洋经济技术研究会 2007 年学术年会论文集 [C]. 青岛 ：山东省海洋经济技术研究会，2007:60-66.

[55] 张秋冬 . 地方政府投融资平台的运作机理、存在问题及法律治理 [J]. 上海金融，2012（1）:112-119.

[56] 张晓凤 . 对银川市工业化提速分析及对策 [J]. 边疆经济与文化，2004（5）: 8—15.

[57] 张善坤 . 扬帆起锚乘风破浪——解读浙江省委、省政府关于加快发展海洋经济的若干意见 [J]. 今日浙江，2011（7）:30-31.

[58] 张樨樨，郗洪鑫 . 我国海洋科技人才需求关联因素研究 [J]. 山东社会科学，2011（6）:105-108.

[59] 陈文斌等 . 舟山群岛新区科技创新投融资环境的优化分析 [J]. 科技资讯，2011（30）: 229—230.

[60] 陈文斌等 . 浙江舟山群岛新区科技创新路径研究 [J]. 科技促进发展（应用版），2012（6）: 42—45.

[61] 邵康，程元栋，李开红 . 大力发展我国海洋科技中介机构的建议 [J]. 海洋开发与管理，2005（6）:76-79.

[62] 金永红 . 我国企业 R&D 投入不足原因与对策研究 [J]. 科技与经济，2008(2):7-9.

[63] 周达军. 构筑“海上浙江”的科技支撑 [J]. 今日浙江，2011（13）:35—36.

[64] 周达军,崔旺来. 浙江省海洋科技投入产出分析 [J]. 经济地理,2010（9）:2511—1516.

[65] 周达军，崔旺来. 浙江海洋产业发展的基础条件审视与对策 [J]. 经济地理，2011（6）:968—972.

[66] 周江勇 . 提升城市功能，支撑新区发展 . http://news.china.com.cn/live/2013-

03/22/content_19193848.htm.

[67] 周国辉 . 2011 年舟山群岛新区第五届人民代表大会第六次会议政府工作报告 [N]. 舟山群岛新区日报，2011-3-2.

[68] 周国辉 . 在舟山群岛新区建立国家级海洋科技成果转化中心 [N]. 中国海洋报，2014-3-5.

[69] 周绍森，张莹 . 创造良好环境，培养造就创新型人才 [J]. 高校理论战线，2006（7）: 4-7.

[70] 周晓冰，樊晓东 . 专利行政执法与司法程序的衔接 [J]. 人民司法，2010（15）:44-48.

[71] 赵丹，刘桂云 . 浙江省海洋经济战略下港口物流服务创新研究 [J]. 中国航海，2011（9）: 98-102.

[72] 赵志强 . 连云港市科技创新能力建设及评估体系研究 [D]. 南京林业大学2004.

[73] 赵洪祝 . 推进海洋经济发展示范区建设 努力开创浙江科学发展新局面 [J]. 政策瞭望，2011（4）:4—12.

[74] 赵洪祝 . 全面推进海洋经济发展示范区建设 [J]. 今日浙江，2011（7）: 10—11.

[75] 赵新乾 . 浅谈科技进步对社会发展的影响 [D]. 北京：东北农业大学，2011:24-33.

[76] 胡建廷 . 我国海洋科技创新模式的构建与博弈战略 [J]. 科学与管理,2008（4）: 19 —22.

[77] 胡昱 . 国内外蓝色科技园区演进路径与发展模式分析 [N]. 青岛日报 ,2012-8-4.

[78] 胡锦涛 . 加快建设国家创新体系，深化科技体制改革 . http://www.scopsr.gov.cn/ggts/zyjs/201209/t20120919_182652.html.

[79] 胡锦涛 . 坚持把科学技术摆在优先发展战略地位 . http://www.chinanews.com/gn/2011/12-16/3537379.shtml.

[80] 胡锦涛 . 科技是改变国家命运必须依靠的力量 . http://news.sina.com.cn/c/2012-09-18/191225201468.shtml.

[81] 姜从盛 . 科技创新人才的培养与激励 [J]. 科技创业月刊，2004（3）: 21-23.

[82] 姜绍华 . 提升区域科技创新能力机制研究 [J]. 理论学刊，2008（4）:50-53.

[83] 洪银兴 . 以创新支持开放模式转换——再论由比较优势转向竞争优势 [J]. 经济研究，2010（11）:35-46.

[84]贾玉平.当前浙江省科技创新中存在的主要问题及对策建议[J].科技管理研究，2010（7）:59-61.

[85]夏宝龙.把更多科技成果转化为现实生产力[N].浙江日报，2012-5-17.

[86]夏宝龙.坚持创新驱动，促进科技经济紧密结合[N].浙江日报，2011-12-16.

[87]夏宝龙.鼓励科技人员走向创业创新的主战场[J].中国人才，2012，（11）:19.

[88]徐质斌.海洋科技成果推广应用中的问题[J].科技导报，1995（10）44-45，63.

[89]徐质斌.提高海洋科技成果的可转化性[J].海洋科学，1996（4）:51-52.

[90]徐宪忠.浅谈构建海洋科技创新体系[J].海洋功能开发与管理，2009（8）:106-109.

[91]郭力泉等.舟山群岛新区政府科技管理特点与定位研究[J].科技资讯，2014（1）:199—202.

[92]郭微.北京市企业自主创新财税激励机制研究，广州广播电视大学学报，2012（2）:100-112.

[93]黄宏.国家创新体系的关键要素及政府的作用[J].全球科技经济瞭望，1998（12）:38-40.

[94]黄静晗，刘其赟.高校科技中介机构调查[J].中国高校科技，2011（7）:3-9.

[95]曹洋，陈士俊，王雪平.科技中介组织在国家创新系统中的功能定位及其运行机制研究[J].科学学与科学技术管理，2007（4）:20-24.

[96]常玉苗.海洋产业创新系统的构建及运行机制研究[J].科技进步与对策，2012（7）:80-82.

[97]崔旺来.海洋管理的公共性研究[J].海洋开发与管理，2008（12）:54—60.

[98]崔旺来，文接力.基于激励机制视角的海洋科技人力资源教育开发研究[J].人力资源管理，2012（2）:38—40.

[99]崔旺来，李百齐.政府在海洋公共产品供给中的角色定位[J].经济社会体制比较，2009（6）:108—113.

[100]崔旺来，李百齐.海洋经济时代政府管理角色定位[J].中国行政管理，2009（12）:55—57.

[101]崔旺来，李百齐.海洋管理中的公民参与[J].海洋开发与管理，2010（3）:27—31.

[102]崔旺来，周达军.浙江省海洋产业就业效应的实证分析[J].经济地理，2011（8）:1258—1263.

[103]崔旺来，周达军.浙江省海洋科技支撑力分析与评价[J].中国软科学，2011

（2）:91—100.

[104] 阎康年. 中外科技创新物质环境比较 [J]. 科学文化评论，2005（3）:95–105.

[105] 阎康年. 创新环境对科技创新的重要作用 [J] 科学对社会的影响，2004，（4）:10–13.

[106] 梁永国，曾昭春，李少云. 沿海开发战略背景下河北省海洋科技力量整合研究 [J]. 安徽农业科学，2012（4）:2452—2455.

[107] 梁黎明. 开发开放先行先试全面推进浙江舟山群岛新区建设 [N]. 舟山日报，2012–2–11.

[108] 彭伟. 产学研合作及其对海洋科技成果转化的启示 [J]. 海洋技术，2009（1）:148–150.

[109] 彭岩. 促进我国海洋技术创新的途径与措施 [J]. 海洋技术. 2005（02）: 142–143.

[110] 韩立民，文艳. 努力创建我国海洋科技产业城 [J]. 海洋开发与管理，2004（6）:18–20.

[111] 鲁贵宝，曾繁华. 我国建设创新型国家的科技创新政策研究综述 [J]. 科技进步与对策，2007（8）:1–4.

[112] 温家宝. 让科技引领中国可持续发展 [N]. 科技日报，2009–11–4

[113] "福建省科技创新 30 年"课题组. 福建省科技创新 30 年回顾与展望 [J]. 福州大学学报（哲学社会科学版），2008（5）: 5—11.

[114] 潘树红. 发展海洋科技政策的基本原则与实施措施 [J]. 海洋开发与管理，2006（3）:63–66.

[115] 潘树红. 论青岛由海洋科技城向海洋科技产业城转变的运行机制 [J]. 海岸工程，2003（2）:115–122.

[116] 戴光岳，蔡信尔，李薇. 加快技术创新步伐　促进区域经济发展——关于舟山群岛新区企业技术创新的思考 [J]. 上海综合经济，2001（1）: 50–51.

[117] 戴国庆. 构建我国扶持科技型中小企业的政策体系 [J]. 财政研究，2006，（03）:28–30.

[118] Dong–Oh Cho, Mary Anny Whitecomb.A review of the ocean science and technology partnership between US and Korea[J].MARINE POLICY32（2008）502–513.

[119] Markus Mueller, Robine Wallace.Enabling science and technology for marine renewable energy[J].ENERGY POLICY36（2008）4736–4382.

[120] David Doloreux, Yannik Mlancon.Innovation–surport organizations in the marine science and technology industry:The case of Quebecs coastal region in Canada.[J]MARINE POLICY33（2009）90–100.

后 记

　　浙江舟山群岛新区建设的关键在于"科技"。在海洋强国建设的浪潮中，作为我国首个以海洋经济为主题的国家级战略新区，舟山承载着国家海洋战略的无数使命。本人于2010年开始对舟山市科技创新问题进行研究，并于当年向市政府提供了3万余字的调研报告。近年来，也出版刊发了一些关于政府海洋管理、浙江海洋产业发展、海洋科技创新等方面的学术专著和系列论文，得到了政界、学界和社会的认可。作为浙江舟山群岛新区决策咨询委委员、舟山市第六届专业技术拔尖人才和舟山市民，我必须为浙江舟山群岛新区的建设做些力所能及的事情。

　　该书研究历时三年半。其间，研究团队先后到舟山市各部门进行了所涉及内容的实际调研，跑岸线，访企业，并与科技管理相关部门进行座谈，了解舟山海洋科技发展情况，获得了大量一手资料，为课题的顺利开展奠定了坚实基础。同时，团队成员先后一个月驻扎在浙江省图书馆，翻阅了大量的工具书，搜集了相关的数据资料，为课题的实证研究积累了丰富的数据资料。相关阶段性研究成果也已在国内学术刊物发表。

　　本书是诸多作者集体合作的成果。在写作过程中，我们引用了国内有关海洋科技创新研究学者的大量研究成果，在这里表示对他们的衷心感谢。当然，最终能形成此书还是要归功于20多位行政管理专业同学的高质量的资料收集和相关研究。

　　此书之所以能够顺利出版，是因为有领导、同事、同学、同仁和同志们的积极支持和配合。所以我要感谢很多人，要感谢给过我帮助的和原谅的所有人。但在此尤其要特别感谢下列平凡的人们：首先要感谢舟山市科技局陈文斌副局长、陈庆建处长、周晓敏处长，他们为我们提供了大量的有关浙江省和舟山市海洋科技方面的资料，为我们的研究奠定了坚实基础。其次，要感谢李凡老师花费了100多天对书稿的各部分的整合、反复修改和校对！再次要感谢的是我的学生们，感谢行政管理专业毕业生姚海明、李琦、田惠永、姜署晗、杜加升、车黄科娃、熊斌斌、吴适宇、倪天天、赵建丽、王月嫦、金雨、管仲、蔡耀东、陈军林、丁宇红、黄国华、黄杰、占红春、周洁、周如彬、刘量、徐景昌、许德华、叶盛华、朱皇华、朱剑、包海区等同学在选择毕业论文指导老师时勇敢地选择了在同学们看来要求一向严格的我，并在论文选题中勇敢地选择了与海洋科技相关联度很高的题目进行实证研究，我的研究生杨明和王瑞芳的硕士学位论文也是以海洋科技为主题而展开写作。他们都为本书的写作和出版提供了很好的素材和观点；当然，我 2011 级的两个研究生赵文哲、叶丽莎也参与了本书文稿的整理、校对等工作。本书能在在浙江大学出版社出版，这应该感谢浙江大学出版社的领导和有关同志的大力支持，特别要感谢本书的责任编辑王锴老师为本书做了大量艰辛的编辑工作，倾注了大量心血！当然，书中若有错误之处，责任完全由我承担。

　　本书在写作过程中参考了大量相关学术著作、学术期刊、网站文献，并尽可能在书中做了说明和注释，在此对有关专家学者一并表示感谢！

崔旺来

2014 年 3 月 6 日　于舟山